"十四五"职业教育国家规划教材

工信精品**云计算技术**
系列教材

微课版

Cloud Computing Technology

Docker
容器技术与应用

（第 2 版）

程宁 刘桂兰 ● 主编
肖秀秀 孙琳 陈海英 ● 副主编

人民邮电出版社
北 京

图书在版编目（CIP）数据

Docker 容器技术与应用 ：微课版 / 程宁，刘桂兰主
编. -- 2 版. -- 北京 ：人民邮电出版社，2025.
（工信精品云计算技术系列教材）. -- ISBN 978-7-115
-66410-5

Ⅰ．TP316.85

中国国家版本馆 CIP 数据核字第 2025GN9095 号

内 容 提 要

本书以任务为导向，较为全面地介绍容器技术的相关知识。全书共 8 个项目，包括 Docker 概述、
Docker 镜像管理和定制、Docker 容器管理、Docker 网络管理和数据卷管理、Docker 编排工具、
Kubernetes 概述及基本操作、Kubernetes 网络管理和数据卷管理、自动化部署。本书各项目均包含任
务实训和项目练习题，可帮助读者巩固所学的内容。

本书既可以作为高校计算机相关专业的教材，又可以作为云计算爱好者的自学用书。

◆ 主　　编　程　宁　刘桂兰
　　副 主 编　肖秀秀　孙　琳　陈海英
　　责任编辑　郭　雯
　　责任印制　王　郁　焦志炜

◆ 人民邮电出版社出版发行　　北京市丰台区成寿寺路 11 号
　　邮编　100164　电子邮件　315@ptpress.com.cn
　　网址　https://www.ptpress.com.cn
　　三河市君旺印务有限公司印刷

◆ 开本：787×1092　1/16
　　印张：14.5　　　　　　　　　2025 年 6 月第 2 版
　　字数：385 千字　　　　　　　2025 年 6 月河北第 1 次印刷

定价：59.80 元

读者服务热线：(010)81055256　印装质量热线：(010)81055316
反盗版热线：(010)81055315

前　言

党的二十大报告指出要"以中国式现代化全面推进中华民族伟大复兴",其中,加快建设"网络强国、数字中国"是对信息行业的战略部署。高校计算机相关专业的教师首先需要深刻领会"教育、科技、人才是全面建设社会主义现代化国家的基础性、战略性支撑"的深刻内涵,其次要在夯实学生专业基础的同时着重培养其"爱党报国、敬业奉献、服务人民"的精神。当前,容器技术作为云经济和信息技术生态系统中的新技术,其部署和运维出现了较大的人才缺口,容器技术已成为高校计算机相关专业必学的关键性技术之一。

本书自 2020 年 6 月第 1 版出版以来,得到众多高校师生的喜爱。为了更好地满足广大师生的用书需求,编者根据用书师生的反馈意见和自身近几年的教学实践,以及合作企业的意见,对本书第 1版进行了修订。本次修订的主要内容如下。

(1)进一步优化教材内容。改正了第 1 版中的不足之处,同时在不减少核心内容的前提下,更新了部分案例和内容,并调整及优化了顺序。例如,将项目 2 的原有内容进行整合,将镜像仓库作为单独任务进行讲解,同时增加了一些核心知识点,如 Harbor 私有仓库、Kubernetes 网络和 Kubernetes数据卷等。

(2)进一步突出技能的培养,坚持理论知识够用原则,重点提升 Docker 实操技能。本书各项目均包含理论知识讲解和任务实现,同时设计了相应的任务实训进行强化练习,实现了技术讲解与应用的统一,有助于"教、学、做一体化"的实施。

(3)进一步突出"德技并修"的育人理念,不断提高人才培养质量。本书以 8 个项目为主线,对Docker 基础知识、Docker 镜像、Docker 容器、Docker 网络和数据卷、Docker 编排工具、Kubernetes基础知识、Kubernetes 网络和数据卷、自动化部署等均有介绍,使学生在学习理论知识和实操技能的同时,提升职业素养,培育职业精神。

(4)进一步丰富配套资源,持续完善并优化原有的配套资源。针对本次增加的内容,提供了相应的教学课件、微课视频、课程标准和教案等配套资源,读者可登录人邮教育社区(www.ryjiaoyu.com)免费获取。

本书由湖北轻工职业技术学院的程宁、湖北三峡职业技术学院的刘桂兰任主编,由湖北轻工职业技术学院的肖秀秀、武汉软件工程职业学院的孙琳、天门职业技术学院的陈海英任副主编。广东轩辕网络科技股份有限公司的工程师参与了本书的校订,程宁统编全书。本书主要编写人员均为一线教师,有着多年教育、教学经验和实际项目开发经验,都曾带队参加国家级和省级的各类技能大赛,完成了多轮次、多类型的教育、教学改革与研究工作。

由于编者水平有限，书中难免存在疏漏和不足之处，殷切希望广大读者批评指正。同时，恳请读者一旦发现问题，及时与编者联系，以便尽快更正，编者将不胜感激。编者邮箱为 12779880@qq.com。

编　者

2025 年 1 月

目 录

项目 1

Docker 概述 ·· 1

任务 1.1　认识 Docker 技术 ······································· 1

【任务要求】 ··· 1

【相关知识】 ··· 2

1.1.1　Docker 的发展历程 ·· 2

1.1.2　Docker 的概念与特点 ······································ 2

【任务实现】 ··· 3

任务 1：调研 Docker 与传统虚拟机的区别 ···························· 3

任务 2：调研 Docker 的基本功能 ·································· 4

任务 3：搭建 RHEL 8.1 运行环境 ·································· 5

【任务实训】安装 RHEL 8.1 并编写 Docker 技术的调研报告 ·············· 15

任务 1.2　熟悉 Docker 的安装 ····································· 15

【任务要求】 ··· 15

【相关知识】 ··· 15

1.2.1　Docker 架构 ··· 15

1.2.2　Docker 的核心组件 ·· 16

1.2.3　Docker 的版本分类 ·· 16

【任务实现】 ··· 17

任务 1：在 RHEL 8.1 中在线安装 Docker ····························· 17

任务 2：在 RHEL 8.1 中离线安装 Docker ····························· 21

任务 3：在 Windows 10 中安装 Docker ······························ 23

【任务实训】安装和使用 Docker ···································· 25

【项目练习题】 ··· 26

项目 2

Docker 镜像管理和定制 ··· 28

任务 2.1　查看和管理 Docker 镜像 ································· 28

【任务要求】 ··· 28

【相关知识】 ·· 29

【任务实现】 ·· 29

  任务：Docker 镜像常用操作命令 ·· 29

【任务实训】Docker 镜像常用操作命令的使用 ································· 33

任务 2.2 创建和使用私有仓库 ··· 35

【任务要求】 ·· 35

【相关知识】 ·· 35

  2.2.1 Docker 镜像仓库 ·· 35

  2.2.2 Docker 公有仓库 ·· 36

  2.2.3 Docker 私有仓库 ·· 36

【任务实现】 ·· 39

  任务 1：基于 Registry 私有仓库部署与管理 ································· 39

  任务 2：基于 Harbor 私有仓库部署与管理 ·································· 41

【任务实训】Harbor 日常操作管理 ··· 45

任务 2.3 创建 Docker 镜像 ··· 51

【任务要求】 ·· 51

【相关知识】 ·· 51

  2.3.1 使用 docker commit 命令创建镜像 ······························ 51

  2.3.2 利用 Dockerfile 创建镜像 ··· 52

【任务实现】 ·· 56

  任务 1：使用 docker commit 命令构建镜像 ·································· 56

  任务 2：利用 Dockerfile 构建镜像 ··· 57

【任务实训】构建 Tomcat 镜像 ··· 58

【项目练习题】 ··· 61

项目 3

Docker 容器管理 ·· 63

任务 3.1 认识 Docker 容器 ·· 63

【任务要求】 ·· 63

【相关知识】 ·· 64

  3.1.1 Docker 容器的特点 ·· 64

  3.1.2 容器实现原理 ··· 64

  3.1.3 Docker 镜像与容器的关系 ··· 64

【任务实现】 ………………………………………………………………………………… 65

　　任务：使用容器的操作命令 ……………………………………………………… 65

【任务实训】创建和管理容器 …………………………………………………………… 71

任务 3.2　Docker 容器资源控制 ……………………………………………………… 73

【任务要求】 ………………………………………………………………………………… 73

【相关知识】 ………………………………………………………………………………… 73

　　3.2.1　CGroups 简介 ………………………………………………………………… 73

　　3.2.2　CGroups 的功能和特点 …………………………………………………… 73

【任务实现】 ………………………………………………………………………………… 74

　　任务：Docker 资源控制命令的使用 …………………………………………… 74

【任务实训】使用 CGroups 控制资源 ………………………………………………… 78

【项目练习题】 …………………………………………………………………………… 81

项目 4

Docker 网络管理和数据卷管理 ………………………………… 83

任务 4.1　Docker 网络管理 ……………………………………………………………… 83

【任务要求】 ………………………………………………………………………………… 83

【相关知识】 ………………………………………………………………………………… 84

　　4.1.1　Docker 网络架构 …………………………………………………………… 84

　　4.1.2　Docker 网络的实现原理 …………………………………………………… 85

　　4.1.3　Docker 网络模式 …………………………………………………………… 85

【任务实现】 ………………………………………………………………………………… 90

　　任务 1：自定义网桥，实现跨主机 Docker 容器的互联 …………………… 90

　　任务 2：定义 Flannel 网络，实现跨主机 Docker 容器的互联 …………… 94

【任务实训】在 Docker 环境下实现跨主机容器的互相通信 …………………… 100

任务 4.2　Docker 数据卷管理 ………………………………………………………… 102

【任务要求】 ………………………………………………………………………………… 102

【相关知识】 ………………………………………………………………………………… 103

　　4.2.1　认识 Docker 数据卷 ………………………………………………………… 103

　　4.2.2　数据卷容器 …………………………………………………………………… 103

【任务实现】 ………………………………………………………………………………… 103

　　任务：Docker 数据卷常用操作 ………………………………………………… 103

【任务实训】Docker 数据卷常用命令的使用 ……………………………………… 107

【项目练习题】 109

项目 5

Docker 编排工具 111

任务 5.1　Compose 编排工具的使用 111

【任务要求】 111

【相关知识】 112

5.1.1　Compose 工具 112

5.1.2　Compose 的常用命令 112

5.1.3　docker-compose.yml 文件 115

【任务实现】 118

任务 1：Compose 工具的安装与卸载 118

任务 2：使用 Compose 工具部署 nginx 服务 120

【任务实训】搭建 WordPress 博客系统 121

任务 5.2　Swarm 编排工具的使用 124

【任务要求】 124

【相关知识】 124

5.2.1　认识 Docker Swarm 124

5.2.2　Swarm 架构 124

5.2.3　Swarm 相关概念 125

5.2.4　Swarm 常用命令 126

【任务实现】 127

任务：Swarm 集群的创建与应用 127

【任务实训】使用 Swarm 部署 Tomcat 集群 133

【项目练习题】 135

项目 6

Kubernetes 概述及基本操作 138

任务 6.1　Kubernetes 概述 138

【任务要求】 138

【相关知识】 139

6.1.1　Kubernetes 简介 139

6.1.2　Kubernetes 核心概念 139

6.1.3　Kubernetes 架构及操作流程 ·· 141

【任务实现】 ·· 142

任务：部署 Kubernetes 集群 ·· 142

【任务实训】利用 Rancher 部署 Kubernetes 集群 ··· 152

任务 6.2　Kubernetes 的基本操作 ··· 158

【任务要求】 ·· 158

【相关知识】 ·· 158

6.2.1　kubectl 概述 ··· 158

6.2.2　Kubernetes 常用命令 ··· 160

【任务实现】 ·· 162

任务：在 Kubernetes 中部署 nginx 服务 ··· 162

【任务实训】在 Kubernetes 集群下部署 Tomcat ··· 165

【项目练习题】 ··· 170

项目 7

Kubernetes 网络管理和数据卷管理 ····························· 172

任务 7.1　Kubernetes 网络管理 ··· 172

【任务要求】 ·· 172

【相关知识】 ·· 172

7.1.1　Kubernetes 网络基础 ··· 172

7.1.2　Kubernetes 网络通信机制 ··· 173

7.1.3　Kubernetes 网络插件 ··· 174

【任务实现】 ·· 175

任务：在 Kubernetes 下在线部署 Calico 集群网络 ··· 175

【任务实训】在 Kubernetes 下离线部署 Calico 集群网络 ······························ 178

任务 7.2　Kubernetes 数据卷管理 ··· 179

【任务要求】 ·· 179

【相关知识】 ·· 179

7.2.1　简单存储 ··· 180

7.2.2　高级存储 ··· 180

7.2.3　配置存储 ··· 181

7.2.4　Kubernetes 数据卷的管理流程 ··· 181

【任务实现】 ·· 182

任务：在 Kubernetes 下持久化部署 ··· 182

【任务实训】Kubernetes 中 MySQL 数据持久化存储的实现 ························ 184

【项目练习题】 ··· 189

项目 8

自动化部署 ·· 191

任务 8.1 持续集成及 Jenkins 介绍 ·· 191

【任务要求】 ··· 191

【相关知识】 ··· 192

8.1.1 持续集成概述 ··· 192

8.1.2 持续集成的特点 ··· 192

8.1.3 持续集成系统的组成 ··· 192

8.1.4 持续集成常用工具 ··· 192

8.1.5 Jenkins 简介 ··· 193

【任务实现】 ··· 195

任务：利用 Docker 部署 Jenkins 持续集成工具 ································· 195

【任务实训】部署 Jenkins 持续集成工具 ··· 199

任务 8.2 利用 Docker 构建持续集成平台 ··· 203

【任务要求】 ··· 203

【相关知识】 ··· 204

8.2.1 利用 Docker 构建持续集成平台的步骤 ······································· 204

8.2.2 Docker+Harbor+Jenkins 工作原理 ··· 204

【任务实现】 ··· 205

任务：使用 Jenkins 实现制作镜像并推送到 Harbor ····························· 205

【任务实训】使用 Git+Jenkins+Docker+Harbor 实现持续集成 ···················· 211

【项目练习题】 ··· 221

项目1
Docker概述

01

Docker是一款时下非常流行的平台即服务（Platform as a Service，PaaS）的开源产品，其使用容器技术来部署应用程序，使得开发者能够以统一的、可移植的方式，构建、运行和分发应用程序，因此在云计算领域的应用越来越广泛。本项目通过两个任务介绍Docker的发展历程、概念及特点，以及在RHEL（Red Hat Enterprise Linux）8.1和Windows 10中安装Docker的详细步骤。

【知识目标】

- 了解Docker的发展历程。
- 掌握Docker的基本概念和特点。
- 掌握Docker与传统虚拟机的区别。
- 了解Docker的基本功能。

【能力目标】

- 熟练掌握百度、Google等搜索工具的使用方法。
- 掌握在RHEL 8.1中安装Docker的步骤。
- 掌握在Windows 10中安装Docker的步骤。
- 掌握Docker启动和验证的基本方法。

【素质目标】

- 培养团队协作精神，树立诚信意识。
- 锻炼沟通交流的能力。
- 培养自主钻研的工匠精神。

任务 1.1 认识 Docker 技术

【任务要求】

某公司因业务扩展，在应用的开发和部署过程中遇到了软件更新和发布低效、环境一致性难以保证、迁移成本太高等问题。为提升从应用开发到部署的整体效率，经研究，该公司认识到 Docker 这一开源应用容器引擎在推动持续集成方面具有显著优势。鉴于此，该公司决定采用 Docker 容器技术，旨在构建一个高效、统一的研发和运维持续集成环境。于是，该公司指派工程师小王深入调研 Docker 技术，以推动该项目的实施。

【相关知识】

1.1.1　Docker 的发展历程

信息技术的飞速发展，促使人类进入云计算时代。在云计算时代孕育出众多的云平台。但众多的云平台之间标准规范不统一，每个云平台都有各自独立的资源管理策略、网络映射策略和内部依赖关系，导致各个云平台无法相互兼容、相互连接。同时，应用的规模愈发庞大、逻辑愈发复杂，任何一款产品都无法顺利地从一个云平台迁移到另外一个云平台。

Docker 的出现打破了这种局面。Docker 利用容器技术消除了各个云平台之间的差异，Docker 通过容器来打包应用、解耦应用和运行平台。在进行迁移的时候，只需要在新的服务器上启动所需的容器，所付出的成本是极低的。

Docker 最初是由 dotCloud 公司的创始人所罗门·海克思（Solomon Hykes）所带领的团队发起的，其主要项目代码在 GitHub 上进行维护。早期的 Docker 代码实现是直接基于 LXC（Linux Container，Linux 容器）的，自 0.9 版本起，Docker 开发了 Libcontainer 项目。Libcontainer 作为更广泛的容器驱动实现，替换了 LXC 的实现。2013 年 3 月，Docker 开源版本正式发布；2013 年 11 月，RedHat 6.5 正式版集成了对 Docker 的支持；2014 年 4 月到 6 月，Amazon、Google 和 Microsoft 的云计算服务相继宣布支持 Docker；2014 年 6 月，随着 DockerCon 2014 大会的召开，Docker 1.0 正式发布；2015 年 6 月，Linux 基金会在 DockerCon 2015 大会上与 AWS、思科、dotCloue 等公司共同宣布成立开放容器项目（Open Container Project，OCP），旨在实现容器标准化，该组织后来更名为开放容器倡议（Open Container Initiative，OCI）；2015 年，浙江大学 SEL 实验室携手 Google、dotCloue、华为等公司成立了云原生计算基金会（Cloud Native Computing Foundation，CNCF），共同推进面向云原生应用窗口的云平台，并从 Docker 1.1 开始，进一步演变为使用 RunC 和 Containerd。

1.1.2　Docker 的概念与特点

目前，Docker 的官方定义如下：Docker 以容器为资源分割和调度的基本单位，封装整个软件运行时环境，为开发者和系统管理员设计，是用于构建、发布和运行分布式应用的平台。Docker 是一个跨平台、可移植且简单易用的容器解决方案。Docker 本身并不是容器，而是创建容器的工具，是应用容器引擎。Docker 的源代码托管在 GitHub 上，基于 Go 语言开发，并遵从 Apache 2.0 协议。Docker 可在容器内部快速自动化地部署应用，并通过操作系统内核技术（namespace、CGroups 等）为容器提供资源隔离与安全保障。

在开发和运维过程中，Docker 具有如下几方面的优点。

1. 更快的交付和部署

容器消除了线上和线下的环境差异，保证了应用生命周期环境的一致性和标准化。使用 Docker，开发者可以使用镜像来快速构建一套标准的开发环境；开发完成之后，测试和运维人员可以直接部署软件镜像来进行测试和发布，以确保开发测试过的代码可以在生产环境中无缝运行，大大简化持续集成、测试和发布的过程。

Docker 可以快速创建和删除容器，实现快速迭代，节约了大量开发、测试、部署的时间。此外，整个过程全部可见，使团队更容易理解应用的创建和工作过程。

2. 高效的资源利用和隔离

Docker 容器的运行不需要额外的虚拟化管理程序［VMM（Virtual Machine Manager，虚拟机管理器）及 Hypervisor］的支持，它是内核级的虚拟化，与底层共享操作系统，系统负载更低，性能更加优异，在同等条件下可以运行更多的实例，更充分地利用系统资源。

虽然 Docker 容器间是共享主机资源的，但是每个容器所使用的 CPU（中央处理器）、内存、文件系统、进程、网络等都是相互隔离的。

3. 环境标准化和版本控制

Docker 容器可以保证应用在整个生命周期中的一致性，保证提供环境的一致性和标准化。Docker 容器可以像 Git 仓库一样，按照版本对提交的 Docker 镜像进行管理。当出现组件升级导致环境损坏的状况时，Docker 可以快速地回滚到该镜像的前一个版本。相对于虚拟机的备份或镜像创建流程而言，Docker 可以快速地进行复制和实现冗余。此外，启动 Docker 就像启动一个普通进程一样快速，启动时间可以达到秒级甚至毫秒级。

4. 更轻松的迁移和扩展

Docker 容器几乎可以在所有平台上运行，包括物理机、虚拟机、公有云、私有云、个人计算机、服务器等，并支持主流的操作系统发行版本。这种兼容性可以让用户在不同平台之间轻松地迁移应用。

Docker 的扩展特性包括：水平扩展（快速复制容器）、垂直扩展（动态调整资源）、微服务架构（独立扩展服务）、自动化扩展（基于指标自动伸缩）、跨环境一致性（快速迁移）、资源优化（轻量级容器）和快速回滚（版本控制）。这种扩展性使应用能高效应对需求变化，提升灵活性和可用性。

5. 更简单的维护和更新管理

Docker 的镜像之间不是相互隔离的，它们之间是一种松耦合的关系。镜像采用了多层文件的联合体，通过这些文件层，可以组合出不同的镜像，使得利用基础镜像进一步扩展镜像变得非常简单。由于 Docker 秉承了开源软件的理念，因此所有用户均可以自由地构建镜像，并将其上传到 Docker Hub 上供其他用户使用。

使用 Dockerfile 时，只需进行少量的配置修改，就可以替代以往大量的更新工作，且所有修改都以增量的方式被分发和更新，从而实现高效、自动化的容器管理。

【任务实现】

任务 1：调研 Docker 与传统虚拟机的区别

传统虚拟机运行在宿主机之上，具有完整的操作系统。其自身的内存管理通过相关的虚拟设备进行支持。在虚拟机中，可为用户操作系统和虚拟机管理程序分配有效的资源，从而在单台主机上并行运行一个或多个操作系统的多个实例。每个用户操作系统都作为主机系统中的单个实体运行，但会占用较多的 CPU、内存及磁盘资源。传统虚拟机架构如图 1-1 所示。

Docker 不同于传统虚拟机，Docker 容器是使用 Docker 引擎而不是管理程序来执行的。Docker 只包含应用程序及依赖库，基于 Libcontainer 运行在宿主机上，因此容器在体积和内存消耗上，都比虚拟机小；并且由于主机内核的共享，Docker 可以更快地启动，具有更好的性能、更少的隔离和更好的兼容性。由于 Docker 轻量、资源占用少、启动时间短，因此 Docker 可以轻易地应用到构建标准化的应用中。Docker 架构如图 1-2 所示。

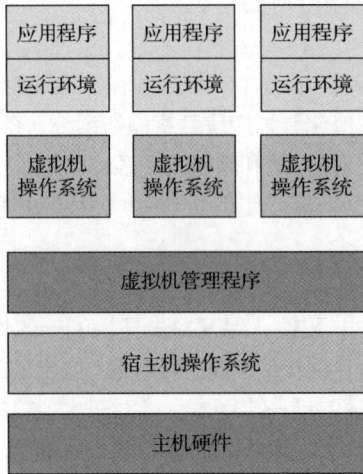

图 1-1　传统虚拟机架构　　　　图 1-2　Docker 架构

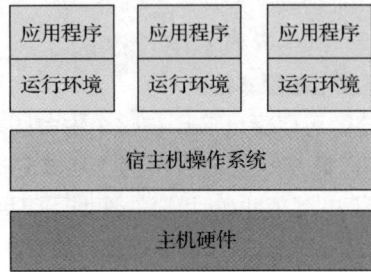

当然，在隔离性方面，英特尔（Intel）的 VT-d 和 VT-x 技术为传统虚拟机提供了 ring-1 硬件隔离技术，提供的是完全隔离，可以帮助传统虚拟机高效使用资源并防止相互干扰，但也因为结构复杂，无法被广泛应用到企业中。而 Docker 利用 Linux 操作系统中的多种防护技术实现了较高的隔离可靠性，并且可以整合众多安全工具。从 Docker 1.3.0 开始，Docker 重点改善了容器的安全控制和镜像的安全机制，极大地提高了使用 Docker 的安全性。

Docker 技术与传统虚拟机技术的特性比较如表 1-1 所示。

表 1-1　Docker 技术与传统虚拟机技术的特性比较

特性	技术	
	Docker	**传统虚拟机**
启动时间	秒级	分钟级
性能	接近原生	较差
内存损耗	很小	较大
磁盘使用量	一般为 MB	一般为 GB
运行密度	单台主机支持上千个容器	一般几十个
隔离性	安全隔离	完全隔离
迁移性	优秀	一般

任务 2：调研 Docker 的基本功能

与传统虚拟机不同，Docker 提供的是轻量的虚拟化，可以在单台主机上运行多个 Docker 容器，而每个容器中都有一个微服务或独立应用。例如，用户可以在一个 Docker 容器中运行 MySQL 服务，在另一个 Docker 容器中运行 Tomcat 服务，两个容器可以运行在同一个服务器或多个服务器上。目前，Docker 能够提供以下 8 种功能。

（1）简化配置：传统虚拟机的最大好处是基于用户的应用配置能够无缝运行在任何一个平台上，而 Docker 在降低额外开销的情况下提供了同样的功能，能将运行环境和配置放入代码中进行部署，同一个 Docker 的配置可以在不同的环境中使用，这样就降低了硬件要求和应用环境之间的耦合度。

（2）代码管道化管理：Docker 能够对代码以流式管道化的方式进行管理。代码从开发者的机器到生产环境机器的部署，需要经过很多中间环境，而不同的中间环境之间有微小的差别，Docker 跨越这些异构环境，给应用提供了一个从开发到上线均一致的环境，保证了应用从开发到部署的流畅发布。

（3）开发者的生产化：在开发过程中，开发者希望开发环境尽量贴近生产环境，并且能够快速搭建开发环境，使用 Docker 可以轻易地让几十个服务在容器中运行起来，可以在单台主机上最大限度地模拟分布式部署的环境。

（4）隔离应用：Docker 允许开发者选择适合各种服务的工具或技术栈，利用容器隔离服务可以消除任何潜在的冲突，从而避免"地狱式的矩阵依赖"。这些容器可以独立于应用的其他服务组件，轻松地实现共享、部署、更新和瞬间扩展。

（5）整合服务器：使用 Docker 可以整合多个服务器以降低成本。由于空闲内存可以跨实例共享，无须占用过多操作系统的内存空间，因此相比于传统虚拟机，Docker 可以提供更好的服务器整合解决方案。

（6）调试能力：Docker 提供了众多工具，这些工具提供了很多功能，包括可以为容器设置检查点、设置版本、查看两个容器之间的差别等，这些功能可以帮助用户调试以修复缺陷。

（7）多租户环境：Docker 能够作为云计算的多租户容器为每一个租户应用层的多个实例创建隔离的环境，不仅操作简单，还成本低廉。这得益于 Docker 灵活的快速环境及高效的 diff 命令。

（8）快速部署：Docker 为进程创建了容器，不需要启动操作系统，启动时间缩短为秒级，用户可以在数据中心创建、销毁资源而无须担心重新启动带来的开销。通常，数据中心的资源利用率只有 30%，这样可以使用 Docker 进行有效的资源分配，并提高资源的利用率。

任务 3：搭建 RHEL 8.1 运行环境

1. 任务环境准备

首先确保使用的系统满足搭建 RHEL 8.1 的硬件和系统要求，并提前下载好 RHEL 8.1 所需的镜像文件。本任务在 VMware Workstation pro 16 中创建虚拟机，安装 RHEL 8.1，使用的镜像文件为 rhel-8.1-x86_64-dvd.iso，同时为保证优良的性能，设置该虚拟机的内存为 4GB，CPU 为双核，磁盘空间为 40GB，虚拟机网卡为 NAT 模式。

V1-1　搭建 RHEL 8.1 运行环境

2. 创建虚拟机

（1）在 VMware Workstation pro 16 主界面中，单击"创建新的虚拟机"按钮，在弹出的"新建虚拟机向导"对话框的"欢迎使用新建虚拟机向导"界面中选中"自定义(高级)"单选按钮后，单击"下一步"按钮，如图 1-3 所示。

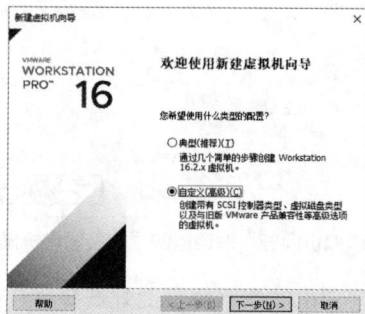

图 1-3　"新建虚拟机向导"对话框的"欢迎使用新建虚拟机向导"界面

（2）在弹出的界面中，设置虚拟机硬件兼容性，此处在"硬件兼容性"下拉列表中选择
"Workstation 16.2.x"选项，然后单击"下一步"按钮，如图 1-4 所示。

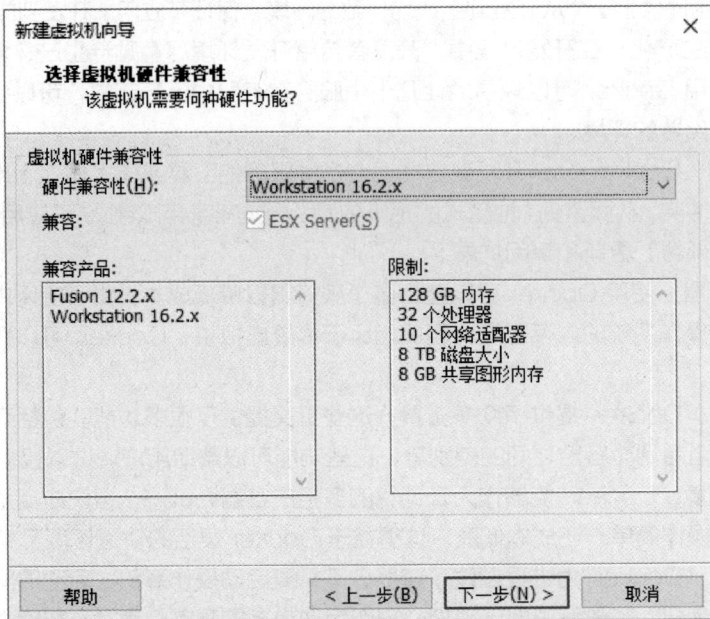

图 1-4 "新建虚拟机向导"对话框的"选择虚拟机硬件兼容性"界面

（3）在弹出的界面中，设置客户机操作系统的安装来源，此处选中"稍后安装操作系统"单选
按钮，然后单击"下一步"按钮，如图 1-5 所示。

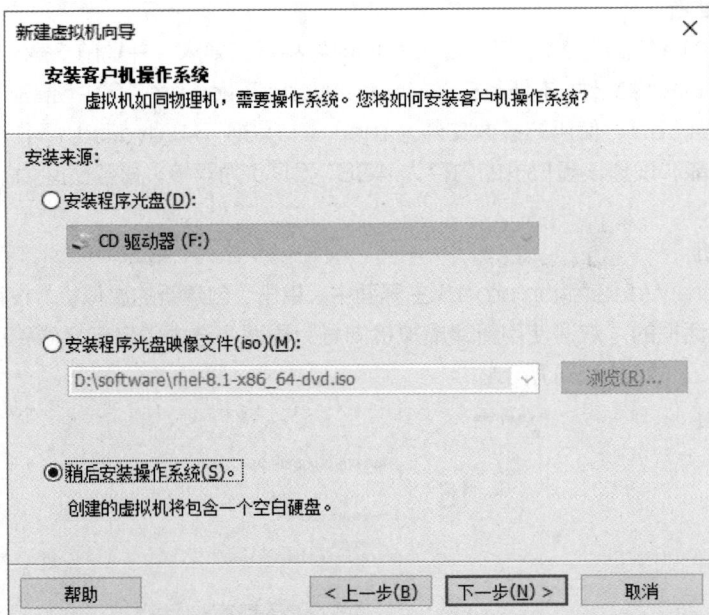

图 1-5 "新建虚拟机向导"对话框的"安装客户机操作系统"界面

（4）在弹出的界面中，选择客户机操作系统，此处选择客户机操作系统为"Linux"，版本为
"RedHat Enterprise Linux 8 64 位"，然后单击"下一步"按钮，如图 1-6 所示。

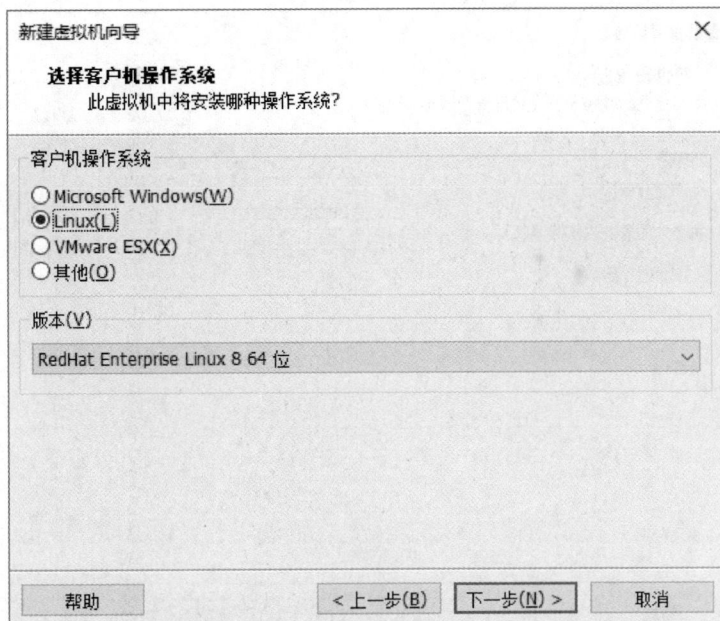

图1-6 "新建虚拟机向导"对话框的"选择客户机操作系统"界面

（5）在弹出的界面中，填写虚拟机名称"RedHat01"，并在"位置"文本框右侧单击"浏览"按钮，选择一个大容量的磁盘分区，该分区要有 40GB 以上的空闲容量，然后单击"下一步"按钮，如图 1-7 所示。

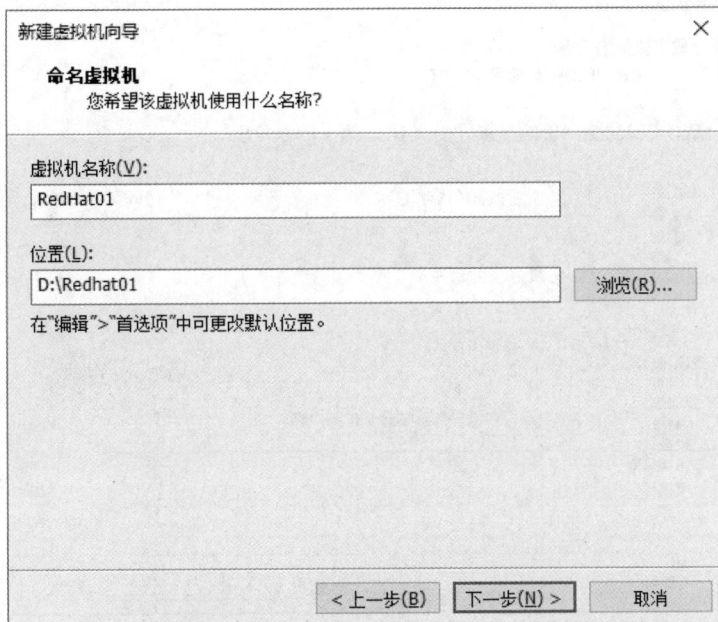

图1-7 "新建虚拟机向导"对话框的"命名虚拟机"界面

（6）在弹出的界面中，为虚拟机指定处理器数量，设置为双核 CPU，然后单击"下一步"按钮，如图 1-8 所示。

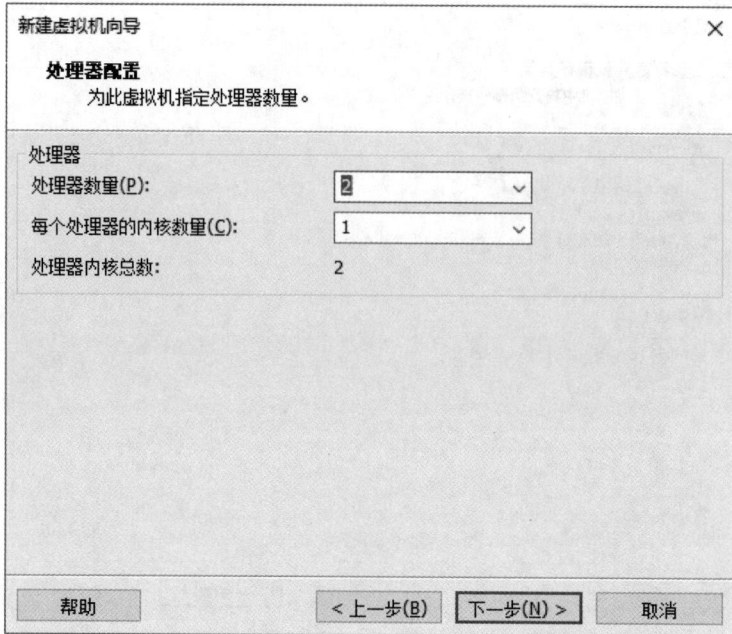

图 1-8 "新建虚拟机向导"对话框的"处理器配置"界面

（7）在弹出的界面中，为虚拟机设置内存大小。为保证虚拟机获得较优性能，此处设置内存为4096MB，单击"下一步"按钮，如图 1-9 所示。

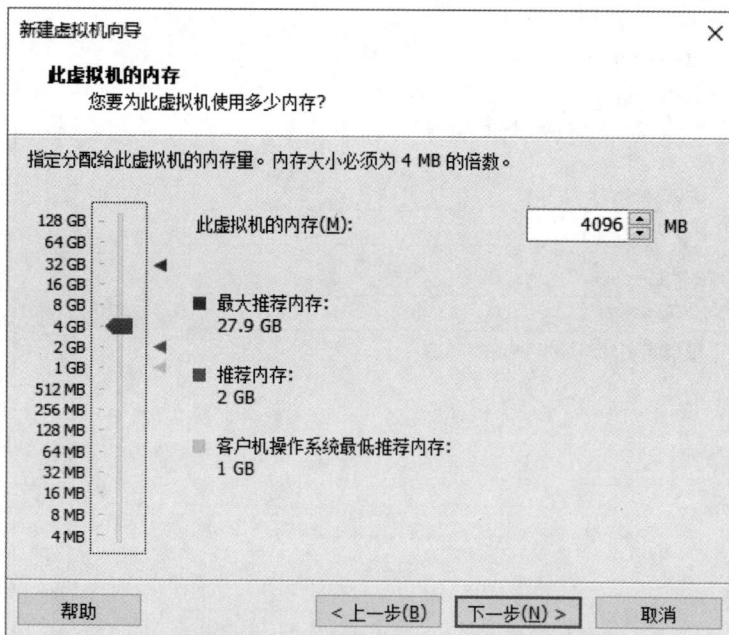

图 1-9 "新建虚拟机向导"对话框的"此虚拟机的内存"界面

（8）在弹出的界面中，设置虚拟机使用的网络模式，此处选中"使用网络地址转换(NAT)"单选按钮，单击"下一步"按钮，如图 1-10 所示。

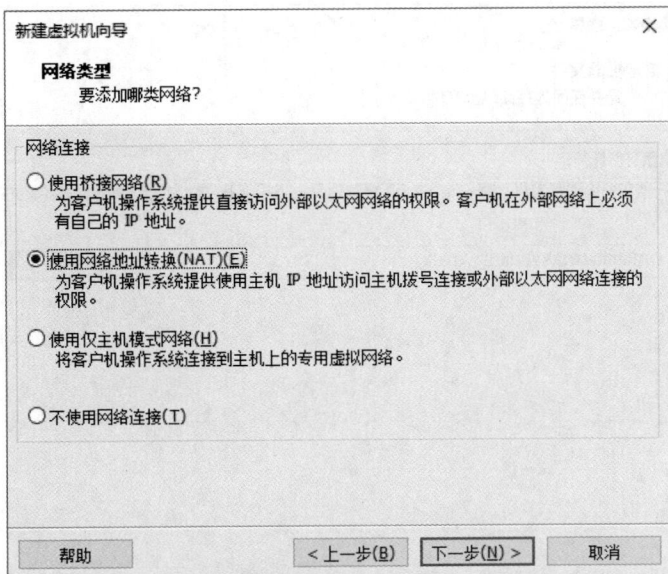

图 1-10　"新建虚拟机向导"对话框的"网络类型"界面

　　（9）在弹出的界面中，依次设置虚拟磁盘使用的 I/O 控制器类型、虚拟磁盘类型和磁盘方式，此处依次选择默认值，单击"下一步"按钮。

　　（10）在弹出的界面中，设置虚拟机使用的磁盘容量大小，此处设置最大磁盘大小为 40GB，并选中"将虚拟磁盘存储为单个文件"单选按钮，注意不要勾选"立即分配所有磁盘空间"复选框，单击"下一步"按钮，如图 1-11 所示。

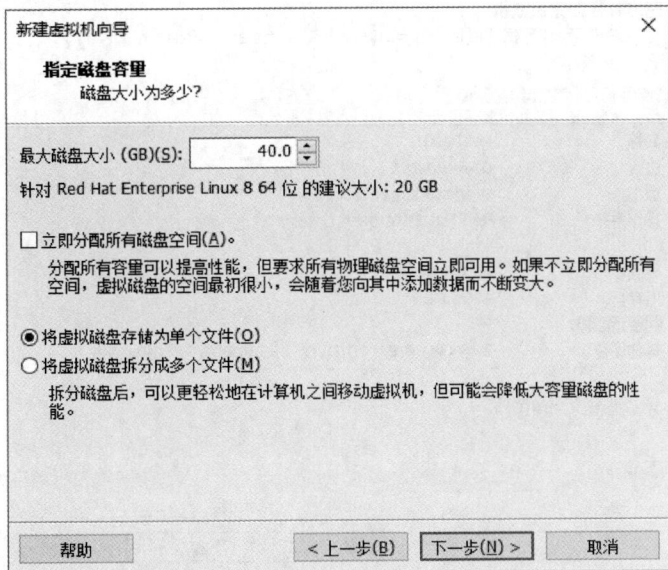

图 1-11　"新建虚拟机向导"对话框的"指定磁盘容量"界面

　　（11）在弹出的界面中，确认虚拟机使用磁盘文件的文件名和存放的位置，此处单击"浏览"按钮，在弹出的对话框中，根据需要选择存放位置，文件名采用默认值，然后单击"下一步"按钮，如图 1-12 所示。

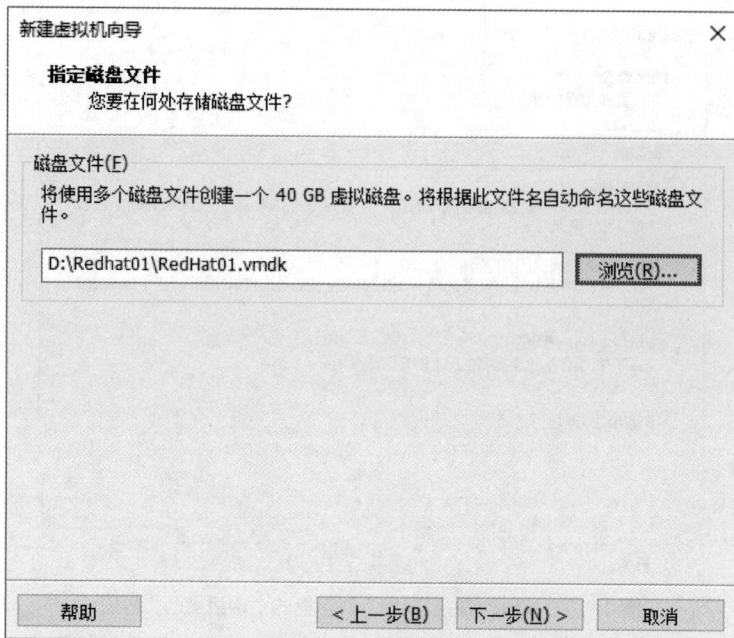

图1-12 "新建虚拟机向导"对话框的"指定磁盘文件"界面

（12）在弹出的界面中，确认虚拟机已设置的硬件配置，也可根据需要单击"自定义硬件"按钮进行修改，如图1-13所示。此处单击"自定义硬件"按钮进行进一步设置。

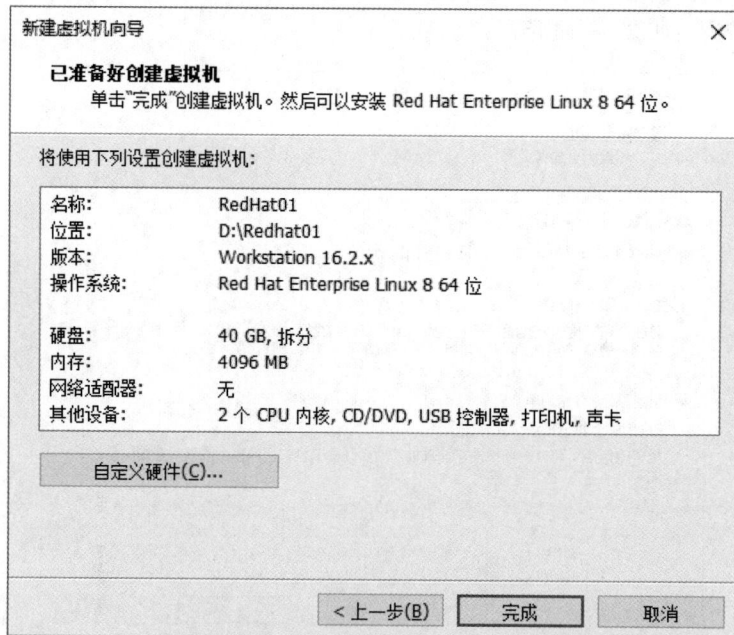

图1-13 "新建虚拟机向导"对话框的"已准备好创建虚拟机"界面

（13）在弹出的"硬件"对话框中，单击"新CD/DVD（SATA）"，选中"使用ISO映像文件"单选按钮，单击"浏览"按钮，选择本地镜像文件"rhel-8.1-x86_64-dvd.iso"后，如图1-14所示，单击"关闭"按钮，完成虚拟机的硬件设置。

图 1-14 "硬件"对话框

（14）完成虚拟机的硬件设置后，VMware Workstation pro 16 主界面中会出现已创建的虚拟机，如图 1-15 所示。

图 1-15 已创建的虚拟机

3. 安装 RHEL 8.1

（1）选择新创建的"RedHat01"虚拟机，单击主界面中的"开启此虚拟机"按钮，即可进入 RHEL 8.1 安装界面。

（2）在 RHEL 8.1 安装界面中，"Test this media & install RedHat Enterprise Linux 8.1.0"和"Troubleshooting"选项的作用分别是校验光盘完整性后再安装以及启动救援模式，如图 1-16 所示。

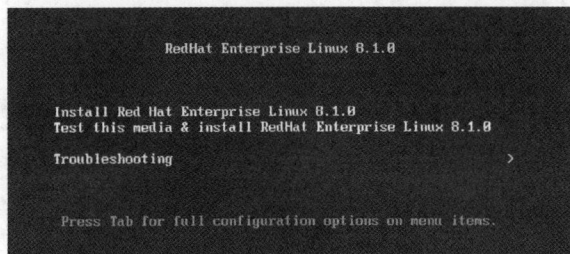

图 1-16 RHEL 8.1 安装界面

（3）通过按键盘的方向键选择"Install Red Hat Enterprise Linux 8.1.0"选项，安装 RHEL 8.1。首先，加载安装镜像，需要耐心等待 20~30s。其次，在弹出的安装界面中选择安装语言，此处选择默认值，单击"Continue"按钮后，进入安装信息摘要配置界面，如图 1-17 所示。

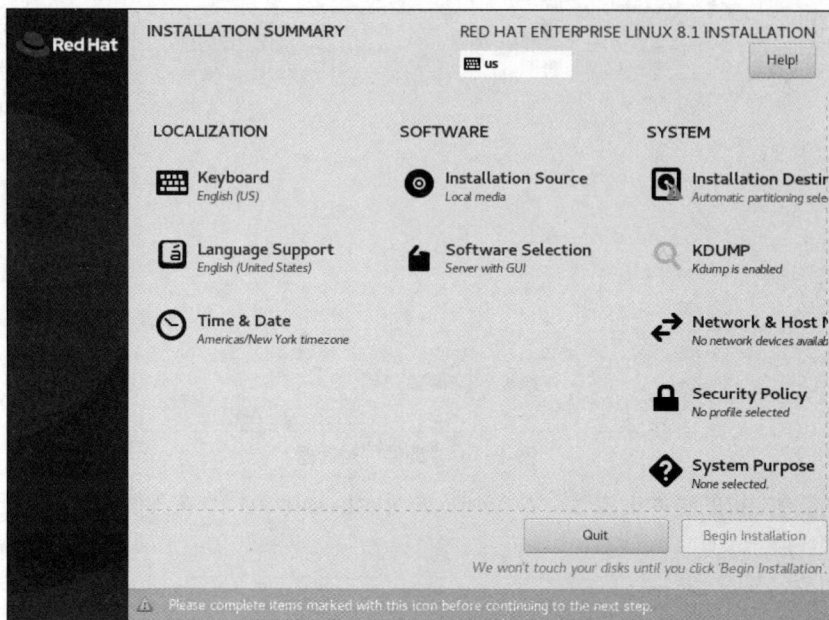

图 1-17　安装信息摘要配置界面

（4）在安装信息摘要配置界面中，单击"Software Selection"（软件选择）按钮，进入软件选择配置界面。在软件选择配置界面中选中"Minimal Install"（最小化）单选按钮，单击左上角的"Done"按钮，如图 1-18 所示。此时，返回安装信息摘要配置界面。

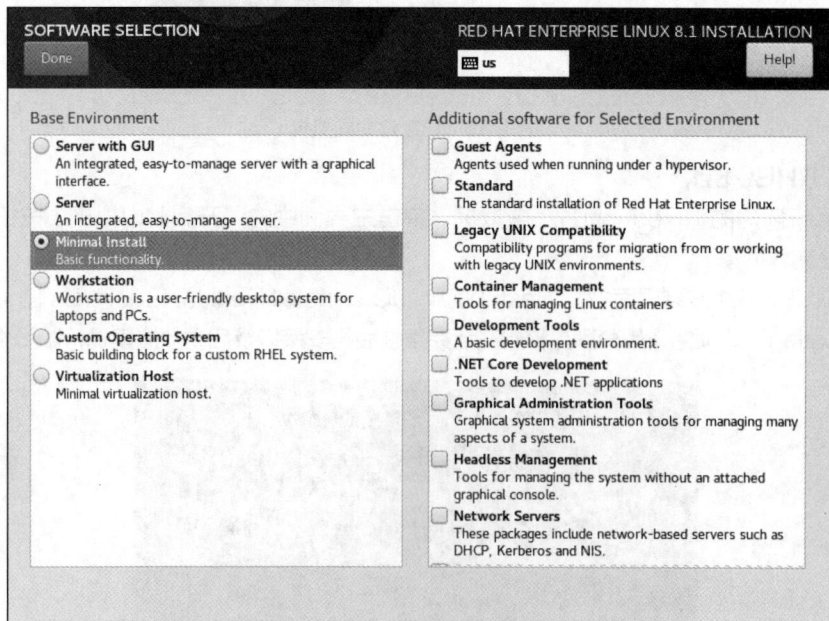

图 1-18　软件选择配置界面

（5）在安装信息摘要配置界面中，单击"Installation Destination"（安装目的地）按钮，在弹出的自动分区配置界面中不需要进行任何修改，单击左上角的"Done"按钮，如图 1-19 所示。此时，返回安装信息摘要配置界面。

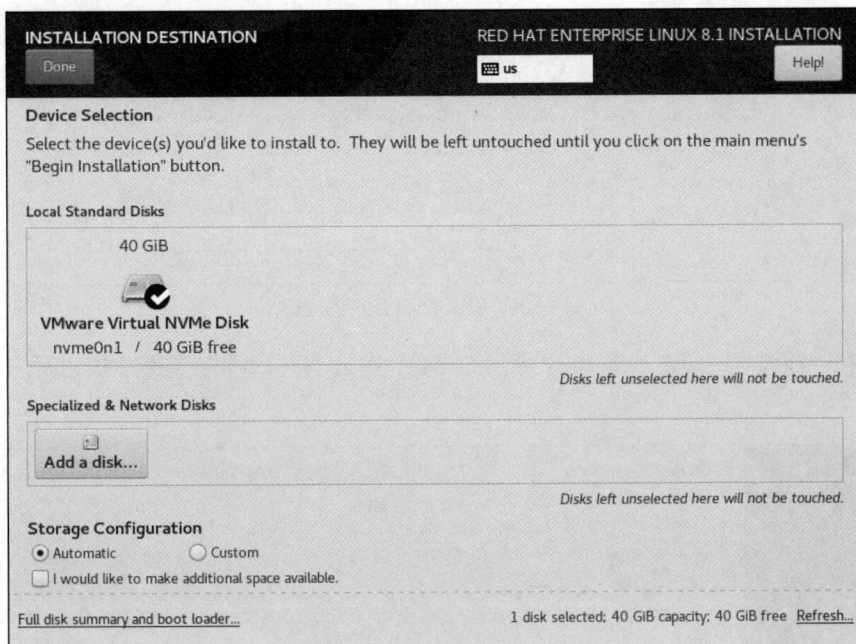

图 1-19　自动分区配置界面

（6）在安装信息摘要配置界面中，单击右下角的"Begin Installation"（开始安装）按钮，即可安装 RHEL 8.1，进入开始安装系统界面，如图 1-20 所示。

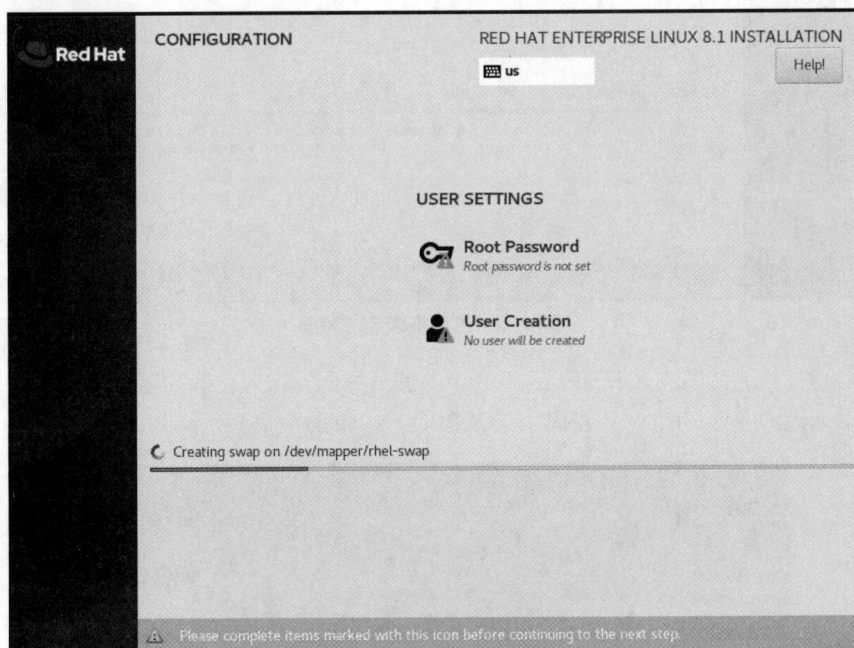

图 1-20　开始安装系统界面

（7）此处需设置 root 用户密码，单击"Root Password"按钮，在弹出的配置界面中，输入 root 用户的密码，密码无须进行密码复杂度验证，可根据需要进行设置，此处设置密码为"000000"，设置完成后，单击"Done"按钮，如图 1-21 所示。返回开始安装系统界面，继续等待系统安装。

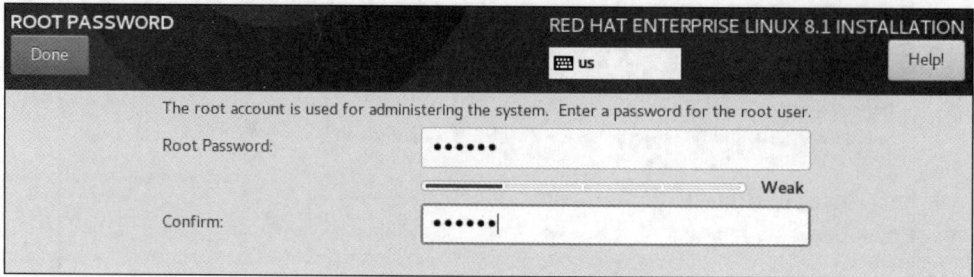

图 1-21　设置 root 用户的密码

（8）等待一段时间后，进入图 1-22 所示的界面，单击"Reboot"（重启）按钮后，完成 RHEL 8.1 的安装。

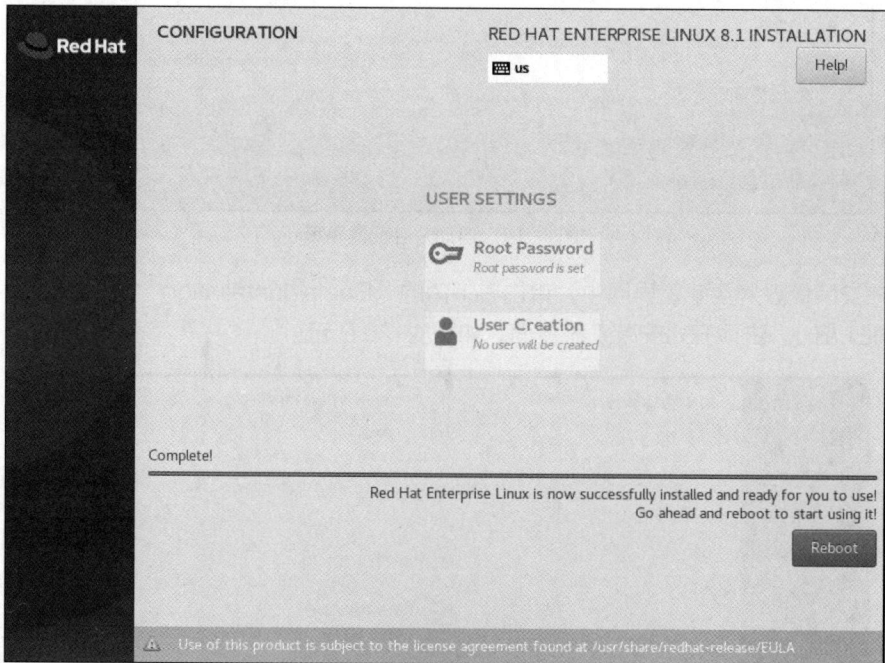

图 1-22　系统安装完成界面

（9）重启虚拟机，即可进入 RHEL 8.1 的字符登录界面，输入正确的用户名和密码，方可正确登录，此处输入用户名为"root"，密码为"000000"，如图 1-23 所示。

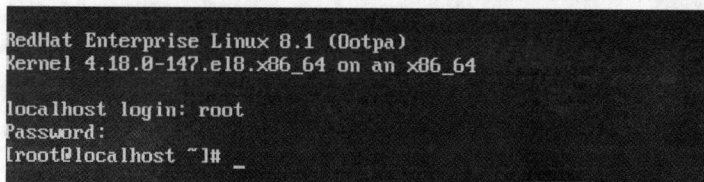

图 1-23　字符登录界面

【任务实训】安装 RHEL 8.1 并编写 Docker 技术的调研报告

【实训目的】

1. 能够熟练使用百度、Google 等搜索工具。
2. 掌握 RHEL 8.1 的安装方法。
3. 了解 Docker 的基本概念、特点和发展历程。
4. 了解 Docker 与传统虚拟机的区别。

【实训内容】

1. 在 VMware Workstation pro 16 中安装 RHEL 8.1。
2. 通过搜索工具，了解 Docker 的基本概念、特点和发展历程。
3. 通过搜索工具，了解 Docker 技术与传统虚拟机的区别。

任务 1.2 熟悉 Docker 的安装

【任务要求】

工程师小王完成对 Docker 前沿技术的深入调研以及成功部署 RHEL 8.1 后，公司安排小王编写 Docker 安装手册，供公司相关技术人员学习，以便在公司内部推广该技术。

【相关知识】

1.2.1 Docker 架构

Docker 采用客户端/服务器（Client/Server，C/S）架构模式，主要由 Client（客户端）、Docker_Host（主机）和 Respository（仓库）3 个部分组成，如图 1-24 所示。

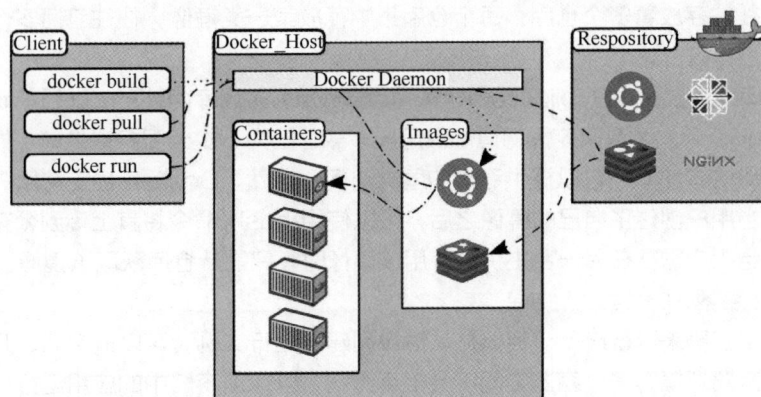

图 1-24　Docker 架构

客户端是用户与 Docker 进行交互的接口，负责与 Docker 的 Docker Daemon（守护进程）通信。Docker Daemon 作为服务器接收客户端的请求，负责构建、运行和分发容器。客户端和服务器可以运行在同一个主机上，客户端也可以通过 Socket（套接字）或 REST API（应用程序接口）与远程的服务器通信。

Docker Daemon 可以在宿主机后台运行，用户并不直接与其进行交互，而是通过 Docker 客户端间接与其通信。Docker 客户端以系统命令的形式存在，用户使用 Docker 命令与 Docker Daemon 交互。Docker Daemon 接收用户指令并与 Docker 其他进程进行通信。

1.2.2　Docker 的核心组件

Docker 的核心组件包括 Docker 客户端、Docker Daemon、Docker 镜像（Image）、Docker 仓库和 Docker 容器（Container）。

1. Docker 客户端

Docker 客户端通过命令行或者其他工具使用 Docker API 与 Docker Daemon 通信。

2. Docker Daemon

Docker Daemon 是服务器组件，以 Linux 后台服务的方式运行。

3. Docker 镜像

Docker 镜像是一个只读的模板，可以用于创建 Docker 容器，每一个镜像都由一系列的层组成。例如，RedHat 镜像中安装 nginx 后就成为 nginx 镜像，此时 Docker 镜像的层级概念就体现出来了：底层是一个 RedHat 镜像，上面叠加一个 nginx 镜像层，此时可以将 RedHat 镜像称为 nginx 镜像层的父镜像。常用的生成镜像的方法有以下 3 种。

（1）创建新镜像。

（2）下载并使用他人创建好的镜像。

（3）在现有镜像上创建新的镜像。

用户可以将镜像的内容和创建步骤存储在一个文本文件中，这个文件被称为 Dockerfile，通过执行 docker build <docker-file>命令可以构建出 Docker 镜像。这部分内容在后面的项目中会有详细说明。

4. Docker 仓库

Docker 仓库类似于代码仓库，是 Docker 集中存放镜像文件的场所。有时候，人们会把 Docker 仓库和仓库注册服务器（Registry）混为一谈，并不严格区分。实际上，仓库注册服务器是存放仓库的地方，其中往往存放着多个仓库，每个仓库集中存放某一类镜像，往往包括多个镜像文件，通过不同的标签来进行区分。

Docker 仓库分为公有（Public）仓库和私有（Private）仓库两种形式。目前，最大的公有仓库是 Docker Hub，存放了数量庞大的镜像供用户下载。国内不少云服务提供商（如时速云、阿里云等）提供了仓库的本地源，可以提供稳定的国内访问。当然，Docker 也支持用户在本地网络中创建私有仓库。当用户创建了自己的镜像之后，可以使用 push 命令将其上传到公有仓库或者私有仓库中，这样，当用户需要在另一台主机上使用该镜像时，只需从仓库获取该镜像。

5. Docker 容器

Docker 利用容器来运行应用。容器是从镜像创建的运行实例，可以被启动、开始、终止、删除。容器是一个隔离环境，多个容器之间不会相互影响，以保证容器中的应用运行在一个相对安全的环境中。

1.2.3　Docker 的版本分类

Docker 主要有 3 个版本，分别为 Docker CE（社区版）、Docker EE（企业版）和 Docker Desktop（桌面版）。

1. Docker CE

Docker CE 是免费的开源版本,提供了 Docker 的核心功能,适合个人开发者、小型团队和开源项目使用,主要包括 Docker Engine、Docker CLI、Docker Compose 等核心组件。Docker Engine 是 Docker 的核心服务,负责构建、运行和管理容器;Docker CLI 是命令行工具,用于与 Docker Engine 进行交互;Docker Compose 是一种用于定义和管理多个容器的工具。Docker CE 主要按照 Stable 和 Edge 两种方式发布,每个季度会更新 Stable 版本,每个月会更新 Edge 版本。例如,使用基于月份的发行版本,19.03 的第 1 版就指向 19.03.0,如果有漏洞/安全修复需要发布,那么将会指向 19.03.1 等。

2. Docker EE

Docker EE 是收费版本,提供了比 Docker CE 更高级的功能和支持,适合需要高级特性和支持的大型组织及企业用户使用。Docker EE 除了包含 Docker CE 的所有功能外,还添加了 Docker Trusted Registry(DTR)和 Universal Control Plane(UCP)等附加组件。DTR 是一个私有的容器镜像仓库,用于存储和管理容器镜像;UCP 是一个集中式的管理控制台,用于管理和监控多个 Docker 主机。Docker EE 主要分为 Basic、Standard 和 Advanced 这 3 个子版本,可以根据企业的具体需求选择合适的版本。

3. Docker Desktop

Docker Desktop 是一个桌面应用程序,专为个人开发者设计,支持在 Windows 和 macOS 上运行。Docker Desktop 主要提供一个图形用户界面来管理 Docker 容器,包含 Docker CE 的所有功能,并添加了一些桌面特定的工具和集成,同时支持对 Kubernetes 等功能的集成。

总之,Docker 的版本分类旨在满足不同用户群体的需求。个人开发者和小型团队可以选择 Docker CE;大型组织和企业用户可以选择 Docker EE 来获得更高级的功能和支持;对于需要在桌面环境中使用 Docker 的开发者来说,可以选择 Docker Desktop。

【任务实现】

任务 1:在 RHEL 8.1 中在线安装 Docker

V1-2 在 RHEL 8.1 中在线安装 Docker(1)　　V1-3 在 RHEL 8.1 中在线安装 Docker(2)

1. 安装准备

VMware Workstation 已正确安装 RHEL 8.1,内存为 4GB 或更多 RAM,磁盘空间为 40GB,具有两个或者更多的 CPU,虚拟机的网卡设置为 NAT 模式,可以访问外部网络。

2. 基础环境设置

(1)使用 uname -r 命令查看当前系统的内核版本。

```
# uname -r              //查看 Linux 内核版本
4.18.0-147.el8.x86_64
```

(2)关闭防火墙,并查看防火墙状态。

```
# systemctl stop firewalld          //关闭防火墙
# systemctl disable firewalld        //设置开机禁用防火墙
# systemctl status firewalld         //查看防火墙状态
…
firewalld.service – firewalld – dynamic firewall daemon
    Loaded: loaded (/usr/lib/systemd/system/firewalld.service; disabled; vendor preset: enabled)
    Active: inactive (dead)
```

若出现"Active: inactive (dead)"提示，则表示防火墙已关闭。

（3）关闭 SELinux。

```
# setenforce 0          //临时关闭 SELinux
# sed –i "s/^SELINUX=enforcing/SELINUX=disabled/g" /etc/selinux/config    //永久关闭 SELinux
```

（4）修改网卡配置信息。

```
# vi /etc/sysconfig/network-scripts/ifcfg-ens160
//修改以下参数信息
TYPE=Ethernet
BOOTPROTO=static
IPADDR=192.168.200.101              //设置 IP 地址为 192.168.200.101
NETMASK=255.255.255.0               //设置子网掩码为 255.255.255.0
GATEWAY=192.168.200.2              //设置网关地址为 192.168.200.2
DNS1=114.114.114.114               //设置主 DNS 服务器的 IP 地址为 114.114.114.114
DNS2=8.8.8.8                       //设置备用 DNS 服务器的 IP 地址为 8.8.8.8
ONBOOT=yes                        //系统启动时自动激活该网卡
```

文件编辑完成后，保存文件并退出，返回命令行，并重启网络服务。

```
# nmcli connection reload
# nmcli connection up ens160
```

或者执行以下命令重启 NetworkManager 服务。

```
# sudo systemctl restart NetworkManager
```

验证外部网络的连通性。

```
# ping –c 2 www.sina.com.cn
...
--- ww1.sinaimg.cn.w.alikunlun.com ping statistics ---
2 packets transmitted, 2 received, 0% packet loss, time 4ms
rtt min/avg/max/mdev = 8.426/8.592/8.758/0.166 ms
```

说 明 从"**2 packets transmitted, 2 received, 0% packet loss**"提示信息可知，虚拟机与外部网络是连通的。

3. 配置 yum 源

（1）本任务通过配置本地 yum 源，提供相应软件包的安装。上传 RHEL 8.1 的映像文件 rhel-8.1-x86_64-dvd.iso 到虚拟机的/opt 目录中，上传完毕后，使用 ls 命令进行查看。

```
# ls /opt
rhel-8.1-x86_64-dvd.iso
```

（2）移除节点的本地 yum 源。

```
# mkdir /opt/repo                        //建立存放目录
# mv /etc/yum.repos.d/* /opt/repo        //将原 yum 文件移至/opt/repo 目录中
```

（3）将镜像文件挂载到/mnt 目录，同时设置开机自动挂载。

```
# mount –o loop /opt/rhel-8.1-x86_64-dvd.iso /mnt
mount: /mnt: WARNING: device write-protected, mounted read-only.
# vi /etc/fstab
//在文件末尾添加如下内容
/opt/rhel-8.1-x86_64-dvd.iso     /mnt/ iso9660     loop     0     0
```

文件编辑完成后，保存文件并退出，返回命令行。

（4）设置 RedHat 操作系统的 yum 源。

```
# vi /etc/yum.repos.d/redhat.repo
//添加如下参数信息
[AppStream]
name=AppStream
baseurl=file:///mnt/AppStream
enabled=1
gpgcheck=0

[BaseOS]
name=BaseOS
baseurl=file:///mnt/BaseOS
enabled=1
gpgcheck=0
```

文件编辑完成后，保存文件并退出，返回命令行，清理及重建 yum 缓存。

```
# yum clean all
# yum makecache
```

4. 配置时间同步（本任务实现与阿里云时间同步）

（1）安装 chrony（时间同步服务）软件包。

```
# yum –y install chrony
```

（2）编辑 chrony 配置文件。

```
# vi /etc/chrony.conf
//添加如下内容
pool 1.ntp1.aliyun.com iburst
```

文件编辑完成后，保存文件并退出，返回命令行，重启 chronyd 服务。

```
# systemctl restart chronyd
# ln –sf /usr/share/zoneinfo/Asia/Shanghai /etc/localtime
# echo 'Asia/Shanghai' > /etc/timezone
```

（3）使用 chronyc 命令验证时间同步状态。

```
# chronyc sources
```

此时应该会看到阿里云 NTP 服务器列在同步源之中。

5. 安装 Docker

（1）安装必需的软件包。

```
# yum install –y yum-utils device-mapper-persistent-data lvm2 wget
```

（2）设置 Docker CE 的 yum 源。

```
# wget https://mirrors.aliyun.com/docker-ce/linux/centos/docker-ce.repo -O /etc/yum.repos.d/
docker-ce.repo
```

（3）使用以下命令查看仓库中的所有 Docker 版本，根据需求选择特定版本进行安装。

```
# yum list docker-ce --showduplicates | sort –r
Loading mirror speeds from cached hostfile
Loaded plugins: fastestmirror
docker-ce.x86_64              3:26.1.3-1.el8          docker-ce-stable
docker-ce.x86_64              3:26.1.2-1.el8          docker-ce-stable
docker-ce.x86_64              3:26.1.1-1.el8          docker-ce-stable
docker-ce.x86_64              3:26.1.0-1.el8          docker-ce-stable
```

```
...
Available Packages
```

（4）执行 yum install –y docker-ce 命令可安装 Docker-CE 的最新版，本任务选择安装 Docker 26.1.3，安装完成后，启动 Docker 服务并设置为开机自启动。

```
# yum install -y docker-ce-3:26.1.3-1.el8        //安装 Docker 26.1.3
# systemctl start docker                          //启动 Docker 服务
# systemctl enable docker                         //设置 Docker 服务开机自启动
```

（5）使用 ps 命令查看 Docker 进程是否启动。

```
# ps –ef | grep docker
root      1128       1    0    09:46     ?       00:00:00     /usr/bin/dockerd ...
root      62766128    0    10:08    pts/0    00:00:00     grep --color=auto docker
```

（6）可执行 docker --version 命令查看已安装 Docker 的版本信息，也可执行 docker version 命令查看已安装 Docker 的版本的详细信息。

```
# docker --version
Docker version 26.1.3, build b72abbb
```

6. 配置镜像加速器，并进行验证

（1）有时，国内访问 Docker Hub 会遇到困难，访问速度较慢，这种情况下可通过配置镜像加速器来提高镜像的下载速度。国内的很多云服务商提供了加速器服务，如阿里云加速器、DaoCloud 加速器、灵雀云加速器等，这里选择配置阿里云加速器。

```
# vim /etc/docker/daemon.json
//添加以下内容
{
    "registry-mirrors": ["https://x3n9jrcg.mirror.aliyuncs.com"]
}
```

文件编辑完成后，保存文件并退出，返回命令行，重新加载系统配置并重启 Docker 服务。

```
# systemctl daemon-reload              //重新加载系统配置
# systemctl restart docker             //重启 Docker 服务
```

（2）运行 nginx 镜像来测试是否安装成功。

```
# docker run -dit -p 80:80 nginx:latest
```

打开浏览器，在其地址栏中输入"http://192.168.200.101"并按 Enter 键，若显示图 1-25 所示的容器内容，则表示 Docker 已经安装完成，并能正常运行。

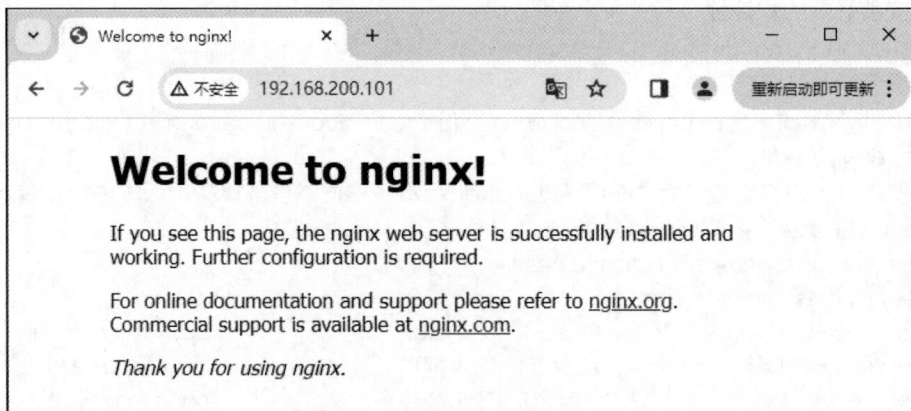

图 1-25　显示的容器内容

任务 2: 在 RHEL 8.1 中离线安装 Docker

1. 在可联网的主机上制作 Docker 本地安装包

（1）关闭防火墙，并临时关闭 SELinux。

```
# systemctl stop firewalld
# systemctl disable firewalld
# setenforce 0
# sed -i "s/^SELINUX=enforcing/SELINUX=disabled/g" /etc/selinux/config
```

（2）上传 RHEL 8.1 的映像文件 rhel-8.1-x86_64-dvd.iso 到虚拟机的 /opt 目录中，上传完毕后，使用 ls 命令进行查看，将映射文件挂载到/mnt 目录，同时设置开机自动挂载。

```
# ls /opt
rhel-8.1-x86_64-dvd.iso
# mount -o loop /opt/rhel-8.1-x86_64-dvd.iso /mnt
# vi /etc/fstab
//在文件末尾添加如下内容
/opt/rhel-8.1-x86_64-dvd.iso     /mnt/ iso9660    loop     0     0
```

文件编辑完成后，保存文件并退出，返回命令行。

（3）建立本地 yum 源。

```
# mkdir /opt/repo                          //建立存放目录
# mv /etc/yum.repos.d/* /opt/repo          //将原 yum 文件移至/opt/repo 目录中
# vim /etc/yum.repos.d/redhat.repo         //建立本地 yum 源文件 redhat.repo
//添加如下参数信息
[AppStream]
name=AppStream
baseurl=file:///mnt/AppStream
enabled=1
gpgcheck=0

[BaseOS]
name=BaseOS
baseurl=file:///mnt/BaseOS
enabled=1
gpgcheck=0
```

文件编辑完成后，保存文件并退出，返回命令行，清理及重建 yum 缓存。

```
# yum clean all
# yum makecache
# yum install -y wget yum-utils
```

（4）配置时间同步，这里同步上海时区。

```
# timedatectl
# timedatectl set-timezone Asia/Shanghai
# chronyc makestep
# date
```

V1-4 在 RHEL 8.1 中离线安装 Docker（1）

V1-5 在 RHEL 8.1 中离线安装 Docker（2）

V1-6 在 RHEL 8.1 中离线安装 Docker（3）

（5）创建 Docker 的 yum 源。

```
# wget https://mirrors.aliyun.com/docker-ce/linux/centos/docker-ce.repo -O /etc/yum.repos.d/
docker-ce.repo
```

（6）创建离线包存储目录，并设置读写权限。

```
# mkdir -p /opt/docker /opt/docker-backup
# chmod -R 777 /opt/docker /opt/docker-backup
```

（7）下载密钥文件。

```
# cd /opt/docker/
# wget https://mirrors.aliyun.com/docker-ce/linux/ centos/gpg
```

（8）下载离线包到/opt/docker 目录中，并将其备份到/opt/docker-backup 中。

```
# yum remove -y yum-utils
# yum install -y --downloadonly --downloaddir=/opt/docker yum-utils device-mapper-
persistent-data lvm2 createrepo docker-ce-26.1.3-1.el8
# cp -rvf /opt/docker/* /opt/docker-backup/
```

（9）安装 createrepo 依赖包，并初始化安装源 repodata。

```
# yum install -y createrepo
# createrepo -pdo /opt/docker-backup /opt/docker-backup
# createrepo --update /opt/docker-backup
```

（10）将制作的安装文件打包。

```
# cd /opt/docker-backup
# tar -zcvf docker-local.tar.gz *
# ls docker-local.tar.gz
docker-local.tar.gz
```

docker-local.tar.gz 文件为制作好的离线安装源，将该文件导出即可。

2. 在离线的主机上安装 Docker

（1）使用 uname -r 命令查看当前系统的内核版本。

```
# uname -r              //查看 Linux 内核版本
4.18.0-147.el8.x86_64
```

（2）关闭防火墙和 SELinux。

```
# systemctl stop firewalld
# systemctl disable firewalld
# setenforce 0          //临时关闭 SELinux
# sed -i "s/^SELINUX=enforcing/SELINUX=disabled/g" /etc/selinux/config      //永久关闭 SELinux
```

（3）禁用 RedHat Subscription Manager（订阅管理器）。

```
# vi /etc/yum/pluginconf.d/subscription-manager.conf
[main]
enabled=0                          //设置 enabled 参数值为 0
# vi /etc/yum/pluginconf.d/product-id.conf
[main]
enabled=0                          //设置 enabled 参数值为 0
```

（4）将 docker-local.tar.gz 和 RHEL 8.1 的映像文件 rhel-8.1-x86_64-dvd.iso 上传到离线主机的/opt 目录中，并将 docker-local.tar.gz 文件解压到/opt/docker 目录中。

```
# mkdir -p /opt/docker
# mount -o loop /opt/rhel-8.1-x86_64-dvd.iso /mnt
# tar -zxvf /opt/docker-local.tar.gz -C /opt/docker
```

（5）配置 Docker-CE 的本地 yum 源。

```
# mkdir /opt/oldrepo
# mv /etc/yum.repos.d/* /opt/oldrepo
# vim /etc/yum.repos.d/redhat.repo          //建立 RedHat 本地 yum 源文件 redhat.repo
[AppStream]
name=AppStream
baseurl=file:///mnt/AppStream
enabled=1
gpgcheck=0

[BaseOS]
name=BaseOS
baseurl=file:///mnt/BaseOS
enabled=1
gpgcheck=0
```

文件编辑完成后，保存文件并退出，返回命令行。

```
# vim /etc/yum.repos.d/docker.repo          //建立 Docker 本地 yum 源文件 docker.repo
[docker]
name=docker ce
baseurl=file:///opt/docker
gpgcheck=0
enabled=1
gpgkey=file:///opt/docker/gpg
```

文件编辑完成后，保存文件并退出，返回命令行，清除并重建 yum 缓存。

```
# yum clean all
# yum makecache
```

（6）安装 createrepo，并构建本地安装源。

```
# yum -y install device-mapper-persistent-data lvm2 createrepo
# createrepo -d /opt/docker/repodata
# yum clean all
# yum makecache
```

（7）安装并启动 Docker，执行 docker --version 命令查看已安装 Docker 的版本信息。

```
# yum -y install docker-ce                   //安装 Docker-CE 最新版
# systemctl start docker
# systemctl enable docker
# docker --version                           //查看已安装 Docker 的版本信息
Docker version 26.1.3, build b72abbb
```

任务 3：在 Windows 10 中安装 Docker

（1）安装 Docker 的基本要求：对于 Windows 10 以下的操作系统，推荐使用 Docker Toolbox；对于 Windows 10 以上的操作系统，推荐使用 Docker for Windows。本书在 Windows 10 专业版操作系统中使用 Docker for Windows，需要系统启用 Hyper-V 功能，并在 BIOS（基本输入输出系统）中启用虚拟化功能，同时，支持 CPU SLAT（二级地址转换）的功能及至少 4GB 的 RAM（随机存储器）。

V1-7 在 Windows 10 中安装 Docker

（2）打开"控制面板"窗口，如图 1-26 所示。

图 1-26 "控制面板"窗口

（3）选择"程序"选项，打开"程序"窗口，如图 1-27 所示。

图 1-27 "程序"窗口

（4）选择"启用或关闭 Windows 功能"选项，打开"Windows 功能"窗口，勾选"Hyper-V 平台"复选框，单击"确定"按钮，如图 1-28 所示。

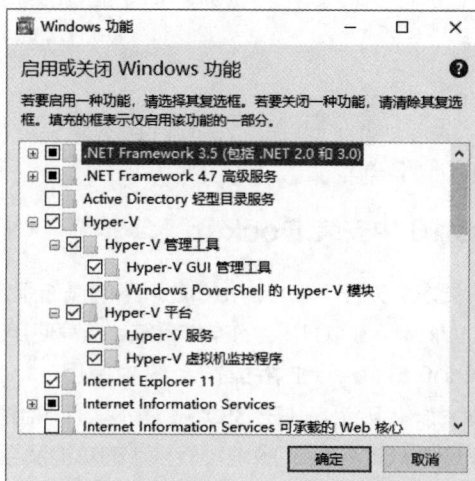

图 1-28 "Windows 功能"窗口

（5）对下载的 Docker for Windows 压缩包进行解压，如图 1-29 所示。

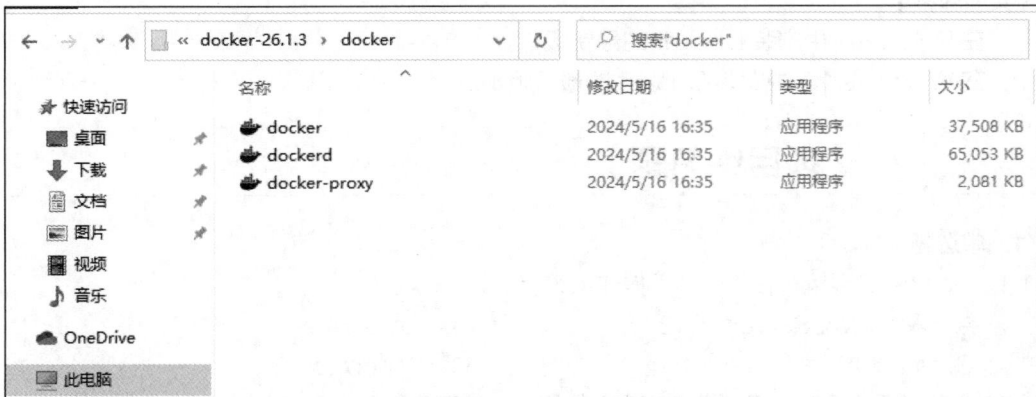

图 1-29　解压 Docker for Windows 压缩包

（6）解压完成后，打开命令行窗口，运行 Docker for Windows 解压文件所在目录中的 dockerd 程序，如这里输入"C:\xxx\docker-26.1.3\docker\dockerd"并按 Enter 键，如图 1-30 所示。

```
C:\Windows\system32>C:\xxx\docker-26.1.3\docker\dockerd
time="2024-08-29T12:51:41.082257600+08:00" level=info msg="Starting up"
time="2024-08-29T12:51:41.159379100+08:00" level=info msg="Windows default isolation mode: hyperv"
time="2024-08-29T12:51:41.632067100+08:00" level=info msg="[graphdriver] trying configured driver: windowsfilter"
time="2024-08-29T12:51:41.652710400+08:00" level=info msg="Loading containers: start."
time="2024-08-29T12:51:41.661003000+08:00" level=info msg="Restoring existing overlay networks from HNS into docker"
time="2024-08-29T12:51:43.303318400+08:00" level=info msg="Loading containers: done."
time="2024-08-29T12:51:43.311272200+08:00" level=info msg="Docker daemon" commit=8e96db1 containerd-snapshotter=false storage
-driver=windowsfilter version=26.1.3
time="2024-08-29T12:51:43.320747200+08:00" level=info msg="Daemon has completed initialization"
time="2024-08-29T12:51:43.405419500+08:00" level=info msg="API listen on //./pipe/docker_engine"
```

图 1-30　运行 dockerd 程序

（7）再次打开一个命令行窗口，即可查看当前 Docker 版本，如这里输入"C:\xxx\docker-26.1.3\docker\docker version"并按 Enter 键，如图 1-31 所示。

```
C:\Windows\system32>C:\xxx\docker-26.1.3\docker\docker version
Client:
 Version:           26.1.3
 API version:       1.45
 Go version:        go1.21.10
 Git commit:        b72abbb
 Built:             Thu May 16 08:34:37 2024
 OS/Arch:           windows/amd64
 Context:           default

Server: Docker Engine - Community
Engine:
  Version:          26.1.3
  API version:      1.45 (minimum version 1.24)
  Go version:       go1.21.10
  Git commit:       8e96db1
  Built:            Thu May 16 08:33:14 2024
  OS/Arch:          windows/amd64
  Experimental:     false
```

图 1-31　查看当前 Docker 版本

【任务实训】安装和使用 Docker

【实训目的】

1. 掌握 Docker 在 RedHat 操作系统中的安装方法。

2. 掌握 Docker 在 Windows 操作系统中的安装方法。

【实训内容】

1. 在 RHEL 8.1 中安装 Docker 的最新版本。

2. 在 Windows 10 中安装 Docker 的最新版本。

【项目练习题】

1. 单选题

（1）Docker 主要运行在（　　　）操作系统上。

    A. Windows Server 2012　　　　　　　B. Linux

    C. macOS　　　　　　　　　　　　　　D. Windows

（2）以下关于 Docker 服务端和客户端的描述，不正确的是（　　　）。

    A. Docker 安装完成后包含两个程序：Docker 服务端和 Docker 客户端

    B. Docker 服务端和客户端必须运行在不同的机器中

    C. Docker 服务端是一个服务进程，负责管理所有容器

    D. Docker 客户端用来控制 Docker 服务端进程

（3）以下关于 Docker 的优势，不正确的是（　　　）。

    A. 应用程序快速、一致地交付

    B. 响应式部署和伸缩应用程序

    C. Docker 用来管理容器的整个生命周期，但不能保持一致的用户界面

    D. 在同样的硬件上运行更多的工作负载

（4）以下关于 Docker 三大核心概念的相关描述，不正确的是（　　　）。

    A. 镜像是创建容器的基础，类似虚拟机的快照

    B. 镜像可以理解为一个面向 Docker 容器引擎的只读模板

    C. Docker 容器可以被启动、停止和删除

    D. 不能将镜像上传到仓库

（5）Docker 与传统虚拟机的区别包括（　　　）。

    A. Docker 的启动时间是秒级，而传统虚拟机的启动时间是分钟级

    B. Docker 在内存损耗上接近 50%，而传统虚拟机几乎无损耗

    C. Docker 单机可启动上千个，而传统虚拟机可启动上万个

    D. Docker 在隔离性上是完全隔离的，而传统虚拟机则采用了资源限制

（6）下列（　　　）属于安装 Docker 时所需要的依赖软件包。

    A. yum-utils　　　　　　　　　　　　B. device-mapper-devel

    C. createrepo　　　　　　　　　　　　D. python-docker

（7）下列关于 Docker 核心概念的说法错误的是（　　　）。

    A. Docker 镜像是创建容器的基础，是 Docker 容器的只读模板

    B. Docker 容器可以看作一个简易版的 Linux 环境，用来运行和隔离应用

    C. Docker 仓库是集中保存镜像的地方，可以使用 push 命令上传自己创建的镜像

    D. Docker 容器是从镜像创建的运行实例，容器创建后容器之间相互可见

（8）Docker 虚拟化技术指（　　　）。

    A. Docker 是虚拟机、虚拟机器　　　　B. Docker 是重量级虚拟化技术

    C. Docker 是半虚拟化技术　　　　　　D. Docker 是一个开源的应用容器引擎

（9）以下关于 Docker 虚拟化的描述，正确的是（　　　）。

    A. Docker 是基于 Linux32 位操作系统的　B. Docker 虚拟化可替代其他所有虚拟化

    C. Docker 技术可以不基于宿主机系统　　D. Docker 可以在 Windows 上进行虚拟

（10）以下有关 Docker 的描述，正确的是（　　　）。

    A. Docker 不能将应用程序发布到云端进行部署

    B. Docker 将应用程序及其依赖打包到一个可移植的镜像中

    C. Docker 操作容器时必须知道容器中有什么软件

    D. 容器依赖于主机操作系统的内核版本，因此 Docker 局限于操作系统平台

2. 判断题

（1）容器技术与虚拟机技术相比，部署速度更快，每台机器上都可以部署上百个容器实例，两者都基于宿主机的操作系统内核。（　　　）

（2）Docker 与传统虚拟机是没有区别的。（　　　）

（3）Docker 支持在 Windows、Linux、macOS 等操作系统上安装。（　　　）

（4）Docker 容器在隔离性上是完全隔离的，而传统虚拟机则采用了资源限制。（　　　）

（5）Docker 镜像是创建容器的基础，是 Docker 容器的只读模板。（　　　）

（6）Docker 容器的隔离是安全隔离。（　　　）

（7）Docker 可以帮助企业解决服务器资源利用率低、部署难的问题。（　　　）

（8）Docker 容器的启动速度比传统虚拟机的启动速度快。（　　　）

（9）Docker 采用的是客户端/服务器架构模式。（　　　）

（10）Docker 的架构模式主要由 Client（客户端）、Docker_Host（主机）和 Respository（仓库）3 个部分组成。（　　　）

3. 简答题

（1）Docker 与传统虚拟机的区别是什么？

（2）Docker 的核心组件有哪些？

（3）什么是 Docker？其有哪些优点？

项目2
Docker镜像管理和定制

02

镜像是Docker的核心技术之一，是创建Docker容器的基础模板。本项目通过3个任务介绍镜像的基本概念和围绕镜像这一核心概念的具体操作，包括如何使用docker pull命令获取镜像、如何查看本地已有的镜像信息和管理镜像、如何创建用户定制的镜像，以及如何创建私有仓库。

【知识目标】

- 了解镜像的基本概念。
- 掌握镜像的常用操作命令。
- 了解仓库的基本概念。

【能力目标】

- 掌握镜像的基本操作。
- 掌握镜像仓库的构建方法。
- 掌握镜像的创建方法。

【素质目标】

- 培养爱国主义精神、民族自豪感。
- 树立责任担当、安全意识。
- 培养科技强国意识。

任务 2.1 查看和管理 Docker 镜像

【任务要求】

工程师小王编写完 Docker 安装手册并提交后，公司安排小王继续编写相关技术手册，旨在在公司内部更广泛地推广 Docker 技术的应用与实践。小王决定编写关于 Docker 镜像管理的操作手册，以提供更加直观的实践资料。

【相关知识】

镜像是 Docker 的核心技术之一，也是应用发布的标准格式。Docker 镜像类似于虚拟机中的镜像，是一个只读的模板，也是一个独立的文件系统，包括运行容器所需的数据。例如，一个镜像可以包含一个基本的操作系统环境，其中仅安装了 nginx 应用或用户需要的其他应用，可以将其称为一个 nginx 镜像。

Docker 镜像是 Docker 容器的静态表示，包括 Docker 容器所要运行的应用代码及运行时的配置。Docker 镜像采用分层的方式构建，每个镜像均由一系列的"镜像层"组成。镜像一旦被创建就无法被修改，一个运行着的 Docker 容器就是一个镜像的实例，当需要修改容器镜像的某个文件时，只能对处于最上层的可写层进行变动，而不能覆盖下面只读层的内容。如图 2-1 所示，可写层位于底下的若干只读层之上，运行时的所有变化，包括对数据和文件的写及更新，都会保存在可写层中。

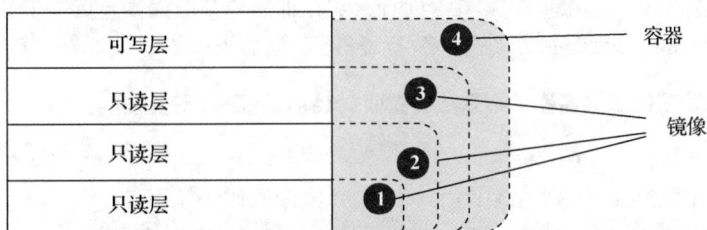

图 2-1　Docker 容器的分层结构

同时，Docker 镜像采用了写时复制（Copy-on-Write，COW）的策略，在多个容器之间共享镜像，每个容器在启动的时候并不需要单独复制一份镜像文件，而是将所有镜像层以只读的方式挂载到一个挂载点，再在上面覆盖一个可读写的容器层。写时复制策略配合分层机制的应用，减少了镜像对磁盘空间的占用和容器启动时间。

Docker 镜像采用联合文件系统（Union File System，UFS）对各层进行管理。联合文件系统技术能够将不同的层整合成一个文件系统，为这些层提供一个统一的视角，这样就隐藏了多层的存在，从用户的角度来看，只存在一个文件系统。

【任务实现】

任务：Docker 镜像常用操作命令

1. 查找镜像

在下载镜像前，使用 docker search 命令可搜索出符合条件的镜像，其格式如下。

```
docker search [选项] 搜索关键词
```

docker search 命令的常用选项如下。

（1）-automated：默认为 False，即显示 automated build 镜像。

（2）--no-trunc：默认为 False，即显示完整的镜像描述。

（3）-s：列出收藏数不小于指定值的镜像。

例如，查找名称为 redhat 的镜像的代码如下。

```
# docker search redhat
NAME                    DESCRIPTION                     STARS       OFFICIAL
```

V2-1　Docker
镜像常用操作命令

redhat/ubi8	RedHat Universal Base Image 8	143	[OK]
...			

docker search 命令显示信息中各字段的说明如下。

（1）NAME：镜像仓库的名称/镜像名称。

（2）DESCRIPTION：镜像描述信息。

（3）STARS：镜像收藏数。

（4）OFFICIAL：是否为 Docker 官方发布的镜像。

docker search 命令的功能局限于搜索镜像本身，而不支持直接查询镜像的标签信息。为了获取特定镜像的标签列表，用户需要通过访问镜像的在线仓库页面来手动查找或使用其他命令行工具（如 docker pull 配合正则表达式等技巧）来间接获取相关信息。

2. 获取镜像

本地镜像是运行镜像的前提，可以使用 docker pull 命令获取镜像仓库中的镜像，其格式如下。

```
docker pull [Docker 镜像仓库地址]镜像名[:标签名]
```

> **说 明** 如果只指定了镜像的名称，则默认会获取 **latest** 标签标记的镜像。

例如，获取 redhat/ubi8:latest 和 nginx:latest 镜像的代码如下。

```
# docker pull redhat/ubi8:latest              //获取 redhat/ubi8:latest 镜像
Using default tag: latest
latest: Pulling from redhat/ubi8
f2d9c6e1932c: Pull complete
Digest: sha256:d497966ce214138de5271eef321680639e18daf105ae94a6bff54247d8a191a3
Status: Downloaded newer image for redhat/ubi8:latest
docker.io/redhat/ubi8:latest
# docker pull nginx:latest                    //获取 nginx:latest 镜像
```

如果没有配置本地私有仓库，则从 Docker Hub 上获取相应镜像。

例如，从私有仓库中获取 redhat/ubi8:latest 镜像，私有仓库地址为 192.168.200.101 的代码如下。

```
# docker pull 192.168.200.101:5000/redhat/ubi8:latest
```

3. 查看镜像列表

使用 docker images 命令可列出本地存储的镜像，其格式如下。

```
docker images [选项][镜像名][:标签名]
```

docker images 命令的常用选项如下。

（1）-a：列出本地所有的镜像（包含中间映像层，默认情况下过滤掉中间映像层）。

（2）-f：显示满足条件的镜像。

（3）-q：只显示镜像 ID。

例如，列出本地所有镜像的代码如下。

```
# docker images
REPOSITORY        TAG         IMAGE ID        CREATED         SIZE
nginx             latest      5ef79149e0ec    6 days ago      188MB
redhat/ubi8       latest      02141a49ee4e    2 weeks ago     205MB
```

docker images 命令显示信息中各字段的说明如下。

（1）REPOSITORY：镜像的仓库。

（2）TAG：镜像的标签。

（3）IMAGE ID：镜像 ID。

（4）CREATED：镜像创建时间。

（5）SIZE：镜像大小。

同一镜像可以有多个标签，代表这个镜像的不同版本，如仓库中有不同版本的镜像，可以使用 REPOSITORY:TAG 来定义不同的镜像。

例如，列出本地镜像中仓库为 redhat/ubi8 的镜像的代码如下。

```
# docker images redhat/ubi8
REPOSITORY          TAG          IMAGE ID          CREATED          SIZE
redhat/ubi8         latest       02141a49ee4e      2 weeks ago      205MB
```

4. 查看镜像详细信息

使用 docker inspect 命令可获取镜像的元数据，其格式如下。

```
docker inspect [选项]  镜像名或镜像 ID  [镜像名]或[镜像 ID]
```

如果使用镜像名，通常需要加上标签名（如 nginx:latest），否则默认使用 latest 标签。如果使用镜像 ID，则不需要标签名。

docker inspect 命令的常用选项如下。

（1）-f：指定返回值的模板文件。

（2）-s：显示总的文件大小。

（3）--type：为指定类型返回 JSON。

例如，查看 redhat/ubi8:latest 镜像详细信息的代码如下。

```
# docker inspect redhat/ubi8:latest
[
    {
        "Id": "sha256:02141a49ee4eaf2aa824472c45a281be14e3e85299e117891da1153a5eddc4c7",
        "RepoTags": [
            " redhat/ubi8:latest "
        ],
        "RepoDigests": [
...
]
```

5. 标记镜像

使用 docker tag 命令可为本地镜像添加标签，标签可以看作一个别名，一个镜像可以有多个标签，但只能有一个 ID，其格式如下。

```
docker tag [镜像名][:原标签名] [镜像名][:新标签名]
```

例如，将 redhat/ubi8:latest 镜像标记为 redhat/ubi8:8 镜像。

```
# docker images
REPOSITORY          TAG          IMAGE ID          CREATED          SIZE
nginx               latest       5ef79149e0ec      6 days ago       188MB
redhat/ubi8         latest       02141a49ee4e      2 weeks ago      205MB
# docker tag redhat/ubi8:latest redhat/ubi8:8
# docker images
REPOSITORY          TAG          IMAGE ID          CREATED          SIZE
nginx               latest       5ef79149e0ec      6 days ago       188MB
redhat/ubi8         8            02141a49ee4e      2 weeks ago      205MB
redhat/ubi8         latest       02141a49ee4e      2 weeks ago      205MB
```

从 docker images 命令的显示结果来看，本地的 redhat/ubi8:latest 镜像没有任何改变，只是新增了一个标签，即 8。

6. 删除镜像

使用 docker rmi 命令可以删除不需要的镜像，以释放镜像占用的磁盘空间，其格式如下。

docker rmi [选项] 镜像 1 [镜像 2...]

docker rmi 命令的常用选项如下。

（1）-f：强制删除。

（2）--no-prune：不移除该镜像的过程镜像，默认移除该镜像的过程镜像。

例如，列出本地主机的所有镜像，并删除 nginx:latest 镜像。

```
# docker images
REPOSITORY          TAG        IMAGE ID         CREATED         SIZE
nginx               latest     5ef79149e0ec     6 days ago      188MB
redhat/ubi8         8          02141a49ee4e     2 weeks ago     205MB
redhat/ubi8         latest     02141a49ee4e     2 weeks ago     205MB
# docker rmi nginx:latest
Untagged: nginx:latest
Deleted: sha256:a72860cb95fd59e9c696c66441c64f18e66915fa26b249911e83c3854477ed9a
Deleted: sha256:1188c692bee9694c47db34046023dbd938d88f303f216ef689863741b2d1a900
Deleted: sha256:3eefccfd7e5fd8bbb2bd982509dc79206b056f22dd2b14553951a743833b0d09
Deleted: sha256:5234252bfd2bba1548a4998869e9a01aedfe3b319ce61acbe98f8aec223640e7
Deleted: sha256:b292d631e6ca5af8269dc2cf3ec47be1f9faa0865b2aaa794daa2b8c25ea8cb4
Deleted: sha256:beda8840654459fe0efc1cd0bcae6a00b65b469cc999ebc41608b53c51fb93b4
Deleted: sha256:7a69d5090b2e7d873a365c81c590b2e6b87a702178b22b3c32c50d35eb7616fc
Deleted: sha256:e0781bc8667fb5ebf954df4ae52997f6f5568ec9f07e21e5db7c9d324ed41e1f
# docker images
REPOSITORY          TAG        IMAGE ID         CREATED         SIZE
redhat/ubi8         8          02141a49ee4e     2 weeks ago     205MB
redhat/ubi8         latest     02141a49ee4e     2 weeks ago     205MB
```

在删除镜像时，也可以使用镜像 ID、镜像短 ID 进行删除。例如，上面的删除命令也可写为如下形式。

```
# docker rmi se
//或者
# docker rmi sef79149eOec
```

如果需要批量删除相关镜像，则可以使用 docker image -q 命令。

例如，删除名为 nginx 的镜像的代码如下。

```
# docker rmi $(docker images -q nginx)
```

例如，删除本地所有镜像的代码如下。

```
# docker rmi $(docker images -q)
```

此外，对于被多个标签引用的镜像 ID，在删除镜像时需使用最后一个引用该镜像的标签，才能在删除标签的同时删除该镜像的所有文件。

7. 导出镜像

使用 docker save 命令可实现镜像的导出，其将对 Docker 镜像进行打包并保存为.tar 文件，以便在不同的 Docker 环境中共享或迁移镜像，其格式如下。

docker save [选项] [保存的目标文件名称] [镜像名]

docker save 命令的常用选项如下。

-o：指定输入文件。

例如，将 redhat/ubi8:latest 镜像导出并生成 redhat_ubi8.tar 压缩文件的代码如下。

```
# docker save -o redhat_ubi8.tar redhat/ubi8:latest
# ls redhat_ubi8.tar
redhat_ubi8.tar
```

8. 导入镜像

使用 docker load 命令可从一个 .tar 文件中加载（导入）一个或多个 Docker 镜像，其格式如下。

```
docker load [选项] [输入文件的名称]
```

docker load 命令的常用选项如下。

-i 或 --input：指定导入的文件。

例如，将 redhat_ubi8.tar 文件导入的代码如下。

```
# docker load --input redhat_ubi8.tar          // 导入 redhat/ubi8 镜像的压缩文件
# docker images
REPOSITORY       TAG          IMAGE ID          CREATED         SIZE
redhat/ubi8      latest       02141a49ee4e      2 weeks ago     205MB
```

9. 上传镜像

使用 docker push 命令可将本地镜像上传至仓库中，默认上传到 Docker Hub 中，其格式如下。

```
docker push [镜像名]:[标签名]
```

例如，上传本地镜像 nginx:latest 至镜像仓库中的代码如下。

```
# docker login                                 //登录 Docker Hub
Username: admin                                //输入登录镜像仓库的用户名
Password:                                      //输入密码
...
Login Succeeded
# docker push nginx:latest                     //上传 nginx:latest 镜像
The push refers to repository [docker.io/library/nginx]
d874fd2bc83b: Pushed
...
latest: digest:sha256:ee89b00528ff4f02f2405e4ee221743ebc3f8e8dd0bfd5c4c20a2fa2aaa7ede3 size:
1570
```

【任务实训】Docker 镜像常用操作命令的使用

【实训目的】

1. 掌握 Docker 镜像的基本概念。

2. 掌握 Docker 镜像的常用操作命令。

【实训内容】

1. 列出所有本地镜像。

```
# docker images
REPOSITORY       TAG          IMAGE ID          CREATED         SIZE
```

V2-2 Docker
镜像常用操作命令
的使用

从命令返回结果可知，没有本地镜像。

2. 拉取 redhet/ubi 镜像。

```
# docker pull redhat/ubi8
```

3. 将 redhat/ubi8 镜像标签名修改为 v1.0。

```
# docker images
REPOSITORY        TAG         IMAGE ID          CREATED         SIZE
redhat/ubi8       latest      5d0da3dc9764      2 weeks ago     205MB
# docker tag redhat/ubi8:latest redhat/ubi8:v1.0        //修改镜像名为 redhat/ubi8:v1.0
# docker images
REPOSITORY        TAG         IMAGE ID          CREATED         SIZE
redhat/ubi8       latest      5d0da3dc9764      2 weeks ago     205MB
redhat/ubi8       v1.0        5d0da3dc9764      2 weeks ago     205MB
```

4. 获取 nginx:latest 镜像和 busybox:latest 镜像。

```
# docker pull nginx:latest
# docker pull busybox:latest
```

5. 仅查看本地是否存在 redhat/ubi8:latest 镜像。

```
# docker images redhat/ubi8:latest
```

6. 查看 redhat/ubi8:latest 镜像的详细信息。

```
# docker inspect redhat/ubi8:latest
```

7. 将 nginx:latest 镜像导出，将其命名为 nginx.tar，并使用 ls 命令进行查看。

```
# docker save -o nginx.tar nginx:latest
# ls nginx.tar
nginx.tar
```

8. 删除 redhat/ubi8:v1.0 镜像，并执行 docker images 命令进行查看。

```
# docker images
REPOSITORY        TAG         IMAGE ID          CREATED         SIZE
nginx             latest      5ef79149e0ec      6 days ago      188MB
busybox           latest      65ad0d468eb1      15 months ago   4.26MB
redhat/ubi8       latest      5d0da3dc9764      2 weeks ago     205MB
redhat/ubi8       v1.0        5d0da3dc9764      2 weeks ago     205MB
# docker rmi redhat/ubi8:v1.0
Untagged: redhat/ubi8:v1.0
# docker images
REPOSITORY        TAG         IMAGE ID          CREATED         SIZE
nginx             latest      5ef79149e0ec      6 days ago      188MB
busybox           latest      65ad0d468eb1      15 months ago   4.26MB
redhat/ubi8       latest      5d0da3dc9764      2 weeks ago     205MB
```

9. 删除 nginx:latest 镜像，并执行 docker images 命令进行查看。

```
# docker rmi nginx:latest
# docker images
REPOSITORY        TAG         IMAGE ID          CREATED         SIZE
busybox           latest      65ad0d468eb1      15 months ago   4.26MB
redhat/ubi8       latest      5d0da3dc9764      2 weeks ago     205MB
```

10. 将 nginx.tar 导入，并执行 docker images 命令进行查看。

```
# docker load -i nginx.tar
# docker images
REPOSITORY        TAG      IMAGE ID       CREATED         SIZE
nginx             latest   5ef79149e0ec   6 days ago      188MB
busybox           latest   65ad0d468eb1   15 months ago   4.26MB
redhat/ubi8       latest   5d0da3dc9764   2 weeks ago     205MB
```

11. 删除本地所有镜像，并执行 docker images 命令进行查看。

```
# docker rmi nginx:latest
# docker rmi busybox:latest
# docker rmi redhat/ubi8:latest
# docker images
```

或者执行下列命令一次性删除所有镜像。

```
# docker rmi $(docker images -q)
```

任务 2.2　创建和使用私有仓库

【任务要求】

工程师小王编写完 Docker 镜像基本操作手册后，发现基本操作手册中所用的镜像均基于 Docker Hub 公有仓库，在实际应用过程中存在与实际需求有差异的问题。因此，小王决定钻研私有仓库，并完成构建私有仓库的工作。

【相关知识】

2.2.1　Docker 镜像仓库

Docker 镜像仓库（Docker Repository）作为 Docker 的核心组件，主要负责存储、管理和分发 Docker 镜像。镜像可以根据业务需求的不同以不同类型的形式存在。

镜像仓库是集中存放镜像的地方，分为公有仓库和私有仓库。仓库注册服务器是存放仓库的地方，一个 Docker Registry 中可以包含多个仓库，各个仓库根据不同的标签和镜像名管理各种 Docker 镜像。

一个镜像仓库中可以包含同一款软件的不同镜像，利用标签进行区别。可以利用<镜像名>:<标签名>的格式来指定相关软件镜像的版本。例如，redhat/ubi8:8.1 和 redhat/ubi8:8.2 代表镜像名为 redhat/ubi8，利用标签 8.1 和 8.2 来区分版本。如果忽略标签，则默认会使用 latest 进行标记。

镜像名通常以两段路径形式出现，以斜线为分隔符，可包含可选的主机名前缀。主机名必须符合标准的 DNS（Domain Name System，域名系统）规则，不能包含下画线。如果存在主机名，则可以在其后加一个端口号；反之，如果不存在主机名，则使用默认的 Docker 公有仓库。

例如，hbliti/nginx:version1.0.test 表示仓库名为 hbliti、镜像名为 nginx、标签名为 version1.0.test 的镜像。如果要将镜像推送到一个私有仓库，而不是公有仓库，则必须指定一个仓库的主机名和端口来标记此镜像，如 192.168.1.103: 5000/nginx:version1.1.test。

2.2.2　Docker 公有仓库

Docker Hub 是默认的镜像公有仓库，由 Docker 公司维护，其中有大量高质量的官方镜像，供用户免费上传、下载和使用。另外，也存在其他提供收费服务的镜像公有仓库。公有仓库 Docker Hub 具有以下特点。

（1）数量大，种类多。

（2）稳定、可靠、安全。

（3）仓库名前没有命名空间。

由于跨地域访问和源地址不稳定等，国内用户在访问 Docker Hub 时，存在访问速度比较慢且容易报错的问题，可以通过配置 Docker 镜像加速器来解决这个问题，加速器表示镜像代理，只代理公共镜像。通过配置 Docker 镜像加速器可以直接从国内的地址下载 Docker Hub 中的镜像，比直接从官方网站下载快得多。国内常用的镜像加速器有中科大、阿里云和DaoCloud 等。常用的配置镜像加速器的方法有两种：一种是手动执行命令，另一种是手动配置 Docker 镜像加速器。

这里以在 RHEL 8.1 中配置阿里云镜像加速器为例进行介绍。登录阿里云的镜像站，找到专属的镜像加速器地址，如图 2-2 所示。

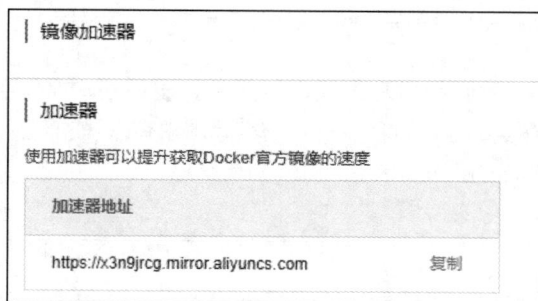

图 2-2　阿里云专属的镜像加速器地址

针对 Docker 客户端版本大于 1.10.0 的用户，可以通过创建或修改 Daemon 配置文件 /etc/docker/daemon.json 来使用镜像加速器，配置内容如下。

```
{
    "registry-mirrors": ["https://x3nqjrcg.mirrors.aliyuncs.com"]
}
```

镜像加速器配置完成后，需重启 Docker 服务。

```
# systemctl daemon-reload
# systemctl restart docker
```

2.2.3　Docker 私有仓库

1.　私有仓库简介

虽然 Docker 公有仓库有很多优点，但是也存在一些问题。例如，针对企业级的一些私有镜像，由于这些镜像涉及一些机密的数据和软件，私密性比较强，因此不太适合放在公有仓库中。此外，出于安全考虑，一些公司不允许在公司内部网络服务器环境下访问外部网络，因此无法下载公有仓库中的镜像。为了解决这些问题，可以根据需要搭建私有仓库，存储私有镜像。

私有仓库具有安全性、可控性和高效性等特点。

（1）安全性。

私有仓库可以保护企业内部的镜像不被外部访问，从而避免敏感数据泄露。通过设置访问权限，可以确保只有授权用户才能访问和操作私有仓库中的镜像。

（2）可控性。

私有仓库可以完全控制镜像的存储、管理和分发过程，满足特定的业务需求。可以根据实际需要自定义镜像的构建、发布和更新流程。

（3）高效性。

私有仓库可以减少镜像下载和上传的延迟，特别是在内部网络环境中，可以显著提高开发、测试和部署的效率。

搭建 Docker 私有仓库的常见方法有 Registry 和 Harbor 两种。

2. Registry 私有仓库

Registry 私有仓库是用于存储和分发 Docker 镜像的私有服务器，它允许企业或团队在内部网络中管理自己的镜像，增强对镜像的控制和安全性。Registry 私有仓库的搭建步骤如下。

步骤 1：正确安装 Docker，并确保 Docker 可正常运行。

步骤 2：获取 Registry 的镜像。

```
# docker pull registry:latest
```

步骤 3：使用 docker run 命令运行 Registry 容器，并配置相关参数及选项以满足私有仓库的需求。例如，执行下列命令，利用 registry:latest 镜像建立 Registry 容器。

```
# docker run -d -p 5000:5000 --restart=always --name registry -v /data/registry:/var/lib/registry registry:latest
```

参数及选项说明如下。

（1）-d：表示在后台运行容器。

（2）-p 5000:5000：表示将容器的 5000 端口映射到宿主机的 5000 端口。

（3）--restart=always：表示容器总是在退出时自动重启。

（4）--name registry：表示容器名为 registry。

（5）-v /data/registry:/var/lib/registry：表示将宿主机的/data/registry 目录挂载到容器的/var/lib/registry 目录，以便持久化存储镜像数据。

（6）registry:latest：表示使用最新版本的 Registry 的镜像。

步骤 4：为实现将镜像推送到私有仓库，需配置/etc/docker/daemon.json 文件，通过添加"insecure-registries": ["<私有仓库地址>:5000"]"参数信息添加私有仓库地址。

步骤 5：配置完成后，通过 docker push 命令可实现将镜像推送到私有仓库，通过 docker pull 命令可实现从私有仓库中获取镜像。

（1）推送镜像的格式如下。

```
# docker tag <本地镜像名>:<标签> <私有仓库地址>:5000/<仓库名>/<镜像名>:<标签>
# docker push <私有仓库地址>:5000/<仓库名>/<镜像名>:<标签>
```

（2）获取镜像的格式如下。

```
# docker pull <私有仓库地址>:5000/<仓库名>/<镜像名>:<标签>
```

3. Harbor 私有仓库

Harbor 私有仓库是一个由 VMware 公司开源的企业级 Docker Registry 项目，旨在帮助用户迅速搭建一个安全、可靠且功能丰富的 Docker 镜像仓库服务，具有基于角色的访问控制、基于策略的镜像复制、漏洞扫描、LDAP（轻量目录访问协议）/AD（活动目录）支持、镜像删除和垃圾收集等强大功能。

Harbor 系统由以下 6 个组件组成，Harbor 系统整体架构如图 2-3 所示。

（1）Proxy：对应启动组件 nginx，提供 nginx 反向代理服务，该服务来自浏览器的 Docker 客户端的不同请求，由 Proxy 分发到 Harbor 的 Registry、UI、Token 等组件。

（2）Registry：对应启动组件 harber-registry，负责提供 Docker 镜像的存储，以及处理 Docker 的 push、pull 等请求。由于 Harbor 需要对镜像的访问做权限控制，因此 Registry 会将 Docker 客户端每次的 push、pull 请求转发到 token 服务以获取一个有效的 token（令牌）。

（3）UI：对应启动组件 harbor-ui，主要用于利用图形用户界面辅助用户管理镜像。

（4）Job Services：对应启动组件 harbor-jobservice，主要用于镜像复制，本地镜像可以同步到远程的 Harbor 镜像仓库中。

（5）Log Collector：对应启动组件 harbor-log，负责收集其他容器的日志并进行日志轮转。

（6）Database：对应启动组件 harbor-db，负责提供数据持久化服务，用于存放工程元数据、用户数据、角色数据、同步策略及镜像元数据。

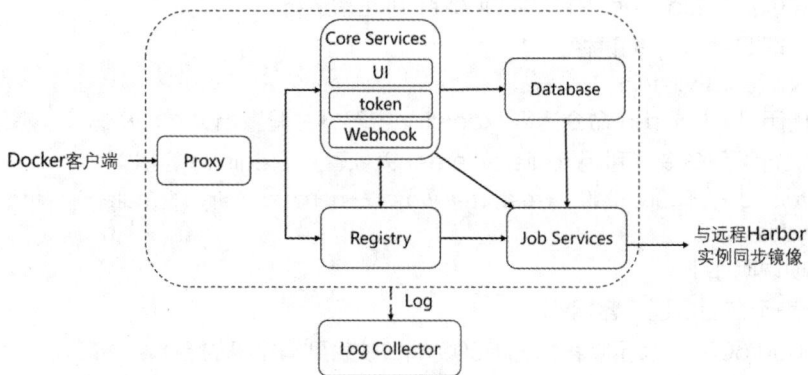

图 2-3　Harbor 系统整体架构

Harbor 是通过 Docker Compose 进行部署的，其每一个组件均会被包装成一个 Docker 容器，不同的容器组件按照以下步骤进行 login（登录）和 push（传输）。

步骤 1：Docker 客户端发送的请求会被监听 80 端口的代理容器所接收，容器中的 nginx 将会把该请求转发给后端的 Registry 容器。

步骤 2：如果 Registry 容器发现请求中没有携带令牌，则会返回一个 401 错误码，并将获取令牌 URL（Uniform Resource Locator，统一资源定位符）的地址并传递给 Docker 客户端；如果请求中携带令牌，则转向步骤 6。

步骤 3：当 Docker 客户端收到 401 错误码后，会向 Token Service URL 发送一个嵌入用户名和密码信息的请求。

步骤 4：Token Service URL 收到请求后，通过解码提取用户名和密码信息，并到数据库中进行核对。

步骤 5：当 Token Service 被配置为 LDAP/AD 认证时，Token Service 会通过外部的服务器来完成认证。如果认证通过，则 Token Service 会给 Docker 客户端分发一个令牌，当 Docker 客户端得到令牌后，再次执行登录操作，以完成登录工作。

步骤 6：在获得令牌后，Registry 会检验令牌的合法性及有效期，如果令牌通过合法性和有效期的检验，则会开启镜像的传输过程，并将镜像放入仓库。

【任务实现】

任务 1：基于 Registry 私有仓库部署与管理

1. 任务环境准备

本任务选用两台部署在 VMware Workstation pro 16 中的 RHEL 8.1 虚拟机，虚拟机均已预先安装好 Docker-CE 26.1.3，并与外部网络互通，且关闭防火墙和 SELinux。Registry 私有仓库各主机基本配置信息如表 2-1 所示。

V2-3 基于
Registry 私有仓库
部署与管理

表 2-1 Registry 私有仓库各主机基本配置信息

主机名	IP 地址	节点角色
registry	192.168.200.101/24	私有仓库
client	192.168.200.102/24	客户端

2. 基础环境设置

（1）修改各主机的主机名。

修改 IP 地址为 192.168.200.101 的主机的主机名为 registry。

```
# hostnamectl set-hostname registry
# bash
```

修改 IP 地址为 192.168.200.102 的主机的主机名为 client。

```
# hostnamectl set-hostname client
# bash
```

（2）修改/etc/hosts 文件，配置主机与 IP 地址的映射关系，两台主机均需配置。

```
# vim /etc/hosts
//添加如下内容
192.168.200.101 registry
192.168.200.102 client
```

文件编辑完成后，保存文件并退出，返回命令行。

3. 在 registry 主机上构建私有仓库

（1）使用 docker pull 命令获取 registry 镜像，并使用 docker images 命令查看获取的 registry 镜像。

```
# docker pull registry:latest          //获取 registry 镜像
# docker images                         //查看本地镜像
REPOSITORY        TAG        IMAGE ID        CREATED          SIZE
registry          latest     cfb4d9904335    10 months ago    25.4MB
```

（2）使用 docker run 命令启动一个 Registry 容器并挂载目录，利用容器提供私有仓库的服务，然后使用 docker ps 命令查看 Registry 容器是否运行。

```
# mkdir /myregistry
# docker run -d -p 5000:5000 --name pri_registry -v /myregistry:/var/lib/registry registry:latest
# docker ps -a
CONTAINER ID      IMAGE              COMMAND                 CREATED
STATUS            PORTS              NAMES
c93669d06c55      registry           "/entrypoint.sh /etc..."  5 minutes ago
Up 5 minutes      0.0.0.0:5000->5000/tcp  pri_registry
```

当容器的 STATUS 为 Up 时，表示容器正常启动、运行，并且宿主机的 5000 端口映射到 NAMES 为 pri_registry 的容器的 5000 端口。

（3）获取 busybox 镜像并修改标签名。

```
# docker pull busybox:latest                    //获取 busybox 镜像
# docker images
REPOSITORY        TAG        IMAGE ID           CREATED            SIZE
registry          latest     cfb4d9904335       10 months ago      25.4MB
busybox           latest     65ad0d468eb1       15 months ago      4.26MB
//使用 docker tag 命令修改 busybox:latest 标签名为 192.168.200.101:5000/busybox:latest
# docker tag busybox:latest 192.168.200.101:5000/busybox:latest
# docker images
REPOSITORY                      TAG        IMAGE ID        CREATED          SIZE
registry                        latest     cfb4d9904335    10 months ago    25.4MB
192.168.200.101:5000/busybox    latest     65ad0d468eb1    15 months ago    4.26MB
busybox                         latest     65ad0d468eb1    15 months ago    4.26MB
```

（4）将镜像 192.168.200.101:5000/busybox:latest 上传到本地仓库中。

```
# docker push 192.168.200.101:5000/busybox:latest
The push refers to repository [192.168.200.101:5000/busybox]
Get "https://192.168.200.101:5000/v2/": net/http: TLS handshake timeout
```

如果出现上述提示，则表示本地仓库默认使用 HTTPS（超文本传输安全协议）上传，而当前采用了非 HTTPS 上传，此时可采用步骤（5）进行处理。

（5）修改/usr/lib/systemd/system/docker.service 文件，在 ExecStart=/usr/bin/dockerd 后面添加--insecure-registry 192.168.200.101:5000，修改后该行的内容如下。

```
ExecStart=/usr/bin/dockerd --insecure-registry 192.168.200.101:5000
```

文件编辑完成后，保存文件并退出，返回命令行，重启 Docker 服务和 pri_registry 容器。

```
# systemctl daemon-reload
# systemctl restart docker
# docker restart pri_registry                    //重启 pri_registry 容器
```

（6）再次上传镜像 192.168.200.101:5000/busybox:latest 到本地仓库中。

```
# docker push 192.168.200.101:5000/busybox:latest
The push refers to repository [192.168.200.101:5000/busybox]
d51af96cf93e: Pushed
latest: digest: sha256:28e01ab32c9dbcbaae96cf0d5b472f22e231d9e603811857b295e61197e40a9b
size: 527
```

4. 在 client 主机上进行验证

（1）在 client 主机上修改/usr/lib/systemd/system/目录中的 docker.service 文件，在 ExecStart=/usr/bin/dockerd 后面添加--insecure-registry 192.168.200.101:5000。

```
# vim /usr/lib/systemd/system/docker.service
//修改以下参数信息
ExecStart=/usr/bin/dockerd --insecure-registry 192.168.200.101:5000
```

文件编辑完成后，保存文件并退出，返回命令行，重启 Docker 服务。

```
# systemctl daemon-reload
# systemctl restart docker
```

（2）使用 docker pull 命令获取私有仓库中的 busybox 镜像。

```
# docker pull 192.168.200.101:5000/busybox
```

```
# docker images
REPOSITORY                       TAG       IMAGE ID        CREATED          SIZE
192.168.200.101:5000/busybox     latest    65ad0d468eb1    15 months ago    4.26MB
```

任务 2：基于 Harbor 私有仓库部署与管理

1. 任务环境准备

本任务选用两台部署在 VMware Workstation pro 16 中的 RHEL 8.1 虚拟机，虚拟机均已预先安装好 Docker-CE 26.1.3，并与外部网络互通，且关闭防火墙和 SELinux。Harbor 私有仓库各主机基本配置信息如表 2-2 所示。

表 2-2　Harbor 私有仓库各主机基本配置信息

主机名	IP 地址	节点角色
harbor	192.168.200.101/24	私有仓库
client	192.168.200.102/24	客户端

2. 基础环境设置

（1）修改各主机的主机名。

修改 IP 地址为 192.168.200.101 的主机的主机名为 harbor。

```
# hostnamectl set-hostname harbor
# bash
```

修改 IP 地址为 192.168.200.102 的主机的主机名为 client。

```
# hostnamectl set-hostname client
# bash
```

（2）修改/etc/hosts 文件，配置主机与 IP 地址的映射关系，两台主机均需配置。

```
# vim /etc/hosts
//添加如下内容
192.168.200.101 harbor
192.168.200.102 client
```

文件编辑完成后，保存文件并退出，返回命令行。

3. 在 harbor 主机上部署 Harbor 仓库

（1）切换到/opt 目录，下载所需的相关软件包。下载完成后，可执行 ls 命令进行查看。

```
# cd /opt
# wget https://github.com/docker/compose/releases/download/1.25.0/docker-compose-Linux-x86_64
# wget https://github.com/goharbor/harbor/releases/download/v2.5.1/harbor-offline-installer-v2.5.1.tgz
# ls
containerd   docker-compose-Linux-x86_64.bin   harbor-offline-installer-v2.5.1.tgz
```

（2）配置 Docker Compose。

```
# mv docker-compose-Linux-x86_64.bin /usr/bin/docker-compose
# chmod +x /usr/bin/docker-compose
# docker-compose --version
docker-compose version 1.25.0, build 0a186604
```

（3）解压 harbor-offline-installer-v2.5.1.tgz 文件后，导入 Harbor 所需的镜像文件。

```
# tar xf harbor-offline-installer-v2.5.1.tgz
# cd harbor/
```

```
# mv harbor.yml.tmpl harbor.yml              //利用模板文件创建配置文件
# docker load –i harbor.v2.5.1.tar.gz        //导入 Harbor 所需的镜像文件
```

（4）编辑 harbor.yml 文件，配置 Harbor 镜像仓库的访问方式、主机地址和登录密码等信息。本任务要求以 HTTP（超文本传送协议）方式访问镜像仓库。

```
# vim harbor.yml
//修改以下参数信息
# Configuration file of Harbor

# The IP address or hostname to access admin UI and registry service.
# DO NOT use localhost or 127.0.0.1, because Harbor needs to be accessed by external clients.
hostname: 192.168.200.101                    //指定 harbor 主机的 IP 地址

# http related config
http:
    # port for http, default is 80. If https enabled, this port will redirect to https port
    port: 80

# https related config
#https:                                       //注释 HTTPS 访问方式（需要证书才可以使用）
    # https port for harbor, default is 443
    # port: 443                               //注释端口
    # The path of cert and key files for nginx
    # certificate: /your/certificate/path     //注释证书文件
    # private_key: /your/private/key/path     //注释证书密钥文件
...
# Remember Change the admin password from UI after launching Harbor.
harbor_admin_password: 123456                 //设置登录密码为 123456
...
    dryrun: false
```

文件编辑完成后，保存文件并退出，返回命令行。

（5）编辑/etc/docker/daemon.json 文件。

```
# vi /etc/docker/daemon.json
//修改如下参数信息
{
    "registry-mirrors": ["https://x3n9jrcg.mirror.aliyuncs.com"],
    "insecure-registries": ["192.168.200.101"]
}
```

文件编辑完成后，保存文件并退出，返回命令行，重启 Docker 服务。

```
# systemctl daemon-reload
# systemctl restart docker
```

（6）执行 install.sh 安装脚本，完成 Harbor 的部署。

```
# ./install.sh
[Step 0]: checking if docker is installed ...
Note: docker version: 26.1.3
...
Creating harbor-jobservice ... done
Creating nginx              ... done
✓ ----Harbor has been installed and started successfully.----
```

（7）使用 docker ps 命令检测容器的启动状态，要求所有容器均为 UP 状态。

```
# docker ps -a
```

4. Harbor 仓库基本配置

（1）打开浏览器，在其地址栏中输入 "http://192.168.200.101" 并按 Enter 键，在登录界面中输入正确的用户名和密码后，单击 "登录" 按钮，如图 2-4 所示，进入 Harbor 工作主界面。

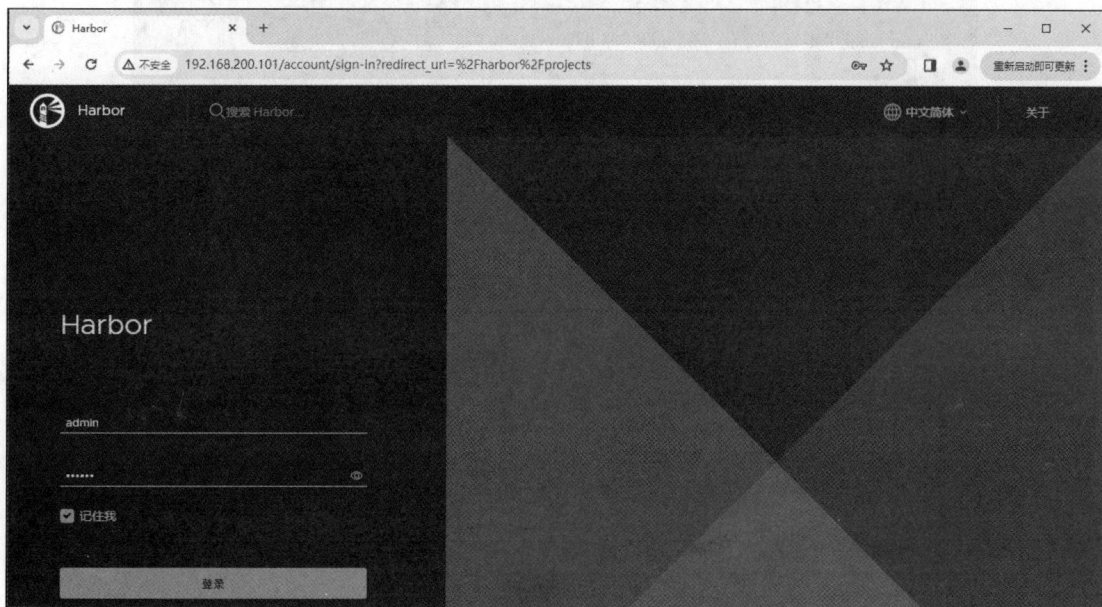

图 2-4　Harbor 登录界面

（2）如图 2-5 所示，新建一个项目名称为 "test" 的项目，设置项目访问级别为 "公开"。单击 "确定" 按钮，返回 Harbor 工作主界面，可以看到 test 项目新建成功，如图 2-6 所示。

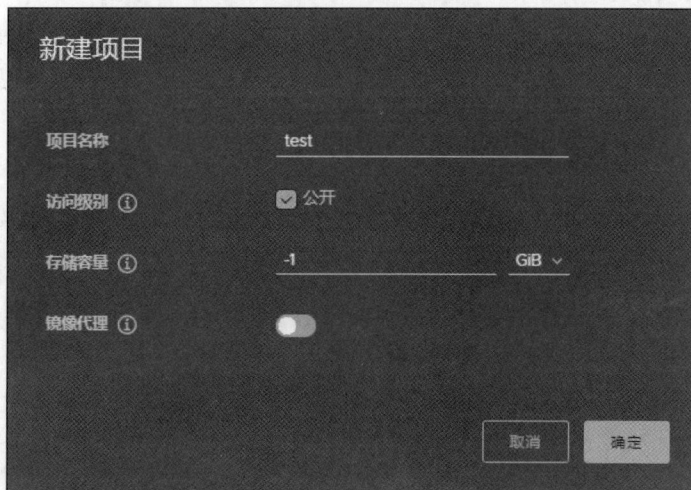

图 2-5　新建项目

说明 如果项目基本设置为公有仓库，则所有人对此项目下的镜像都拥有读权限，不需要执行 **docker login** 命令即可下载镜像，镜像操作与 **Docker Hub** 的一致。

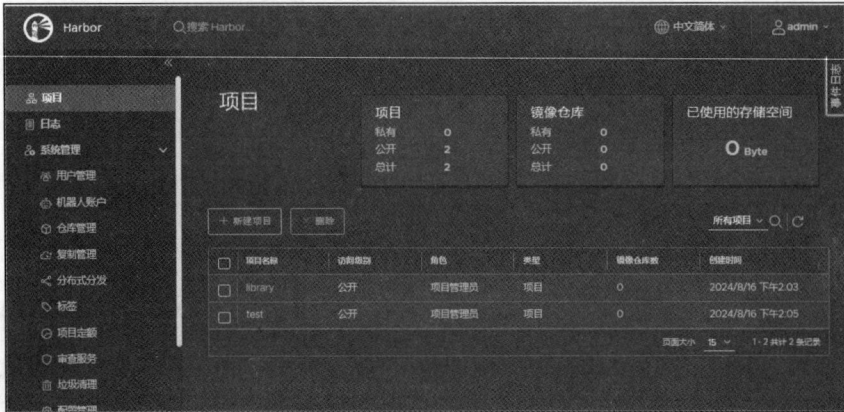

图 2-6　新增 test 项目

（3）在 harbor 主机上，使用 docker login 命令登录 Harbor 私有仓库，私有仓库地址为192.168.200.101，输入正确的用户名和密码后，如果显示"Login Succeeded"，则登录成功。

```
# docker login 192.168.200.101
Username: admin                      //输入用户名 admin
Password:                            //输入密码 123456
WARNING! Your password will be stored unencrypted in /root/.docker/config.json.
Configure a credential helper to remove this warning. See
https://docs.docker.com/engine/reference/commandline/login/#credentials-store
Login Succeeded
```

（4）使用 docker tag 命令修改镜像标签后，使用 docker push 命令将镜像推送到私有仓库。

```
# docker pull nginx:latest
# docker tag nginx:latest 192.168.200.101/test/nginx:latest
# docker push 192.168.200.101/test/nginx:latest
The push refers to repository [192.168.200.101/test/nginx]
60e72fbb314e: Pushed
…
latest: digest: sha256:4ac65f23061de2faef157760fa2125c954b5b064bc25e10655e90bd92bc3b354
size: 1778
```

（5）在 test 项目中可查看到推送的 nginx 镜像信息，如图 2-7 所示。

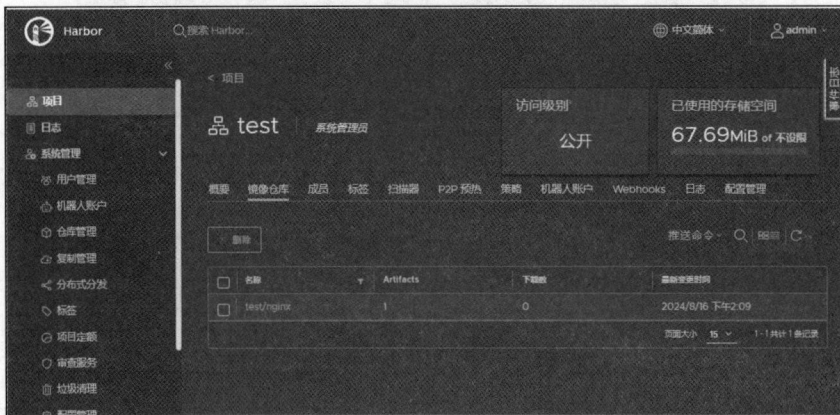

图 2-7　test 项目中的镜像信息

5. 在 client 主机上进行验证

（1）编辑/etc/docker/daemon.json 文件。

```
# vi /etc/docker/daemon.json
{
  "registry-mirrors": ["https://x3n9jrcg.mirror.aliyuncs.com"],
  "insecure-registries": ["192.168.200.101"]
}
```

（2）重启 Docker 服务后，使用 docker pull 命令从私有仓库获取 nginx 镜像，并使用 docker images 查看获取的镜像。

```
# systemctl daemon-reload
# systemctl restart docker
# docker images
REPOSITORY                TAG        IMAGE ID        CREATED         SIZE
```
从 docker images 命令返回信息可以看到，此时 client 主机上没有本地镜像。
```
# docker pull 192.168.200.101/test/nginx:latest          //从私有仓库获取 nginx 镜像
...
Digest: sha256:127262f8c4c716652d0e7863bba3b8c45bc9214a57d13786c854272102f7c945
Status: Downloaded newer image for 192.168.200.101/test/nginx:latest
192.168.200.101/test/nginx:latest
# docker images
REPOSITORY                TAG        IMAGE ID        CREATED         SIZE
192.168.200.101/test/nginx  latest     5ef79149e0ec    7 days ago      188MB
```

【任务实训】Harbor 日常操作管理

【实训目的】

1. 理解 Harbor 作为 Docker 镜像仓库的功能及优势。

2. 掌握在 RHEL 8.1 中安装和配置 Harbor 私有仓库的步骤。

3. 学习如何使用 Harbor 管理 Docker 镜像，包括上传、下载、复制镜像等。

4. 理解 Harbor 的权限管理和安全机制。

V2-6 Harbor
日常操作管理（1）

V2-7 Harbor
日常操作管理（2）

【实训内容】

1. 本实训选用两台部署在 VMware Workstation pro 16 中的 RHEL 8.1 虚拟机，虚拟机均已预先安装好 Docker-CE 26.1.3，并与外部网络互通，且关闭防火墙和 SELinux。

Docker 私有仓库各主机配置信息如表 2-3 所示。

表 2-3　Docker 私有仓库各主机配置信息

主机名	IP 地址	节点角色
harbor	192.168.200.101/24	私有仓库
client	192.168.200.102/24	客户端

2. 基础环境设置。

（1）修改相关主机的主机名。

修改 IP 地址为 192.168.200.101 的主机的主机名为 harbor。

```
# hostnamectl set-hostname harbor
# bash
```

修改 IP 地址为 192.168.200.102 的主机的主机名为 client。

```
# hostnamectl set-hostname client
# bash
```

（2）修改/etc/hosts 文件，配置主机与 IP 地址的映射关系，两台主机均需配置。

```
# vim /etc/hosts
//添加如下内容
192.168.200.101 harbor
192.168.200.102 client
```

文件编辑完成后，保存文件并退出，返回命令行。

3. harbor 主机上的配置。

（1）配置 Docker Compose。

将提前下载的 docker-compose-Linux-x86_64.bin 文件上传到 harbor 主机的/root 目录下，配置 docker-compose。

```
# mv/root/docker-compose-Linux-x86_64.bin /usr/bin/docker-compose
# chmod +x /usr/bin/docker-compose
```

（2）安装 openssl 软件包，配置文件 openssl.cnf。

```
# yum –y install openssl
# vi /etc/pki/tls/openssl.cnf
//在[v3_ca]下面添加 subjectAltName = IP:域名|IP 地址
[ v3_ca ]
subjectAltName = IP :192.168.200.101
```

文件编辑完成后，保存文件并退出，返回命令行。

（3）签发 SSL（安全套接字层）证书。

```
# mkdir –p /data/cert && chmod –R 777 /data/cert && cd /data/cert
# openssl req –x509 –sha256 –nodes –days 3650 –newkey rsa:2048 –keyout harbor.key –out
harbor.crt –subj "/CN=192.168.200.101"
Generating a RSA private key
.........................................+++++
...........+++++
writing new private key to 'harbor.key'
-----
```

执行命令后，会生成 harbor.crt 和 harbor.key 文件，将生成的私有证书追加到系统的证书管理文件中，否则后面使用 docker push、docker login 和 docker pull 命令时会报错。

```
# ls /data/cert/
harbor.crt    harbor.key
# cat ./harbor.crt >> /etc/pki/tls/certs/ca-bundle.crt
```

（4）安装 Harbor 仓库。

将提前下载的 harbor-offline-installer-v2.5.1.tgz 文件上传到/root 目录下，解压该文件。

```
# tar –zxvf harbor-offline-installer-v2.5.1.tgz
# cd harbor
# mv harbor.yml.tmpl harbor.yml
# vim harbor.yml
//依次修改 hostname、certificate、private_key、harbor_admin_password 等参数，如下所示
```

```
hostname : 192.168.200.101              //设置 hostname 参数值为 192.168.200.101
certificate: /data/cert/harbor.crt      //修改 certificate 参数值
private_key: /data/cert/harbor.key      //修改 private_key 参数值
harbor_admin_password: 123456           //修改 harbor_admin_password 参数值
```
文件编辑完成后，保存文件并退出，返回命令行，编辑/etc/docker/daemon.json 文件。
```
# vi /etc/docker/daemon.json
{
    "registry-mirrors": ["https://x3n9jrcg.mirror.aliyuncs.com"],
    "insecure-registries": ["192.168.200.101"]
}
```
文件编辑完成后，保存文件并退出，返回命令行，重启 Docker 服务。
```
# systemctl daemon-reload
# systemctl restart docker
```
执行 install.sh 脚本，完成 Harbor 的安装。
```
# ./install.sh
[Step 0]: checking if docker is installed ...
Note: docker version: 26.1.3
...
Creating harbor-jobservice ... done
✓ ----Harbor has been installed and started successfully.----
```
（5）检测容器启动状态。

使用 docker ps 命令检测容器启动状态，要求所有容器均为 UP 状态。
```
# docker ps -a
```
4. Harbor 的配置。

（1）打开浏览器，在其地址栏中输入"https:// 192.168.200.101"并按 Enter 键，在登录界面中输入正确的用户名和密码后单击"登录"按钮，如图 2-8 所示，进入 Harbor 工作主界面。

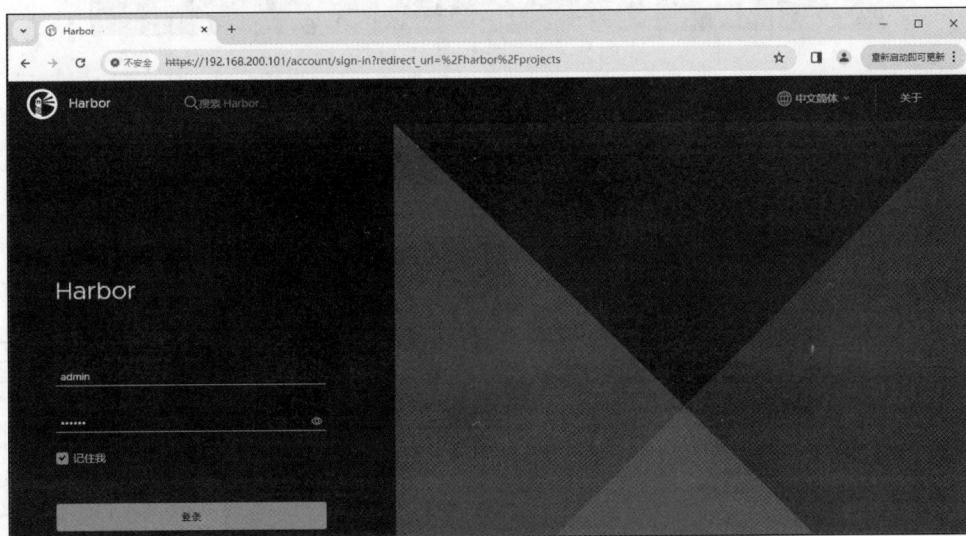

图 2-8　Harbor 登录界面

（2）新建两个项目，项目名称分别为"hardware"和"software"，访问级别设置为"私有"，项目创建完成后的界面如图 2-9 所示。

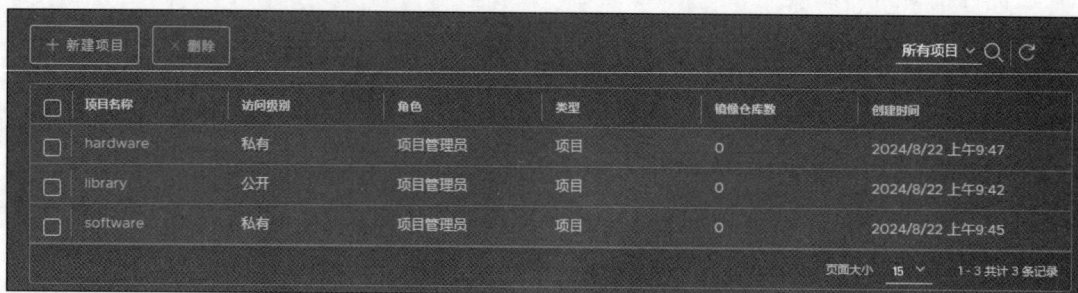

图2-9 项目创建完成后的界面

（3）新建两个用户，用户名称分别为"software01"和"hardware01"，其中 software01 用户对 software 项目拥有访问权限，hardware01 用户对 hardware 项目拥有访问权限。

① 在 Harbor 工作主界面中，依次选择"系统管理"→"用户管理"选项，进入"用户管理"界面，如图 2-10 所示。

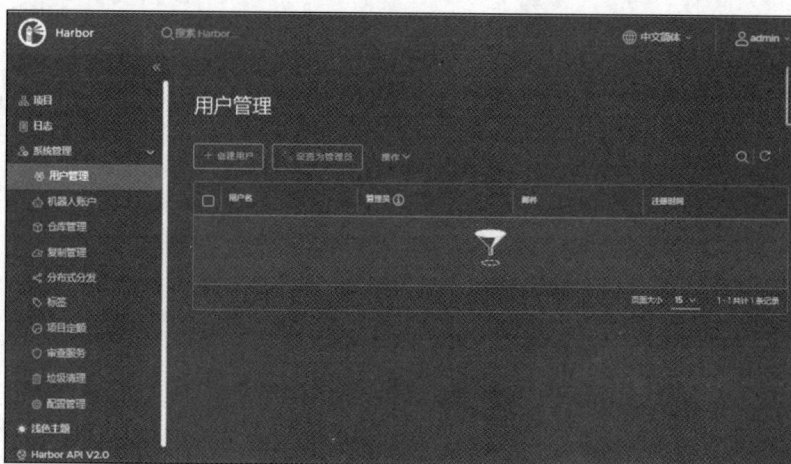

图2-10 "用户管理"界面

② 在"用户管理"界面中，单击"创建用户"按钮，打开"创建用户"对话框，如图 2-11 所示，输入 software01 用户的相关信息后，单击"确定"按钮，返回"用户管理"界面。

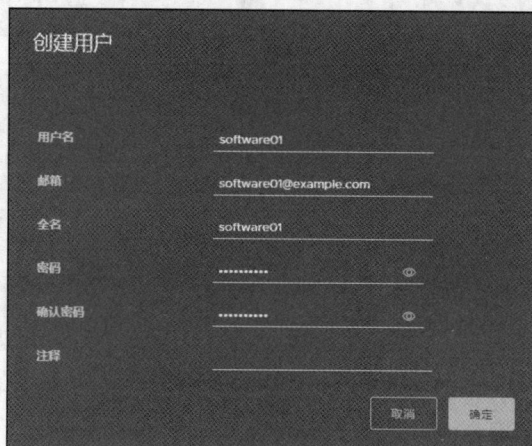

图2-11 "创建用户"对话框

③ 在 "用户管理" 界面中，再次单击 "创建用户" 按钮，创建 hardware01 用户，用户创建成功后的界面如图 2-12 所示。

图 2-12 用户创建成功后的界面

（4）管理 Harbor 用户，添加项目成员。

① 单击 "项目" → "hardware" → "成员" → "用户" 按钮，打开 "新建成员" 对话框，在 "名称" 文本框中输入 "hardware01"，并分配角色为 "开发者"，单击 "确定" 按钮，如图 2-13 所示。

图 2-13 "新建成员" 对话框

② 在 "成员" 选项卡中，可勾选复选框，对成员进行修改或删除，如图 2-14 所示。

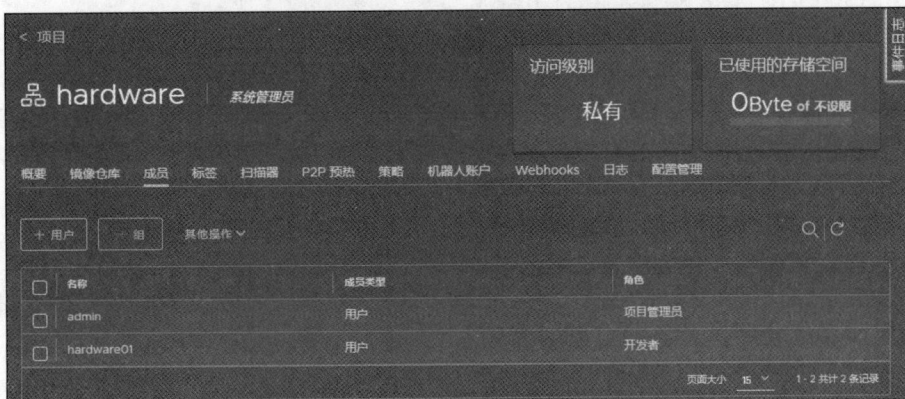

图 2-14 "成员" 选项卡

49

③ 利用同样的方法，为 software 项目添加 software01 用户。

（5）在 harbor 主机上，利用 admin 用户登录私有仓库，并上传镜像。

① 获取镜像，并使用 docker tag 命令修改镜像标签。

```
# docker pull busybox:latest
# docker pull nginx:latest
# docker tag busybox:latest 192.168.200.101/software/busybox:latest
# docker tag nginx:latest 192.168.200.101/hardware/nginx:latest
```

② 登录私有仓库，上传镜像。

```
# docker login 192.168.200.101
Username: admin                        //输入 admin 用户名
Password:                              //输入 admin 用户的登录密码
...

Login Succeeded
# docker push 192.168.200.101/hardware/nginx:latest
# docker push 192.168.200.101/software/busybox:latest
```

5. 在 client 主机上进行验证。

（1）编辑/etc/docker/daemon.json 文件。

```
# vi /etc/docker/daemon.json
{
    "registry-mirrors": ["https://x3n9jrcg.mirror.aliyuncs.com"],
    "insecure-registries": ["192.168.200.101"]
}
```

文件编辑完成后，保存文件并退出，返回命令行，重启 Docker 服务。

```
# systemctl daemon-reload
# systemctl restart docker
```

（2）利用 software01 用户登录私有仓库。

```
# docker login -u software01 192.168.200.101
Password:              //输入 software01 用户的登录密码
...

Login Succeeded
# docker pull 192.168.200.101/software/busybox:latest
...

Status: Downloaded newer image for 192.168.200.101/software/busybox:latest
192.168.200.101/software/busybox:latest
```

从显示结果中可以看到 busybox:latest 镜像已正常下载。

```
# docker pull 192.168.200.101/hardware/nginx:latest
Error response from daemon: unauthorized: unauthorized to access repository: hardware/nginx,
action: pull: unauthorized to access repository: hardware/nginx, action: pull
```

从显示结果中可以看到 nginx:latest 镜像由于访问权限不足而无法正常下载。

（3）利用 hardware01 用户登录私有仓库。

```
# docker login -u hardware01 192.168.200.101
Password:              //输入 hardware01 用户的登录密码
...

Login Succeeded
# docker pull 192.168.200.101/hardware/nginx:latest
```

...
Digest: sha256:127262f8c4c716652d0e7863bba3b8c45bc9214a57d13786c854272102f7c945
Status: Downloaded newer image for 192.168.200.101/hardware/nginx:latest
192.168.200.101/hardware/nginx:latest

从显示结果中可以看到 busybox:latest 镜像已正常下载。

```
# docker images
REPOSITORY                              TAG      IMAGE ID      CREATED        SIZE
192.168.200.101/hardware/nginx          latest   5ef79149e0ec  7 days ago     188MB
192.168.200.101/software/busybox        latest   65ad0d468eb1  15 months ago  4.26MB
```

任务 2.3　创建 Docker 镜像

【任务要求】

工程师小王编写完 Docker 镜像基本操作手册后，发现基本操作手册中所用的镜像均为 Docker Hub 提供的镜像，但这些通用镜像在实际部署中可能与具体项目需求存在不匹配的情况。因此，小王决定在操作手册中添加创建 Docker 镜像的内容，并通过实例进行说明。

【相关知识】

创建 Docker 镜像有以下两种方法。

（1）使用 docker commit 命令手动创建 Docker 镜像。

（2）使用 docker build 命令和 Dockerfile 创建 Docker 镜像。

原则上来讲，用户并不是真正"创建"一个新镜像，无论是启动一个容器还是创建一个镜像，都是在已有的基础镜像上构建的，如基础 redhat 镜像、ubuntu 镜像等。

2.3.1　使用 docker commit 命令创建镜像

docker commit 命令只提交容器镜像发生变更的部分，即修改后的容器镜像与当前仓库对应镜像之间的差异部分，这使得更新非常轻量。

Docker Daemon 接收到对应的 HTTP 请求后，需要执行的步骤如下。

步骤 1：根据用户请求判定是否暂停该 Docker 容器的运行。

步骤 2：将容器的可读写层导出打包，该层代表了当前运行容器的文件系统与当初启动容器的镜像之间的差异。

步骤 3：在层存储中记录容器的可读写层差异。

步骤 4：更新镜像历史信息和 rootfs，并据此在镜像存储中创建一个新镜像，记录其元数据。

步骤 5：如果指定了 Repository 信息，则给上述镜像添加标签信息。

docker commit 命令的格式如下。

docker commit [选项] <容器 ID 或容器名> [<仓库名>[:<标签>]]

docker commit 命令的常用选项如下。

（1）-a：提交镜像的作者。

（2）-c：使用 Dockerfile 中的指令来创建镜像。

（3）-m：提交时的说明文字。

（4）-p：在提交时将容器暂停。

虽然 docker commit 命令可以比较直观地创建镜像，但在实际环境中并不建议使用 docker commit 命令，主要原因如下。

（1）在创建镜像的过程中，需要安装软件，因此可能会有大量的无关内容被添加进来，如果不仔细清理，则会导致镜像极其"臃肿"。

（2）在创建镜像的过程中，docker commit 命令对所有镜像的操作都属于暗箱操作，这意味着除了制定镜像的用户知道执行过什么命令、怎样生成的镜像之外，其他用户无从得知，因此给后期对镜像的维护带来了很大困难。

2.3.2　利用 Dockerfile 创建镜像

Dockerfile 是一个文本文件，也是一个 Docker 可以解释的脚本文件，在这个脚本文件中记录着用户创建镜像过程中需要执行的所有命令。Dockerfile 中的内容从 FROM 指令开始，紧接着是各种方法、命令和参数。其生成一个新的可以用于创建容器的镜像。

当 Docker 读取并执行 Dockerfile 中定义的指令时，这些指令将会产生一些临时文件层，并会用一个名称来标记这些临时文件层。

Dockerfile 的常用指令如下。

1. FROM 指令

FROM 是 Dockerfile 内置指令中唯一的必填项，共有以下 3 种格式。

格式 1：FROM <image>
格式 2：FROM <image>:<tag>
格式 3：FROM <image>:<digest>

FROM 指令的功能是指定基础镜像，且它必须是 Dockerfile 中的第一条指令（注释除外）。FROM 指定的基础镜像可以是本地已存在的镜像，也可以是远程仓库中的镜像，即当 Dockerfile 指令执行时，如果本地没有其指定的基础镜像，则会从远程仓库中下载此镜像。

当需要在一个 Dockerfile 中构建多个镜像时，允许多次出现 FROM 指令。当 Dockerfile 执行完毕之后，会同时生成多个镜像，但只会输出最后一个镜像的 ID，中间的镜像会被标记为<none>:<none>。

2. MAINTAINER 指令

MAINTAINER 指令可以放置在 Dockerfile 中的任意位置。该指令用于声明镜像作者，建议放在 FROM 指令之后。MAINTAINER 指令的格式如下。

MAINTAINER <name>

3. RUN 指令

RUN 指令是 Dockerfile 执行命令的核心部分，是在镜像中执行命令的指令，它接收命令作为参数并用于创建镜像。RUN 指令有以下两种格式。

格式 1：RUN <command>
格式 2：RUN ["executable", "param1", "param2"]

当使用 RUN <command>格式时，表示在 Shell 终端中执行命令。例如，Run/bin/sh –c "echo hello"，但该指令的用法有一个限制，即在镜像中必须要有/bin/sh。如果基础镜像没有/bin/sh，则需要使用 RUN ["executable", "param1", "param2"]格式，表示用 exec 执行，指定其他运行终端可使用 RUN["/bin/bash","-c","echo hello"]。

Dockerfile 的每一个指令都会构建新文件层。例如，在 Advanced Multi-Layered Unification Filesystem（高级多层统一文件系统，AUFS）中，所有的镜像最多只能保存 126 层，而执行一次 RUN 就会产生一个新文件，并在其上执行命令。执行完毕后，提交这一层的修改，构成新的镜像。所以，对于一些编译、软件的安装和更新等操作，无须分成几层来操作，这样会使得镜像非常臃肿，不仅增加了时间，还很容易出错。

```
RUN mkdir -p /user/redhat
RUN yum install -y httpd
```

可以写为

```
RUN mkdir -p /user/redhat && yum install -y httpd
```

这样只需使用一条 RUN 指令，只会新建一层。因此，对于一些需要合并为一层的操作，可以使用&&符号将多个命令分开，使其先后执行；如果 RUN 指令太长，则可以使用\符号进行换行操作。此外，还可以使用#符号进行行首的注释。

4. CMD 指令

CMD 指令与 RUN 指令基本相似，其格式如下。

```
格式 1：CMD ["executable","param1","param2"]
格式 2：CMD ["param1","param2"]
格式 3：CMD command param1 param2
```

当用户需要脱离 Shell 环境来执行命令时，可以使用格式 1，该格式也是推荐的格式。其设定的命令将作为容器启动时的默认执行命令。

```
RUN ["/bin/bash", "-c", "echo hello"]
```

当使用格式 2 时，它的参数用来作为 ENTERPOINT 的参数。

```
ENTRYPOINT ["nginx"]
CMD ["-g", "daemon off;"]
```

ENTRYPOINT 指定了容器启动时执行的主命令是 nginx。CMD 指定了默认参数是 -g daemon off;。当用户运行容器时，实际的启动命令是 nginx -g "daemon off;"

当使用格式 3 时，以"/bin/sh -c"的方法执行命令。

```
CMD "/usr/sbin/nginx -c /etc/nginx/nginx.conf"
```

例如，当想使用 CMD 或者 ENTRYPOINT 指令的 exec 格式来输出环境变量的值时，命令如下。

```
CMD ["echo", $MODE]
CMD ["echo", "$MODE"]
```

会发现不能正确输出环境变量的值，此时可以改为以 exec 格式来执行 Shell 命令，即输出环境变量的值。

```
CMD ["sh", "-c", "echo $MODE"]
```

在一个 Dockerfile 中可以同时出现多条 CMD 指令，但只有最后一条 CMD 指令生效。同时，CMD 指令中只能使用双引号，不能使用单引号。

CMD 指令与 RUN 指令的区别在于，RUN 指令在 docker build 时执行，而 CMD 指令在 docker run 时执行。CMD 指令的首要目的在于为启动的容器指定默认运行的程序，程序运行结束时，容器也就结束了。需要注意的是，CMD 指令指定的程序可以被 docker run 命令行参数指定的要运行的程序覆盖。

5. ENTRYPOINT 指令

ENTRYPOINT 指令类似于 CMD 指令，但其不会被 docker run 命令行参数指定的指令所覆盖，且这些命令行参数会被当作参数发送给 ENTRYPOINT 指令指定的程序。但是，如果使用 docker run 命令时使用了--entrypoint 选项，则此选项的参数可当作要运行的程序覆盖 ENTRYPOINT 指令指定的程序。ENTRYPOINT 指令的格式如下。

格式 1：ENTRYPOINT <command>

格式 2：ENTRYPOINT ["<executable>","<param1>","<param2>",...]

当使用 ENTRYPOINT 指令时，CMD 指令中命令的性质将会发生改变，CMD 指令中的内容将会以参数的形式传递给 ENTRYPOINT 指令中的命令。

FROM ubuntu:16.01

CMD ["-c"]

ENTRYPOINT ["top","-b"]

把可能需要变动的参数写到 CMD 指令中，并在 docker run 命令中指定参数，这样 CMD 指令中的参数（此处是-c）就会被覆盖，而 ENTRYPOINT 指令中的参数不会被覆盖。

6. ENV 指令

ENV 指令的主要功能是设置环境变量。其格式如下。

格式 1：ENV <key> <value>

格式 2：ENV <key1>=<value1> <key2>=<value2>...

使用格式 1 时，一次只能定义一个 key，其中，第一个字符串将被当作 key 来处理，后面的字符串将被当作 value 来处理。

ENV username TOM

使用格式 2 时，一次可以定义多个 key，其中，等号左边的字符串被当作 key，等号右边的字符被当作 value。多个 key 可用空格进行分隔，如果某个 key 的值是由一组英文单词构成的，则可以用""进行定界。为了美观，可以使用 \ 进行换行。

ENV DB_HOST=localhost DB_PORT=3306 DB_USER=root

7. ARG 指令

ARG 指令用于定义构建镜像时需要的参数。其格式如下。

ARG <参数名>[=<默认值>]

例如，在使用 docker build 命令创建镜像的时候，可使用--build-arg <varname>=<value> 来指定参数。

--build-arg user_name=username_value

如果使用 docker build 命令传递的参数在 Dockerfile 中没有对应的参数，则会抛出警告，但从 Docker 1.13 开始，不再报错退出，而是显示警告信息，并继续构建镜像。

在构建镜像的过程中，不建议以参数的形式传递机密信息，如密码信息等。

8. ADD 指令

ADD 指令的功能是将主机目录中的文件、目录及一个 URL 标记的文件复制到镜像中。其格式如下。

格式 1：ADD <src>... <dest>

格式 2：ADD ["<src>",..., "<dest>"]

ADD 指令的两种格式基本相同，区别在于格式 2 可以用于处理文件路径中有空格的情况。

当 src 标记的是本地路径或者目录时，其相对路径应该是相对于 Dockerfile 所在目录的路径。在 src 标记的路径中，允许使用通配符。dest 指向容器中的目录，不允许使用通配符，其指定的路径必须是绝对路径，或者相对于 WORKDIR 的相对路径。如果 dest 指定的目录不存在，则当 ADD 指令执行时，将会在容器中自动创建此目录。

ADD *.conf   /myconf   //用*代表多个任意字符

ADD ?.txt   /myconf   //用?代表任意一个字符

在使用 ADD 指令时，需注意以下事项。

（1）如果源路径是一个文件，且目标路径是以 / 结尾的，则 Docker 会把目标路径当作一个目录，并把源文件复制到该目录中。如果目标路径不存在，则会自动创建目标路径。

（2）如果源路径是一个文件，且目标路径不是以 / 结尾的，则 Docker 会把目标路径当作一个文件。如果目标路径不存在，则会以目标路径为名创建一个文件，内容同源文件；如果目标文件是一个存在的文件，则会用源文件覆盖它，但只是覆盖内容，文件名还是目标文件名。如果目标文件实际上是一个存在的目录，则会将源文件复制到该目录中。

（3）如果源路径是一个目录，且目标路径不存在，则 Docker 会自动以目标路径创建一个目录，并把源路径目录中的文件复制进来。如果目标路径是一个已经存在的目录，则 Docker 会把源路径目录中的文件复制到该目录中。

（4）如果源文件是一个归档文件（压缩文件），则 Docker 会自动解压此文件。

9. COPY 指令

COPY 指令和 ADD 指令的功能及使用方法基本相同，只是 COPY 指令不会做自动解压工作。其格式如下。

```
格式 1: COPY <src>... <dest>
格式 2: COPY ["<src>",..., "<dest>"]
```

与 ADD 指令一样，格式 2 的 COPY 指令也用于处理文件路径中有空格的情况。

COPY 指令的 dest 必须是全路径或者是相对于 WORKDIR 的相对路径。

在实际应用中，如果只是复制文件，则建议使用 COPY 指令；如果需要自动解压文件，则建议使用 ADD 指令。

10. VOLUME 指令

VOLUME 指令可实现挂载功能，可以将本地文件夹或者其他容器的文件夹挂载到某个容器中。其格式如下。

```
格式 1: VOLUME <路径>
格式 2: VOLUME ["<路径 1>", "<路径 2>", ...]
```

VOLUME 指令可以将容器及容器产生的数据分离开，这样，当使用 docker rm container 命令删除容器时，不会影响相关的数据。

```
FROM redhat/ubi8:latest
VOLUME /data
```

这里定义的/data 目录在容器运行时会自动挂载为匿名卷。任何向/data 目录写入的信息都不会被记录到容器存储层中，从而保证了容器存储层的无状态变化。可以通过在 docker run 命令中指定 -v 选项对容器匿名卷进行覆盖。

```
# docker run -dit redhat -v /user/containerdata/:/data
```

在使用 VOLUME 指令时需要注意，如果在 Dockerfile 中已经声明了某个挂载点，那么以后对此挂载点文件的操作将不会生效。因此，建议在 Dockerfile 的结尾声明挂载点。

11. EXPOSE 指令

EXPOSE 指令用于声明运行时的容器服务端口。其格式如下。

```
EXPOSE <端口 1> [<端口 2>...]
```

EXPOSE 指令只是声明了容器应该打开的端口，实际上并没有打开该端口。在容器启动时，如果不用-p 或-P 指定要映射的端口，容器是不会将端口映射出去的，外部网络也就无法访问这些端口，这些端口只能被主机中的其他容器访问。因此，只有在容器启动时配置-p 或-P，外部网络才可以访问这些端口。

12. WORKDIR 指令

WORKDIR 指令用于设置容器的工作目录。其格式如下。

WORKDIR <工作目录>

WORKDIR 指令指定的工作目录不存在时，会自动创建该目录。WORKDIR 指令可以为 RUN、CMD、ENTRYPOINT、COPY 和 ADD 指令配置工作目录。

Dockerfile 中允许出现多个 WORKDIR 指令，但最终生效的路径是所有 WORKDIR 指令指定路径的叠加。

```
WORKDIR /user
WORKDIR compute
WORKDIR zhang
RUN pwd
```

其最终目录为/user/compute/zhang。

WORKDIR 指令可以通过 docker run 命令中的-w 选项进行覆盖。

【任务实现】

任务 1：使用 docker commit 命令构建镜像

本任务主要利用 nginx 镜像，在其上修改主页，并使用 docker commit 命令来实现构建镜像的操作。

V2-8 使用
docker commit
命令构建镜像

1. 获取 nginx 镜像

```
# docker pull nginx:latest
# docker images
REPOSITORY        TAG         IMAGE ID          CREATED             SIZE
nginx             latest      5ef79149e0ec      7 days ago          188MB
```

2. 利用 nginx 镜像生成容器，端口映射为 8080

```
# docker run -dit --name nginx01 -p 8080:80 nginx:latest
# docker ps -a
CONTAINER ID        IMAGE            COMMAND                   CREATED
STATUS              PORTS                                      NAMES
d30755e20351        nginx:latest     "/docker-entrypoint...."  4 seconds ago Up 3
seconds   0.0.0.0:8080->80/tcp, :::8080->80/tcp    nginx01
```

3. 使用浏览器访问 http://宿主机 IP 地址:8080

本任务所使用宿主机的 IP 地址为 192.168.200.101，测试 nginx 业务运行状态，如图 2-15 所示。

图 2-15　原 nginx 容器的主页

4. 进入容器并修改 nginx 主页

```
# docker exec –it   nginx01 /bin/bash
root@77ff6bd339ea:/# echo '<h1>Hello, Docker!</h1>' > /usr/share/nginx/html/index.html
```

5. 退出容器并使用 docker commit 命令构建新镜像

```
root@77ff6bd339ea:/# exit
# docker commit nginx01 nginx_new:latest
sha256:f4ae1f63ad89df422d3981afe7c95bf3c9ddbf72e297bd04918034540704d4df
# docker images
```

REPOSITORY	TAG	IMAGE ID	CREATED	SIZE
nginx_new	latest	f4ae1f63ad89	3 seconds ago	188MB
nginx	latest	5ef79149e0ec	7 days ago	188MB

6. 生成新容器

利用新构建的镜像生成新的容器，端口映射为 8081，并查看容器是否已经构建。

```
# docker run -dit --name nginx_new -p 8081:80 nginx_new:latest
a59da0e1b0f1247a21d06e80cc7c7afd745b346ea4c2ad3b83e8c128a120e175
# docker ps –a
```

如果新容器正常构建，则显示容器名为 nginx_new 的新容器为 UP 状态。

7. 使用浏览器访问 http://宿主机 IP 地址:8081

本任务所使用宿主机的 IP 地址为 192.168.200.101，测试页面是否更新，如图 2-16 所示。

图 2-16　新 nginx 容器的主页

任务 2：利用 Dockerfile 构建镜像

本任务主要利用 nginx 镜像，在其上修改主页，并利用 Dockerfile 来实现构建镜像的操作。

V2-9　利用
Dockerfile 构建镜像

1. 查看本地镜像

```
# docker images
```

REPOSITORY	TAG	IMAGE ID	CREATED	SIZE
nginx	latest	5ef79149e0ec	7 days ago	188MB

2. 新建目录并在目录中新建 Dockerfile

```
# mkdir –p /user/docker
# cd /user/docker
```

3. 编辑 Dockerfile

```
# vim Dockerfile
```

在文件中输入以下内容。

```
FROM nginx:latest
MAINTAINER hbliti
RUN echo '<h1>Welcome use Dockerfile!</h1>' > /usr/share/nginx/html/index.html
EXPOSE 80
```

保存文件并退出。

4. 使用 docker build 命令构建镜像

```
# docker build -t test_nginx_new:latest .
…
 => => naming to docker.io/library/test_nginx_new:latest
```

5. 查看镜像并生成容器

查看镜像是否构建成功。

```
# docker images
REPOSITORY          TAG        IMAGE ID        CREATED          SIZE
test_nginx_new      latest     a48b7906a2fd    11 seconds ago   188MB
nginx               latest     5ef79149e0ec    7 days ago       188MB
```

利用 test_nginx_new 镜像创建容器，将容器命名为 test_nginx_new，端口映射为 8080。

```
# docker run -dit --name test_nginx_new -p 8080:80 test_nginx_new:latest
```

6. 使用浏览器访问 http://宿主机 IP 地址:8080

本任务所使用宿主机的 IP 地址为 192.168.200.101，测试页面是否更新。此时，nginx 主页成功更新，如图 2-17 所示。

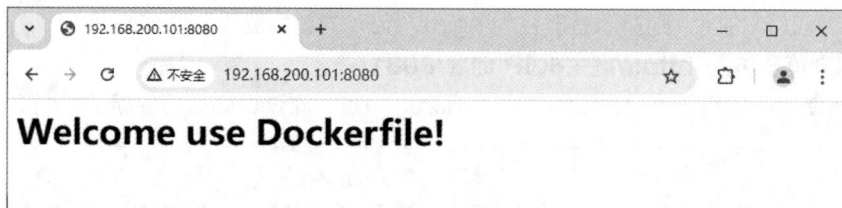

图 2-17　nginx 主页成功更新

【任务实训】构建 Tomcat 镜像

【实训目的】

1. 掌握使用 docker commit 命令构建镜像的方法。
2. 掌握利用 Dockerfile 构建镜像的方法。

【实训内容】

1. 使用 docker commit 命令构建 Tomcat 镜像。

（1）下载 redhat/ubi8 镜像。

V2-10　构建
Tomcat 镜像（1）

V2-11　构建
Tomcat 镜像（2）

```
[root@localhost ~]# docker pull redhat/ubi8
```

（2）利用 redhat/ubi8 镜像建立容器，并运行该容器。

```
[root@localhost ~]# docker run -dit --name redhat redhat/ubi8
```

（3）将本地 JDK（Java 开发工具包）和 Tomcat 压缩包上传至该容器的/usr/目录中，并进入容器完成 JDK 配置。

```
[root@localhost ~]# docker cp /opt/apache-tomcat-8.5.63.tar.gz redhat:/usr
[root@localhost ~]# docker cp /opt/jdk-8u162-linux-x64.tar.gz redhat:/usr
[root@localhost ~]# docker exec -it redhat /bin/bash
[root@1e0f349787c1 /]# tar -zxvf /usr/apache-tomcat-8.5.63.tar.gz -C /usr
[root@1e0f349787c1 /]# tar -zxvf /usr/jdk-8u162-linux-x64.tar.gz -C /usr
[root@1e0f349787c1 /]# vi /etc/profile
//在最后加入以下内容
```

```
export JAVA_HOME=/usr/jdk1.8.0_162
export CLASSPATH=$:CLASSPATH:$JAVA_HOME/lib/
export CATALINA_HOME=/usr/apache-tomcat-8.5.63
export PATH=$PATH:$JAVA_HOME/bin:$CATALINA_HOME/bin
[root@1e0f349787c1 /]# source /etc/profile
```

（4）在该容器下，配置 Tomcat，并创建启动脚本。

```
[root@1e0f349787c1 /]# chmod u+x /usr/apache-tomcat-8.5.63/bin/*
[root@1e0f349787c1 /]# vi /usr/start.sh
//加入以下内容
#!/bin/bash
source /etc/profile
bash /usr/apache-tomcat-8.5.63/bin/catalina.sh run
[root@1e0f349787c1 /]# chmod u+x /usr/start.sh
```

（5）退出容器，使用 docker commit 命令构建新镜像。

```
[root@1e0f349787c1 /]# exit
[root@localhost ~]# docker commit redhat redhat_tomcat:latest
[root@registry  ~]# docker images
REPOSITORY          TAG          IMAGE ID          CREATED          SIZE
redhat_tomcat       latest       6d4c737f1b99      4 seconds ago    836MB
redhat/ubi8         latest       eeb6ee3f44bd      2 weeks ago      205MB
```

（6）利用新构建的镜像生成容器，并查看容器是否已经构建。

```
[root@localhost ~]# docker run –dit --name redhat_tomcat –p 18080:8080 redhat_tomcat:latest
/usr/start.sh
[root@localhost  ~]# docker ps -a
// 如果容器正常构建，则显示容器名为 redhat_tomcat 的容器处于 UP 状态
```

（7）使用浏览器访问 http://宿主机 IP 地址:18080，本实训所使用宿主机的 IP 地址为 192.168.
200.101，测试页面是否访问正常，Tomcat 的主页如图 2-18 所示。

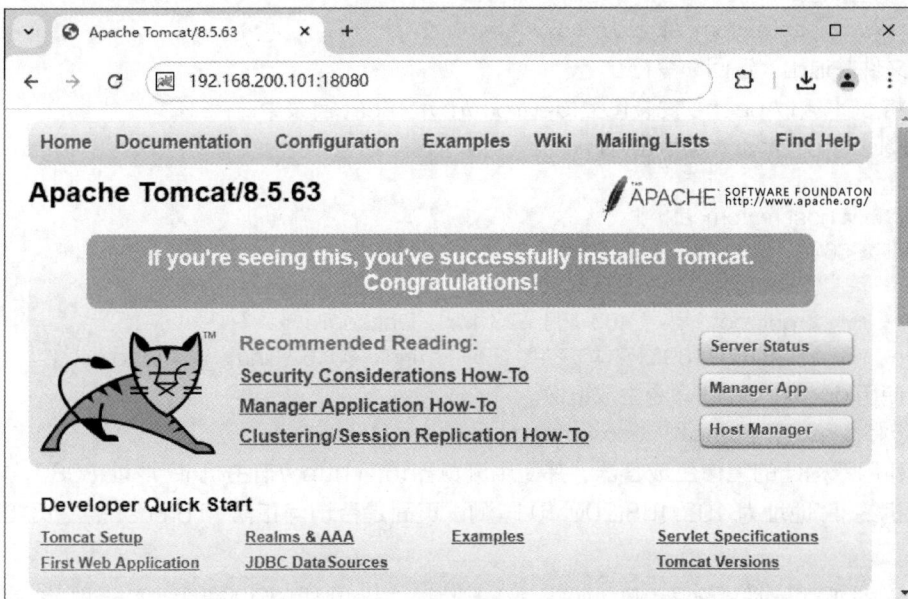

图 2-18　Tomcat 的主页（1）

2. 利用 Dockerfile 构建 Tomcat 镜像。

（1）删除已建立的容器和镜像。

```
[root@localhost ~]# docker rm -f redhat_tomcat
[root@localhost ~]# docker rmi -f redhat_tomcat:latest
```

（2）创建/root/mytomcat 目录，将 opt 目录下的 apache-tomcat-8.5.63.tar.gz 和 jdk-8u162-linux-x64.tar.gz 文件复制到/root/mytomcat 目录中。

```
[root@localhost ~]# mkdir /root/mytomcat
[root@localhost ~]# cd /root/mytomcat/
[root@localhost mytomcat]# cp /opt/apache-tomcat-8.5.63.tar.gz .
[root@localhost mytomcat]# cp /opt/jdk-8u162-linux-x64.tar.gz .
```

（3）建立镜像目录，在该目录中新建 Dockerfile。

```
[root@localhost mytomcat]# vi Dockerfile
//输入以下内容
FROM redhat/ubi8:latest
MAINTAINER hbliti "hbliti@163.com"

ADD jdk-8u162-linux-x64.tar.gz /usr
ADD apache-tomcat-8.5.63.tar.gz /usr

RUN chmod u+x /usr/apache-tomcat-8.5.63/bin/*

ENV JAVA_HOME /usr/jdk1.8.0_162
ENV CLASSPATH $JAVA_HOME/lib/dt.jar:$JAVA_HOME/lib/tools.jar
ENV CATALINA_HOME /usr/apache-tomcat-8.5.63
ENV PATH $PATH:$JAVA_HOME/bin:$CATALINA_HOME/bin

EXPOSE 8080
CMD ["/usr/apache-tomcat-8.5.63/bin/catalina.sh","run"]
```

保存文件并退出，返回命令行。

（4）将 JDK 和 Apache 安装包上传到/root/mytomcat 目录中。

```
[root@localhost mytomcat]# pwd
/root/mytomcat
[root@localhost mytomcat]# ll
总用量 195644
-rw-r--r-- 1 root root  10515248 7月  23 11:14 apache-tomcat-8.5.63.tar.gz
-rw-r--r-- 1 root root       463 7月  23 11:12 Dockerfile
-rw-r--r-- 1 root root 189815615 7月  23 11:14 jdk-8u162-linux-x64.tar.gz
```

（5）使用 docker build 命令生成镜像。

```
[root@localhost mytomcat]# docker build -t mytomcat:latest .
```

（6）利用新构建的镜像生成容器，并使用浏览器访问 http://宿主机 IP 地址:8080，本实训所使用宿主机的 IP 地址为 192.168.200.101，测试页面是否访问正常，Tomcat 的主页如图 2-19 所示。

```
[root@localhost ~]# docker run -dit -p 8080:8080 --name mytomcat mytomcat:latest
```

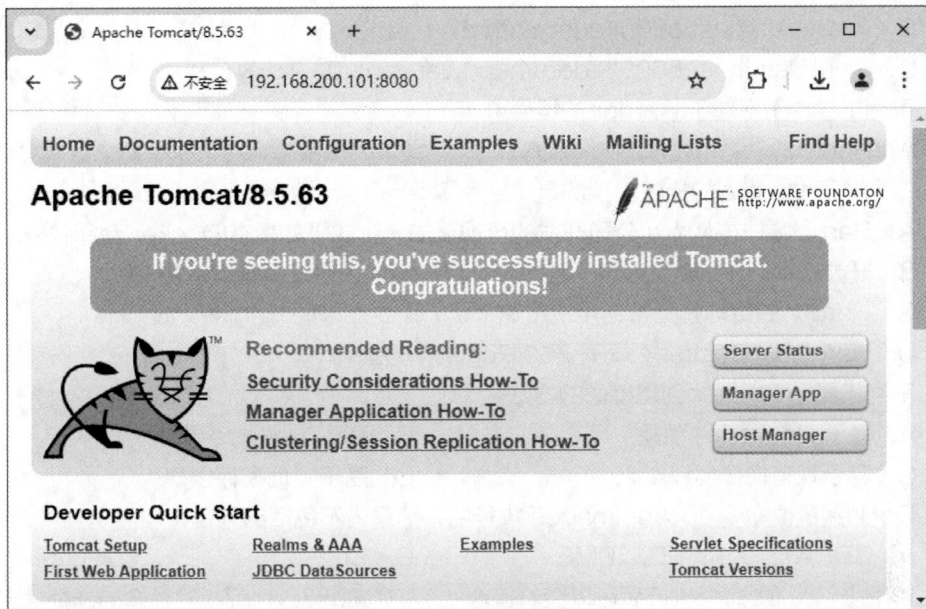

图 2-19 Tomcat 的主页（2）

【项目练习题】

1. 单选题

（1）删除 Docker 镜像的命令是（　　）。

A. docker rm　　　　B. docker rmi　　　　C. docker drop　　　　D. docker rmdir

（2）下列关于 Docker 镜像的描述正确的是（　　）。

A. docker tag 命令的格式为 docker tag 新名称:[标签] 原名称:[标签]

B. 既可以使用镜像的标签删除镜像，又可以使用镜像的 ID 删除镜像

C. 删除镜像时，不需要先删除依赖镜像的所有容器，可直接删除镜像

D. 当镜像有多个标签时，删除其中一个标签即可删除整个镜像

（3）下列关于 Dockerfile 指令的描述不正确的是（　　）。

A. FROM 指令可以在同一个 Dockerfile 中多次出现，以创建多个镜像层

B. RUN 指令将在当前镜像顶部创建新的层，执行定义的命令并提交结果

C. COPY 和 ADD 指令的源文件都不可以是压缩包

D. CMD 指令用来指示 docker run 命令运行镜像时要执行的命令

（4）下列关于 Dockerfile 的描述错误的是（　　）。

A. Dockerfile 是由一组指令组成的文件

B. Docker 程序读取 Dockerfile 中的指令以生成指定的镜像

C. Dockerfile 每行支持一条指令，每条指令最多可携带一个参数

D. Dockerfile 由镜像信息、维护者、操作指令和容器启动执行的指令组成

（5）以下能够完整表示镜像名称的是（　　）。

A. myregistryhost/fedora/httpd:version1.0

B. myregistryhost:5000/httpd:version1.0

    C.　myregistryhost:5000/fedora/httpd

    D.　myregistryhost:5000/fedora/httpd:version1.0

（6）下列（　　　）不属于 Harbor 的组件。

    A.　Haproxy　　　　　　B.　Registry　　　　　　C.　Database　　　　　　D.　Log Collector

（7）下列关于 Harbor 的描述错误的是（　　　）。

    A.　Harbor 是 VMware 公司开发的可视化的、企业级的私有 Docker 仓库服务

    B.　开源版本 Harbor 仅提供了对单个项目的镜像进行权限管理的功能

    C.　Harbor 的目标就是帮助用户迅速搭建一个企业级的 Registry 服务

    D.　Harbor 以 Docker 公司开源的 Registry 为基础

（8）下列不属于 Docker 创建镜像的方法是（　　　）。

    A.　基于 Dockerfile 创建　　　　　　　　　　B.　基于 Makefile 创建

    C.　基于现有镜像创建　　　　　　　　　　　D.　基于本地模板创建

（9）Docker 镜像命令 docker images 执行后，结果内不包括的列是（　　　）。

    A.　CREATED　　　　　B.　TIME　　　　　　C.　SIZE　　　　　　　D.　TAG

（10）下列（　　　）命令执行后可以查看镜像 ID 为 0b8d572d1c7d 的镜像的详细信息。

    A.　docker version 0b8d572d1c7d　　　　B.　docker info 0b8d572d1c7d

    C.　docker inspect 0b8d572d1c7d　　　　D.　docker status 0b8d572d1c7d

2．判断题

（1）Docker 仓库分为公有仓库和私有仓库。（　　　）

（2）Docker 镜像是一个只读的模板。（　　　）

（3）docker push 命令用于将镜像推送到镜像仓库中。（　　　）

（4）Dockerfile 中的 RUN 指令和 CMD 指令没有区别，都用于执行构建镜像的相关命令。
（　　　）

（5）Dockerfile 中的 EXPOSE 指令用于导出网络端口，推荐尽可能在 Dockerfile 中导出需要的端口，这样更加清晰和方便。（　　　）

（6）由于镜像是跨平台的标准，因此在 Linux 上打包的镜像也可以在 Windows 上运行。（　　　）

（7）下载镜像之前必须使用 docker login 命令进行登录。（　　　）

（8）Docker 镜像加速器的作用是提高创建容器的速度。（　　　）

（9）Dockerfile 中的 RUN 指令应该尽量写成一行来执行，这样可以降低镜像的层数和大小，同行尽量采用\换行，以便于阅读。（　　　）

（10）只能通过使用 docker build 命令和 Dockerfile 来创建镜像。（　　　）

3．简答题

（1）本地的镜像文件存放在哪个目录？该目录有哪些子目录？各子目录的功能是什么？

（2）简述 Docker Harbor 的优势。

（3）简述利用 Dockerfile 构建自定义镜像的过程。

项目3
Docker容器管理

03

　　容器是Docker的另一个核心概念。镜像是静态的只读模板，容器是镜像的一个运行实例，容器带有运行时需要的可写文件层。本项目通过两个任务介绍围绕容器这一核心概念的具体操作，包括创建容器、启动容器、终止容器、进入容器内执行操作、删除容器和通过导入/导出容器实现容器迁移等。此外，为了优化资源使用并确保系统的稳定性，本项目还涉及利用控制组（Control Groups，CGroups）对容器资源（如CPU、内存等）进行精细控制的方法，进一步提升Docker容器应用的效能与可管理性。

【知识目标】

- 了解容器的基本概念和特点。
- 了解容器的实现原理及镜像和容器的关系。
- 了解CGroups的功能。

【能力目标】

- 掌握容器的基本操作。
- 掌握容器的运维管理。
- 掌握利用CGroups对资源进行控制的方法。

【素质目标】

- 培养精益求精的工匠精神。
- 树立诚实守信的职业素养。
- 培养勇于探索、尊重科学的精神。

任务 3.1　认识 Docker 容器

【任务要求】

　　快速的交付和部署是 Docker 的优势之一，Docker 容器涉及部署和运维。工程师小王决定编写 Docker 容器基本操作手册，其中包含 Docker 容器的基本介绍和容器的基本操作命令。

【相关知识】

3.1.1　Docker 容器的特点

Docker 作为一个开源的应用容器引擎，开发者可以打包其应用及依赖包到一个可移植的容器中，并发布到任何流行的 Linux 机器中。Docker 也可以实现虚拟化。容器是一个相对独立的运行环境，这一点类似于虚拟机，但是它不像虚拟机独立得那样彻底。容器通过将软件与周围环境隔离开，将外界的影响降到最小，例如不能在容器内把宿主机上的资源全部消耗掉。Docker 容器具有以下特点。

（1）轻量级：在一台机器上运行的 Docker 容器共享宿主机的操作系统内核，只需占用较少的资源。

（2）标准：Docker 容器基于开放标准，适用于基于 Linux 和 Windows 的应用，在任何环境中都能够始终如一地运行。

（3）安全：Docker 容器将应用程序彼此隔离并从底层基础架构中分离出来。Docker 提供了强大的默认隔离功能，可以将应用程序问题限制在一个容器中，而非整个机器。

3.1.2　容器实现原理

容器和虚拟机具有相似的资源隔离和分配优势，但是它们的功能不同。虚拟机实现资源隔离的方法是通过一个独立的 Guest OS，并利用 Hypervisor（虚拟机监视器）虚拟化 CPU、内存、I/O 设备等。引导、加载操作系统内核是一个比较耗时而又消耗资源的过程。与虚拟机实现资源隔离相比，容器不用重新加载一个操作系统内核，它利用 Linux 内核特性实现隔离，可以在几秒内完成启动和暂停，并可以在宿主机上启动更多数量的容器。Docker 容器的实现原理如下。

（1）通过 namespace（命名空间）对不同的容器实现隔离。命名空间允许一个进程及其子进程从共享的宿主机内核资源（挂载点、进程列表等）中获得一个仅自己可见的隔离区域，让同一个命名空间下的所有进程感知彼此的变化，而对外界进程一无所知，仿佛运行在一个独立的操作系统中一样。

（2）通过 CGroups 隔离宿主机上的物理资源，如 CPU、内存、磁盘 I/O 和网络带宽等。使用 CGroups 还可以为资源设置权值、计算使用量、操控任务（进程或线程）启动和暂停等。

（3）使用镜像管理功能。利用 Docker 的镜像分层、写时复制、内容寻址、联合挂载技术实现一套完整的容器文件系统及运行环境，结合镜像仓库，镜像可以快速下载和共享，以便在多环境中部署。

3.1.3　Docker 镜像与容器的关系

Docker 镜像是 Docker 容器运行的基础。镜像和容器的关系就像面向对象程序设计中的类和实例的关系，镜像是静态的定义，容器是镜像运行的实例。有了镜像才能启动容器，容器可以被创建、启动、终止、删除、暂停等。在容器启动前，Docker 需要本地存在对应的镜像，如果本地不存在对应的镜像，则 Docker 会在镜像仓库（默认镜像仓库是 Docker Hub）中下载。

每一个镜像都有一个文本文件 Dockerfile，其定义了如何构建 Docker 镜像。由于 Docker 镜像是分层管理的，因此 Docker 镜像的定制实际上就是定制每一层所添加的配置、文件。一个新镜像是由基础镜像一层一层地叠加生成的，每安装一款软件就相当于在现有的镜像上增加一层。

当容器启动时，一个新的可写层被加载到镜像的顶部，这一层称为容器层，容器层之下都为镜像层。只有容器层是可写的，容器层下面的所有镜像层都是只读的，对容器的任何改动都只会发生在容器层中。如果 Docker 容器需要改动底层 Docker 镜像中的文件，则要启动写时复制机制，即先将此文件从镜像层复制到最上层的容器层中，再对容器层中的副本进行操作。因此，容器层保存的是镜像变化的部分，不会对镜像本身进行任何修改，所以镜像可以被多个容器共享。Docker 对容器内文件的操作可以归纳如下。

（1）添加文件：在容器中创建文件时，新文件被添加到容器层中。

（2）读取文件：当在容器中读取某个文件时，Docker 会从上往下依次在各镜像层中查找此文件，一旦找到就打开此文件并读入内存。

（3）修改文件：在容器中修改已存在的文件时，Docker 会从上往下依次在各镜像层中查找此文件，一旦找到就立即将其复制到容器层中，并进行修改。

（4）删除文件：在容器中删除文件时，Docker 会从上往下依次在各镜像层中查找此文件，找到后在容器层中记录此删除操作。

【任务实现】

任务：使用容器的操作命令

1．创建容器

docker create 命令用于新建一个容器，其格式如下。

```
docker create [OPTIONS] IMAGE [COMMAND] [ARG...]
```

V3-1　使用容器的操作命令（1）　　V3-2　使用容器的操作命令（2）

OPTIONS 的说明如下。

（1）-d：后台运行容器，并返回容器 ID。

（2）-i：以交互模式运行容器，通常与 -t 同时使用。

（3）-t：为容器重新分配一个伪输入终端，通常与 -i 同时使用。

（4）--name="containername"：为容器指定一个名称。

（5）--dns 8.8.8.8：指定容器使用的 DNS 服务器，默认和本地宿主机的一致。

（6）-h "hostname"：指定容器的主机名。

（7）-e username="ritchie"：设置环境变量。

（8）--cpuset="0-2"或者--cpuset="0,1,2"：绑定容器到指定 CPU 中运行。

（9）-m：设置容器使用内存的最大值。

（10）--net=bridge：指定容器的网络连接类型。

（11）--link=[]：添加链接到另一个容器。

（12）--expose=[]：开放一个端口或一组端口。

例如，使用 Docker 镜像 redhat/ubi8:latest 创建容器，并将容器命名为 redhat8 的代码如下。

```
# docker create -it --name redhat8 redhat/ubi8:latest
cc9a4496368e326f8df90ae2c9a3b52b04c3d8833563340902be18a720a7df31
# docker ps -a
```

CONTAINER ID	IMAGE	COMMAND	CREATED	STATUS
PORTS NAMES				
cc9a4496368	redhat/ubi8:latest	"/bin/bash"	10 seconds ago	Created 9 seconds ago
redhat8				

使用 docker ps -a 命令可以查看到新建的名称为 redhat8 的容器的状态为 Created，容器并未实际启动。可以使用 docker start 命令启动容器。

2. 列出容器

docker ps 命令用于列出本地宿主机上的容器，其格式如下。

docker ps [OPTIONS]

OPTIONS 的说明如下。

（1）-a：以列表的形式显示本地宿主机上的所有容器，包括未运行的容器。

（2）-f：根据条件过滤显示的内容。

（3）-l：显示最近创建的容器。

（4）-n：列出最近创建的 n 个容器。

（5）-q：静默模式，只显示容器 ID。

（6）-s：显示总的文件大小。

例如，列出本地宿主机上所有正在运行的容器的信息的代码如下。

docker ps

此命令默认情况下只列出本地宿主机上正在运行的容器。若要列出所有容器，可使用如下命令。

docker ps -a

例如，列出本地宿主机上最近创建的两个容器的信息的代码如下。

docker ps -n 2

例如，列出本地宿主机上所有容器的 ID 的代码如下。

docker ps -a -q

3. 启动容器

启动容器有两种方式：一种是将终止状态的容器重新启动，另一种是基于镜像创建一个容器并启动。

（1）启动终止的容器。docker start 命令用于启动一个已经终止的容器，其格式如下。

docker start [OPTIONS] CONTAINER [CONTAINER...]

例如，启动名称为 redhat8 的已终止容器的代码如下。

docker start redhat8

容器启动成功后，容器状态为 UP。启动容器时，可以使用容器名、容器 ID 或容器短 ID，但要求容器 ID 的缩写必须唯一。例如，上面启动容器的操作可使用如下命令实现。

docker start cc9a4496368e

或者

docker start cc

docker start 命令只是将容器启动，如果需要进入交互式终端，则可以使用 docker exec 命令，并指定一个 bash 终端。

（2）创建并启动容器。除了使用 docker create 命令创建容器并使用 docker start 命令启动容器之外，也可以直接使用 docker run 命令创建并启动容器。执行 docker run 命令相当于先执行 docker create 命令，再执行 docker start 命令。其格式如下。

docker run [OPTIONS] IMAGE [COMMAND] [ARG...]

docker run 命令 OPTIONS 的说明同 docker create 命令。

例如，输出"hello world"信息后，容器自动终止的代码如下。

```
# docker run redhat/ubi8:latest /bin/echo "hello world"
hello world
# docker ps -a
CONTAINER ID    IMAGE               COMMAND         CREATED        STATUS
eecc55abe7bf    redhat/ubi8:latest  "/bin/echo ..."  6 seconds ago  Exited (0) 4 seconds ago
```

通过输出结果可以看出，使用 docker run 命令输出"hello world"信息后，容器自动终止，此时容器状态为 Exited。执行该命令与在本地直接执行/bin/echo "hello world"命令几乎没有区别，无法知晓容器是否已经启动，也无法实现与用户的交互。

当使用 docker run 命令创建并启动容器时，Docker 在后台的运行流程如下。

① 检查本地是否存在指定的镜像，若不存在，则从镜像仓库中下载。

② 利用镜像创建并启动一个容器。

③ 分配一个文件系统，并在只读的镜像层外面挂载一个可写的容器层。

④ 从宿主机的网桥接口中桥接一个虚拟接口到容器中。

⑤ 从地址池中分配一个 IP 地址给容器。

⑥ 执行用户指定的应用程序。

⑦ 执行完毕后容器终止。

如果需要实现与用户的交互操作，则可以启动一个 bash 终端。

例如，使用 docker run 命令启动一个容器并启动一个 bash 终端的代码如下。

```
# docker run –it redhat/ubi8:latest /bin/bash
[root@99eb0e6b2204 /]#
```

其中，–i 选项表示允许容器的标准输入保持打开，–t 选项表示允许 Docker 分配一个伪终端（pseudo-tty）并绑定到容器的标准输入上。

在交互模式下，用户可以在终端上执行命令，举例如下。

```
[root@99eb0e6b2204 /]# date
Thu Aug 22 08:23:09 UTC 2024
```

可以使用 exit 命令或按 Ctrl+D 组合键退出容器，此时容器处于 Exited 状态。

通常情况下，用户需要容器在后台以守护状态运行，而不是把执行命令的结果直接输出到当前宿主机中，此时可以使用–d 选项。

```
# docker run –d redhat/ubi8 /bin/sh –c "while true;do echo hello docker;sleep 1;done"
3071cd475e2e9707e60035bf9dd6797b222d9311235498bd4900ac7f3a13f192
```

如果需要查看容器的输入信息，则可以使用 docker logs 命令，使用该命令可在容器外查看输出信息。

```
# docker logs 307
hello docker
hello docker
hello docker
hello docker
...
```

也可使用 docker attach 命令进入容器实时查看输出信息。

4. 进入容器

当使用–d 选项创建容器后，由于容器在后台运行，因此无法看到容器中的信息，也无法对容器进行操作。如果需要进入容器的交互模式，则可以使用 docker attach 命令或 docker exec 命令，还可以使用 nsenter 工具来实现。

（1）docker attach 命令：docker attach 命令是 Docker 自带的命令，其格式如下。

```
docker attach [OPTIONS] CONTAINER
```

例如，利用 redhat/ubi8 镜像生成容器，并使用 docker attach 命令进入容器的代码如下。

```
# docker run -dit redhat/ubi8:latest /bin/bash
6506adedeba9adbf1a0a0ed4742442ada6a67e829c21672bec4bdcfbed62bd9a
# docker ps -n 1
 CONTAINER ID IMAGE            COMMAND   CREATED      STATUS   PORTS   NAMES
6506adedeba9   redhat/ubi8:latest /bin/bash"  6 minutes ago  Up6 second        sagitated
# docker attach 6506adedeba9   //使用 docker attach 命令
[root@6506adedeba9 /]#
```

（2）docker exec 命令：Docker 在 1.3.x 版本之后提供了 docker exec 命令，用于进入容器。

```
docker exec [OPTIONS] <CONTAINER 或 CONTAINERID> <COMMAND> [ARG...]
```

例如，利用 redhat/ubi8 镜像生成容器，并使用 docker exec 命令进入容器的代码如下。

```
# docker run -dit redhat/ubi8:latest /bin/bash
470177e7f389e75178f4e07ff3a6be67bb1f01fd4c3da0ee51a216231713d95d
# docker ps -n 1
CONTAINER ID   IMAGE           COMMAND    CREATED       STATUS        PORTS    NAMES
470177e7f389   redhat/ubi8:latest "/bin/bash"  10 seconds ago  Up 9 secondas          tender
# docker exec -it 470177e7f389 /bin/bash
[root@470177e7f389 /]#
```

当使用 docker exec 命令进入交互式环境时，必须指定-i、-t 选项以及 Shell 的名称。

使用 docker exec 和 docker attach 命令均可进入容器，在实际应用中，推荐使用 docker exec 命令，主要原因如下。

① attach 是同步的，所有附加到同一个容器的终端会共享同一个标准输入（stdin）、标准输出（stdout）和标准错误（stderr）流。若有多个用户连接到一个容器，则当一个终端命令阻塞时，其他终端都无法执行操作。

② 使用 docker attach 命令进入交互式环境后，使用 exit 命令退出，容器即终止，而 docker exec 命令不会这样。

（3）nsenter 工具：从 util-linux 2.23 版本开始，该软件包包含了 nsenter 工具，nsenter 工具可以访问另一个进程的命名空间。系统默认安装 nsenter 工具，可以使用 nsenter --version 命令查看其版本。如果没有安装 nsenter 工具，则可以按以下步骤进行安装。

```
# wget https://www.kernel.org/pub/linux/utils/util-linux/v2.24/util-linux-2.24. tar.gz
# tar -xzvf util-linux-2.24.tar.gz
# cd util-linux-2.24/
# ./configure --without-ncurses
# make nsenter
# sudo cp nsenter /usr/local/bin
```

为了连接容器，需要知道容器的 PID（进程标识符），可以使用 docker inspect 命令获取容器的 PID。

例如，获取 ID 为 470177e7f389 的容器的 PID 的代码如下。

```
# docker inspect -f {{.State.Pid}} 470177e7f389
29745
```

获取容器的 PID 后，可以使用 nsenter 命令进入容器。

```
# nsenter --target 29745 --mount --uts --ipc --net --pid
[root@470177e7f389 /]#
```

5. 启动、终止、重启容器

启动、终止、重启容器的格式如下。

```
docker start [OPTIONS] CONTAINER [CONTAINER...]        //启动容器
docker stop [OPTIONS] CONTAINER [CONTAINER...]         //终止容器
docker restart [OPTIONS] CONTAINER [CONTAINER...]      //重启容器
```

例如，启动已被终止的、名为 myredhat 的容器的代码如下。

```
# docker start myredhat
```

例如，终止运行中的、名为 myredhat 的容器的代码如下。

```
# docker stop myredhat
```

例如，重启名为 myredhat 的容器的代码如下。

```
# docker restart myredhat
```

除了使用 docker stop 命令终止容器之外，当 Docker 容器中指定的应用程序终止时，容器会自动终止。例如，用户使用 exit 命令或按 Ctrl+D 组合键退出终端时，所创建的终端窗口立即终止，此时容器处于 Exited 状态。

6. 删除容器

docker rm 命令可以删除一个或多个容器，默认只能删除非运行状态的容器，其格式如下。

```
docker rm [OPTIONS] CONTAINER [CONTAINER...]
```

OPTIONS 的说明如下。

（1）-f：强制删除处于运行状态的容器。

（2）-v：删除容器挂载的数据卷。

例如，删除名为 myredhat 的容器的代码如下。

```
# docker rm myredhat
```

如果 myredhat 容器处于非运行状态，则可以正常删除；反之会报错，需要先终止容器再进行删除操作。也可使用-f 选项进行强制删除，代码如下。

```
# docker rm -f myredhat
```

也可在删除容器的时候，删除容器挂载的数据卷。

例如，删除容器 myredhat 时删除容器挂载的数据卷的代码如下。

```
# docker rm -v myredhat
```

如果需要删除所有处于 Exited 状态的容器，则代码如下。

```
# docker rm $(sudo docker ps -qf status=exited)
```

Docker 1.13 以后，可以使用 docker container prune 命令删除孤立的容器。

```
# docker container prune
```

7. 导出和导入容器

（1）导出容器：如果要导出某个容器到本地，则可以使用 docker export 命令，可将容器导出为 TAR 文件，其格式如下。

```
docker export [OPTIONS] CONTAINER
```

其中，OPTIONS 为-o 选项时，表示指定导出的 TAR 文件名。

例如，将名为 myredhat 的容器导出，文件格式为“redhat-日期”，代码如下。

```
# docker export -o redhat-`date +%Y%m%d`.tar myredhat
# ls
redhat-20241127.tar
```

（2）导入容器：可以使用 docker import 命令导入一个镜像，类型为 TAR 文件，其格式如下。

```
docker import [OPTIONS] [REPOSITORY[:TAG]]
```

例如，从镜像归档文件 redhat-20241127.tar 创建镜像的代码如下。

```
# docker import redhat-20241127.tar myredhat:import
sha256:fbade9fea338860e2774596fcec2f05831ae5bab2a7aab8062a471656fe61760
# docker images
REPOSITORY          TAG          IMAGE ID          CREATED          SIZE
myredhat            import       fbade9fea338      6 seconds ago    205MB
```

也可以指定 URL 或者某个目录进行导入，代码如下。

```
# docker import http://example.com/exampleimage.tgz example/imagerepo
```

8. 查看容器配置信息

docker inspect 命令用于查看容器的配置信息，包括容器名、环境变量、运行命令、主机配置、网络配置和数据卷配置等，其格式如下。

```
docker inspect [OPTIONS] CONTAINER|IMAGE|TASK [CONTAINER|IMAGE|TASK...]
```

例如，查看名为 myredhat 的容器的配置信息的代码如下。

```
# docker inspect myredhat
[
    {
        "Id": "bce62aac07662a19b2af9cedb69449f1a423348d0a8184639bd823b0f135eb60",
        "Created": "2019-07-19T18:09:25.898027121Z",
        "Path": "/bin/bash",
        "Args": [],
        "State": {
            "Status": "running",
            "Running": true,
            "Paused": false,
            "Restarting": false,
            "OOMKilled": false,
            "Dead": false,
            "Pid": 57041,
            "ExitCode": 0,
            "Error": "",
            "StartedAt": "2019-07-19T18:09:26.804378794Z",
            "FinishedAt": "0001-01-01T00:00:00Z"
        },
...
```

可以使用--format 获取指定的数据。例如，获取名为 myredhat 的容器的 IP 地址的代码如下。

```
[root@localhost  ~]# docker inspect --format='{{range .NetworkSettings.Networks
}}{{.IPAddress}} {{end}}' myredhat
172.17.0.9
```

9. 查看容器日志

docker logs 命令用于将标准输出数据作为日志输出到 docker logs 命令的终端上，常用于在后台运行的容器，其格式如下。

```
docker logs [OPTIONS] CONTAINER
```

OPTIONS 的说明如下。

（1）-since：指定输出日志的开始日期，即只输出指定日期之后的日志。

（2）-f：查看实时日志。

（3）-t：查看日志生成的日期。

（4）-tail=10：查看最后 10 条日志。

例如，查看 ID 为 f0d4ca773dbe 的容器的日志信息的代码如下。

```
# docker logs f0d4ca773dbe
```

10. 其他容器管理命令

（1）docker pause 命令：用于暂停容器进程。

例如，暂停 myredhat 容器的进程的代码如下。

```
# docker pause myredhat
```

（2）docker port 命令：用于查看容器与宿主机端口映射的信息。

例如，查看 relaxed_yonath 容器与宿主机端口映射信息的代码如下。

```
# docker port relaxed_yonath
5000/tcp -> 0.0.0.0:5000
```

（3）docker rename 命令：用于更改容器名称。

例如，将 redhat8 容器更名为 redhat8-1 的代码如下。

```
# docker rename redhat8 redhat8-1
```

（4）docker stats 命令：用于动态显示容器的资源消耗情况，包括 CPU、内存等。

例如，查看名为 myredhat 的容器的资源消耗情况的代码如下。

```
# docker stats myredhat
```

（5）docker top 命令：用于查看容器中运行的进程信息。

例如，查看名为 myredhat 的容器中运行的进程信息的代码如下。

```
# docker top myredhat
```

（6）docker unpause 命令：用于恢复容器内暂停的进程。

例如，恢复名为 myredhat 的容器中暂停进程的代码如下。

```
# docker unpause myredhat
```

（7）docker cp 命令：用于在宿主机和容器之间复制文件。

例如，将 mysql 容器中的/usr/local/bin/docker-entrypoint.sh 文件复制到宿主机的/root 目录的代码如下。

```
# docker cp mysql:/usr/local/bin/docker-entrypoint.sh /root
```

修改完毕后，将该文件重新复制到容器中的代码如下。

```
# docker cp /root/docker-entrypoint.sh mysql:/usr/local/bin/
```

（8）docker diff 命令：查看容器文件系统的变化。它会列出容器相对于其镜像的文件系统中发生的所有更改。

例如，查看容器 mycontaine 里文件系统的变化。

```
# docker diff mycontainer
```

【任务实训】创建和管理容器

【实训目的】

1. 掌握 Docker 容器的基本概念。

2. 掌握 Docker 容器的基本操作命令。

V3-3　创建和管理
容器

71

【实训内容】

1. 下载 redhat/ubi8 镜像，利用 redhat/ubi8 镜像创建一个新容器，要求使用 docker create 命令创建，且容器名为 RedhatTest，并使用 docker ps 命令查看容器的状态。

```
# docker pull redhat/ubi8:latest
# docker create -it --name RedhatTest redhat/ubi8:latest
# docker ps -a
CONTAINER ID  IMAGE            COMMAND     CREATED        STATUS   PORTS   NAMES
96c1376b3868 redhat/ubi8:latest  "/bin/bash"  12 minutes ago  Created          RedhatTest
```

2. 使用 docker start 命令启动名为 RedhatTest 的容器，并使用 docker ps 命令查看该容器的状态。

```
# docker start RedhatTest
# docker ps -a
CONTAINER ID    IMAGE        COMMAND      CREATED          STATUS     PORTS    NAME
96c1376b3868    redhat/ubi8    "/bin/bash"   13 minutes ago     up         RedhatTest
```

3. 使用 docker exec 命令进入 RedhatTest 容器，在交互式终端下查看容器根目录中的内容。

```
# docker exec -it RedHatTest /bin/bash
[root@96c1376b3868 /]# ls
anaconda-post.log  bin  dev  etc  home  lib  lib64  media  mnt  opt  proc  root  run
sbin  srv  sys  tmp  usr  var
```

4. 使用 exit 命令退出容器，并查看容器的状态。

```
[root@96c1376b3868 /]# exit
# docker ps -a
CONTAINER ID    IMAGE        COMMAND      CREATED          STATUS  PORTS   NAME
96c1376b3868 redhat/ubi8    "/bin/bash"   14 minutes agoup         RedhatTest
```

5. 利用 nginx 镜像创建一个新容器，要求使用 docker run 命令，容器名为 NginxTest。

```
# docker pull nginx:latest
# docker run -dit -p 80:80 --name NginxTest nginx:latest
```

6. 在本地编写网页文件，文件内容为"欢迎使用 Docker 容器！"，将该文件复制到容器 NginxTest 中，替换原有 nginx 的默认页面。

```
# echo "欢迎使用 Docker 容器！" >index.html
# docker  cp  /root/index.html  NginxTest:/usr/share/nginx/html/index.html
```

7. 使用 docker diff 命令查看容器的变化。

```
# docker diff NginxTest
```

8. 将 NginxTest 容器导出，打包成 TAR 文件，文件名为 nginxtest。

```
# docker export -o nginxtest.tar NginxTest
# ls nginxtest.tar
nginxtest.tar
```

9. 利用 nginxtest.tar 文件新建一个镜像，并使用 docker images 命令查看镜像。

```
# docker import nginxtest.tar nginx:v1.0
# docker images
REPOSITORY        TAG       IMAGE ID        CREATED          SIZE
nginx             v1.0      a76f035a266f    2 seconds ago    140MB
nginx             latest    605c77e624dd    2 years ago      141MB
redhat/ubi8       latest    eeb6ee3f44bd    2 weeks ago      205MB
```

10. 输出 NginxTest 容器端口与本地宿主机端口的映射关系。

```
# docker inspect -f {{.NetworkSettings.Ports}} NginxTest
map[80/tcp:[{0.0.0.0 80} {:: 80}]]
```

11. 删除 NginxTest 容器和 RedhatTest 容器。

```
# docker rm -f NginxTest RedhatTest
```

任务 3.2　Docker 容器资源控制

【任务要求】

编写完 Docker 容器基本操作手册后，考虑到基本操作手册中只包含对容器基本操作和维护的内容，为了让同事们更高效地使用容器，小王决定在基本操作手册中添加关于对容器资源控制的内容，并通过实例对其加以说明。

【相关知识】

3.2.1　CGroups 简介

CGroups 是 Linux 内核提供的一种可以限制单个进程或者多个进程所使用资源的机制，可以对 CPU、内存和磁盘 I/O 等资源实现控制。

CGroups 提供了对进程进行分组化管理的功能和接口的基础结构。内存或磁盘 I/O 的分配控制等具体的资源管理功能是通过对进程进行分组化管理来实现的。这些具体的资源管理功能由 CGroups 子系统或控制器实现，主要通过以下几个子系统实现。

（1）blkio：为每个块设备设置 I/O 限制，如磁盘、光盘和 USB（通用串行总线）等设备。

（2）cpu：使用调度程序提供对 CPU 的 CGroups 任务访问。

（3）cpuacct：自动生成 CGroups 任务的 CPU 资源使用报告。

（4）cpuset：为 CGroups 中的任务分配独立 CPU（在多核系统中）和内存节点。

（5）devices：允许或拒绝 CGroups 任务访问设备。

（6）freezer：暂停和恢复 CGroups 任务。

（7）memory：设置每个 CGroups 任务使用的内存限制，并自动生成内存资源使用报告。

（8）net_cls：标记每个网络包以供 CGroups 任务使用。

（9）ns：命名空间子系统。

3.2.2　CGroups 的功能和特点

1. CGroups 的功能

（1）CGroups 可实现对进程组使用的资源总额的限制。例如，使用 memory 子系统为进程组设定内存使用上限，当进程组使用的内存达到限额后再申请内存时，会触发 OOM（Out Of Memory，内存不足）警告。

（2）CGroups 可实现对进程组的优先级控制。通过分配 CPU 时间片数量及磁盘 I/O、带宽大小等可控制进程的优先级。例如，使用 cpu 子系统为某个进程组分配特定的 CPU 份额。

（3）CGroups 可实现对进程组使用的资源数量的记录。例如，使用 cpuacct 子系统可记录某个进程组使用的 CPU 时间。

（4）CGroups 可实现对进程组的隔离和控制。例如，使用 ns 子系统对不同的进程组使用不同的命名空间，以达到隔离的目的，使用不同的进程组实现各自的进程、网络、文件系统挂载空间，也可使用 freezer 子系统将进程组暂停和恢复。

2. CGroups 的特点

（1）控制族群：控制族群是一组按照某种标准划分的进程。CGroups 中的资源控制都是以控制族群为单位实现的。一个进程可以加入某个控制族群中，也可以从一个进程组迁移到另一个控制族群。进程组的进程可以使用 CGroups 以控制族群为单位分配资源，并受到 CGroups 以控制族群为单位设定的限制。

（2）层级：控制族群可以组织为 hierarchical（层级结构）的形式，即一棵控制族群树。子控制组自动继承父控制组的特定属性，子控制组还可以有自己特定的属性。

（3）子系统：一个子系统就是一个资源控制器，如 memory 子系统是一个内存控制器。子系统必须附加到层级上才能起作用。一个子系统附加到某个层级以后，这个层级上的所有控制族群都受其控制。

【任务实现】

任务：Docker 资源控制命令的使用

V3-4 Docker 资源控制命令的使用（1）

V3-5 Docker 资源控制命令的使用（2）

1. CPU 配额控制

（1）CPU 份额控制。在创建容器时，可使用--cpu-shares 选项指定容器所使用的 CPU 份额。

```
# docker run -dit --cpu-shares 100 busybox
3aebaaa3b2c50bb0c6b91e40aece4061c078f45756e958b01e76dcee34badb33
```

容器创建完成后，可以在/sys/fs/cgroup/cpu,cpuacct/system.slice/docker-<容器的完整 ID>.scope 目录中查看 cpu.shares 文件，得到 CPU 份额配置信息。

```
# cat /sys/fs/cgroup/cpu,cpuacct/system.slice/docker-3aebaaa3b2c50bb0c6b91e40aece4061
c078f45756e958b01e76dcee34b
adb33/cpu.shares
100
```

其中，--cpu-shares 的值仅表示一个弹性的加权值，不能保证可以获得一个 vCPU 或者多少吉赫兹的 CPU 资源。

默认情况下，每个 Docker 容器的 CPU 份额都是 1024。CPU 份额只有在同时运行多个容器时才能体现其效果，单个容器的份额是没有意义的。例如，容器 A 和容器 B 所占用的 CPU 份额分别为 100 和 50，表示在 CPU 进行时间片分配的时候，容器 A 获得 CPU 的时间片的机会是容器 B 的两倍，但分配的结果取决于当时主机和其他容器的运行状态。

CGroups 只在容器分配的资源紧缺时（也就是说，在需要对容器使用的资源进行限制时）才会生效。因此，无法单纯根据某个容器的 CPU 份额来确定有多少 CPU 资源分配给它，资源分配结果取决于同时运行的其他容器的 CPU 份额和容器中进程的运行情况。

例如，利用 busybox 镜像生成两个容器，设置第二个容器的 CPU 份额是第一个容器的两倍，代码如下。

```
# docker run -dit --name test1 --cpu-shares 100 busybox
e65f0cc12e25dac7775b0ffe573c86ef3ed63a07e43ebf2c59895d7da340911f
```

```
# docker run -dit --name test2 --cpu-shares 200 busybox
433d9aace3ffd1c32d7ab548c37b688b13138cb374b3a4146940acb735817555
```

容器创建完成后，可以在/sys/fs/cgroup/cpu,cpuacct/system.slice/docker-<容器的完整 ID>.scope 目录中查看 cpu.shares 文件，得到 CPU 份额配置信息。

```
# cat /sys/fs/cgroup/cpu,cpuacct/system.slice/docker-e65f0cc12e25dac7775b0ffe573c86ef3ed63a07e43eb
f2c59895d7da340911f.scope/cpu.shares
100
# cat /sys/fs/cgroup/cpu,cpuacct/system.slice/docker-433d9aace3ffd1c32d7ab548c37b688b13138cb374b3
a4146940acb735817555.scope/cpu.shares
200
```

（2）CPU 周期控制。--cpu-period 和--cpu-quota 选项可以控制容器分配的 CPU 的时钟周期。

① --cpu-period 用于指定容器对 CPU 的使用要在多长时间内做一次重新分配。

② --cpu-quota 用于指定在这个周期内，可以运行容器的最大时间。和--cpu-shares 不同的是，这种配置指定了一个绝对值，且没有弹性空间，容器对 CPU 资源的使用绝对不会超过配置的值。

--cpu-period 和--cpu-quota 的单位为微秒（μs）；--cpu-period 的最小值为 1000（μs），最大值为 1000000（即 1s），默认值为 100000（即 0.1s）；--cpu-quota 的默认值为-1，表示不做控制。

例如，如果容器进程使用单个 CPU 的时间为 0.2s，则可以将--cpu-period 设置为 1000000（即 1s），将--cpu-quota 设置为 200000（即 0.2s）。在多核情况下，如果允许容器进程完全占用两个 CPU，则可以将--cpu-period 设置为 100000（即 0.1s），将--cpu-quota 设置为 200000（即 0.2s）。

```
# docker run -dit --cpu-period 100000 --cpu-quota 200000 busybox
f1be3b854e1dba63bac9e178af85768b84a5cbf949a76cad05dc4c7073edc8b7
```

容器创建完成后，可以在/sys/fs/cgroup/cpu,cpuacct/system.slice/docker-<容器的完整 ID>.scope 目录中查看 cpu.cfs_period_us 和 cpu.cfs_quota_us 文件。

```
# cat /sys/fs/cgroup/cpu,cpuacct/system.slice/docker-1be3b854e1dba63bac9e178af85768b84a5cbf949a76c
ad05dc4c7073edc8b7.scope/cpu.cfs_period_us
100000
#cat /sys/fs/cgroup/cpu,cpuacct/system.slice/docker-f1be3b854e1dba63bac9e178af85768b84a5cbf949a76
cad05dc4c7073edc8b7.scope/cpu.cfs_quota_us
200000
```

（3）CPU 内核控制。对于多核 CPU 的服务器，Docker 可以使用--cpuset-cpus 和--cpuset-mems 选项控制容器运行，限定使用哪些 CPU 内核和内存节点。其对具有 NUMA（非均匀存储器访问）拓扑（具有多 CPU、多内存节点）的服务器尤其有用，可以对需要高性能计算的容器进行性能最优的配置。如果服务器只有一个内存节点，则--cpuset-mems 的配置基本上不会有明显效果。

例如，创建名为 busybox1 的容器，要求创建的容器只能使用 0 和 1 两个内核，代码如下。

```
# docker run -dit --name busybox1 --cpuset-cpus 0-1 busybox
f6b73673874dc3dad060428ad4dedd7500ef66a1ac21375c0249cdf0176ecdac
```

容器创建完成后，可以在/sys/fs/cgroup/cpuset/system.slice/docker-<容器的完整 ID>.scope 目录中查看 cpuset.cpus 文件。

```
# cat /sys/fs/cgroup/cpuset/system.slice/docker-f6b73673874dc3dad060428ad4dedd7500ef66a1ac21375
c0249cdf0176ecdac.scope/cpuset.cpus
0-1
```

2. 内存配额控制

Docker 通过如下选项来控制容器的内存使用配额，可以实现控制容器的 swap 分区（即交换分区）大小、可用内存大小等。

（1）--memory-swappiness：用于设置容器的虚拟内存控制行为，值为 0～100，默认值为 60，值越小，越倾向于使用物理内存。当值为 100 时，表示尽量使用 swap 分区；当值为 0 时，表示禁用容器 swap 功能。

（2）--kernel-memory：核心内存限制，最小值为 4MB。

（3）--memory：用于设置容器使用的最大内存上限，默认单位为 Byte（B），可以使用 KB、MB 或 GB 等。

（4）--memory-swap：等于内存和 swap 分区大小的总和，其值为-1 时，表示 swap 分区的大小是无限的。其默认单位为 B，可以使用 KB、MB 或 GB 等。如果--memory-swap 的值小于--memory 的值，则使用默认值，即--memory-swap 值的两倍。

（5）--memory-reservation：启用弹性的内存共享，当宿主机资源充足时，允许容器尽量多地使用内存，当检测到内存竞争或者内存不充足时，强制将容器的内存降低到--memory-reservation 所指定的内存大小。若不设置此选项，则有可能出现某些容器长时间占用大量内存的情况，导致性能降低。

默认情况下，容器可以使用宿主机上的所有空闲内存。

用户内存限制就是对容器能使用的内存和 swap 分区的大小做出限制。使用时要遵循两条直观的规则：--memory 的最小值为 4MB；--memory-swap 不是 swap 分区的大小，而是内存和 swap 分区的总大小，所以--memory-swap 的值必须比--memory 的值大。在这两条规则下，一般有以下 4 种设置方式。

① 不设置。

如果不设置--memory 和--memory-swap，则容器默认可以用完宿主机的所有内存和 swap 分区。注意，如果容器占用宿主机的所有内存和 swap 分区超过一段时间，则会被宿主机系统"杀死"（前提是没有设置 - 00m-kill-disable=true）。

② 设置--memory。

将--memory 设置为一个不小于 4MB 的值，假设为 a，不设置--memory-swap，或将--memory-swap 设置为 0。这种情况下，容器能使用的内存大小为 a，能使用的 swap 分区的大小也为 a，Docker 默认容器 swap 分区的大小和内存的相同。如果在容器中运行一个一直不停申请内存的程序，则会观察到该程序最终能占用的内存大小为 $2a$。

例如，基于镜像 ubuntu:16.04 创建容器，设置容器使用的最大内存为 1G。

```
# docker run -m 1G ubuntu:16.04
6agd1bd178e6587fb50245e20f92bf5fa3737b56afe4a803ecb161a3eaf52a2
```

该容器能使用的内存大小为 1GB，能使用的 swap 分区大小也为 1GB，容器内的进程能申请到的总内存大小为 2GB。

③ 设置--memory=a，--memory-swap=b，且 $b > a$。

为--memory 设置一个值 a，为--memory-swap 设置一个值 b。a 是容器能使用的内存大小，b 是容器能使用的内存大小+ swap 分区大小，所以 b 必须大于 a。$b-a$ 为容器能使用的 swap 分区大小。

例如，基于镜像 ubuntu:16.04 创建容器，设置容器使用的最大内存为 1G，使用的最大总内存为 3G。

```
#docker run -m 1G --memory-swap 3G ubuntu:16.04
j23ftyq178e20f92bf56587fb50245efa3733eaf52a27b56afe4a803ecb161a
```

该容器能使用的内存大小为 1GB，能使用的 swap 分区大小为 2GB，容器内的进程能申请到的总内存大小为 3GB。

④ 设置 --memory=a，--memory-swap=-1。

为 --memory 设置一个正常值 a，而将 --memory-swap 设置为 -1。这种情况表示限制容器能使用的内存大小为 a，而不限制容器能使用的 swap 分区大小。此时，容器内进程能申请到的内存大小为 a+宿主机的 swap 分区大小。

例如，创建名为 memory1 的容器，设置容器使用的最大内存为 128MB。

```
# docker run -tid --name memory1 --memory 128M busybox
8e2e1bd17b56afe4a803ecb161a3eaf52a28e6587fb50245e20f92bf5fa3737e
```

默认情况下，Docker 为容器分配了同样大小的 swap 分区，如上面的代码创建出的容器实际上最多可以使用 256MB 内存，而不是 128MB 内存。如果需要自定义 swap 分区大小，则可以通过使用 --memory-swap 选项来实现。

与 CPU 的 CGroups 配置类似，Docker 容器在目录 /sys/fs/cgroup/memory/system.slice/docker-<容器的完整 ID>.scope 中创建相应的 CGroups 配置文件，可通过查看 memory.limit_in_bytes 和 memory.memsw.limit_in_bytes 文件提取设置的值。

```
# cat  /sys/fs/cgroup/memory/system.slice/docker-8e2e1bd17b56afe4a803ecb161a3eaf52a28e6587fb502
45e20f92bf5fa3737e.scope/memory.limit_in_bytes
 134217728          // 128MB=128 × 1024 × 1024=134217728Byte
# cat  /sys/fs/cgroup/memory/system.slice/docker-8e2e1bd17b56afe4a803ecb161a3eaf52a28e6587fb5024
5e20f92bf5fa3737e.scope/memory.memsw.limit_in_bytes
 268435456          // 256MB=256 × 1024 × 1024=268435456byte
```

注意 执行上述命令时，如果出现下述提示信息，则表示主机默认不启用 **CGroups** 来控制 **swap** 分区，需修改 grub 启动参数。

```
WARNING: Your kernel does not support swap limit capabilities, memory limited without swap.
```

3. 磁盘 I/O 配额控制

Docker 通过以下选项实现对磁盘 I/O 的控制，其中大多数选项必须在有宿主机设备的情况下使用。

（1）--device-read-bps：限制设备的读速度，单位可以是 KB/s、MB/s 或 GB/s。

（2）--device-read-iops：限制设备每秒读 I/O 的次数。

（3）--device-write-bps：限制设备的写速度，单位可以是 KB/s、MB/s 或 GB/s。

（4）--device-write-iops：限制设备每秒写 I/O 的次数。

（5）--blkio-weight：容器默认磁盘 I/O 的加权值，有效值为 10～100。

（6）--blkio-weight-device：针对特定设备的 I/O 加权控制，其格式为 DEVICE_ NAME:WEIGHT。

其中，bps 表示每秒读写的数据量，iops 表示每秒的输入、输出量（或读写次数）。

例如，创建容器，限制容器的写速度为 1MB/s，代码如下。

```
[root@localhost ~]# docker run -it --name test --device-write-bps /dev/sda:1mb redhat/ubi8:latest
```

默认情况下，所有的容器都能平等地读写磁盘，可以通过设置 --blkio-weight 参数来改变容器 block（块）I/O 的优先级。--blkio-weight 与 --cpu-shares 类似，设置的是相对权值，默认值为 500。同样地，可以在 /sys/fs/cgroup/blkio/docker 中看到 block I/O 的值。

例如，创建容器 test1 和 test2，设置 test1 读写磁盘的带宽是 test2 的两倍，代码如下。

```
# docker run -it --name test1 --blkio-weight 600 redhat/ubi8:latest
# docker run -it --name test2 --blkio-weight 300 redhat/ubi8:latest
```

【任务实训】使用 CGroups 控制资源

【实训目的】

1. 掌握利用 CGroups 实现 CPU 资源控制的方法。
2. 掌握利用 CGroups 实现内存资源控制的方法。
3. 掌握利用 CGroups 实现磁盘 I/O 资源控制的方法。

V3-6　使用
CGroups 控制资源
（1）

V3-7　使用
CGroups 控制资源
（2）

【实训内容】

1. 限制 CPU 使用率：设置容器的 CPU。

利用 redhat/ubi8:latest 镜像分别生成名为 redhat1 和
redhat2 的容器，其中 redhat1 容器不限制 CPU 的使用率，redhat2 容器将 CPU 的使用率限制为 20%。

```
# docker run -dit --name redhat1 redhat/ubi8:latest /bin/bash
# docker run -dit --name redhat2 --cpu-quota 20000 redhat/ubi8:latest /bin/bash        // CPU 的
百分比是以 1000 为单位的，20000 即 20%
```

2. 限制 CPU 使用率：查看容器的 CPU 使用率。

查看 redhat1 和 redhat2 容器的 CPU 使用率。

通过对应的 CGroups 配置文件/sys/fs/cgroup/cpu,cpuacct/system.slice/docker-<容器的完整 ID>.scope/cpu.cfs_quota_us 来查看各容器 CPU 的使用率。

```
# cat  /sys/fs/cgroup/cpu,cpuacct/system.slice/docker-5051a533f0cbd88ba81665bd5b985d9137eb8a69ba
c0334a72f40ffb7b6b448d.scope/cpu.cfs_quota_us
-1         //值为-1 表示没有限制
# cat /sys/fs/cgroup/cpu,cpuacct/system.slice/docker-de6d555689ffa56c0d3b43a0ab27c8a1c2ee485fa6359
c6cfb29a5d1ae7ca8e1.scope/cpu.cfs_quota_us
20000      //值为 20000 表示 CPU 使用率为 20%
```

3. 限制 CPU 使用率：修改容器的 CPU 使用率。

如果需要修改对应容器的 CPU 使用率，则可以直接修改 CGroups 配置文件/sys/fs/cgroup/cpu,cpuacct/system.slice/docker-<容器的完整 ID>.scope/cpu.cfs_quota_us 的值。这里将 redhat1 的 CPU 使用率修改为 40%。

```
# echo 40000 >>  /sys/fs/cgroup/cpu,cpuacct/system.slice/docker-5051a533f0cbd88ba81665bd5b985d913
7eb8a69bac0334a72f40ffb7b6b448d.scope/cpu.cfs_quota_us
// 将 redhat1 的 CPU 使用率设置为 40%
# cat  /sys/fs/cgroup/cpu,cpuacct/system.slice/docker-5051a533f0cbd88ba81665bd5b985d9137eb8a69bac
0334a72f40ffb7b6b448d.scope/cpu.cfs_quota_us
40000
// 值为 40000 表示 CPU 使用率已修改为 40%
# docker rm -f redhat1 redhat2
// 删除 redhat1 和 redhat2 容器
```

4. 多任务按比例分享 CPU：创建容器并设置容器权值。

利用 redhat/ubi8:latest 镜像创建 redhat3 和 redhat4 容器。设置容器权值，使 redhat3 和 redhat4 的 CPU 占比为 33.3%和 66.7%。

```
# docker run -dit --name= redhat3 --cpu-shares 512 redhat/ubi8:latest /bin/bash
# docker run -dit --name= redhat4 --cpu-shares 1024 redhat/ubi8:latest /bin/bash
```

5. 复制终端，查看容器状态。

打开另一个终端，使用 docker stats 命令查看容器状态。

```
# docker stats
CONTAINER ID NAME      CPU %   MEM USAGE / LIMIT MEM %   NET I/O    BLOCK I/O  PIDS
b39d8aaa2e7c redhat3   0.00%   1.406MiB / 3.548GiB 0.04%   726B / 0B  0/ 0B      1
e7165dae84b7 redhat4   0.00%   1.41MiB / 3.548GiB 0.04%   656B / 0B  0B / 0B    1
```

6. 安装压力测试包 stress。

下载并复制 epel.repo 文件至 redhat3 和 redhat4 容器内后，分别打开两个终端，利用两个终端分别远程连接到 redhat3 和 redhat4 容器。

```
# yum install –y wget
# wget –O /etc/yum.repos.d/epel.repo http://mirrors.ali yun.com/repo/epel-7.repo
# docker cp /etc/yum.repos.d/epel.repo redhat3:/etc/yum.repos.d/epel.repo.bak
# docker cp /etc/yum.repos.d/epel.repo redhat4:/etc/yum.repos.d/epel.repo.bak
//新打开一个终端进行登录
# docker exec –it redhat3 /bin/bash
[root@b39d8aaa2e7c /]# mkdir /etc/yum.repos.d/bak
[root@b39d8aaa2e7c /]# mv /etc/yum.repos.d/*.repo /etc/yum.repos.d/bak/
[root@b39d8aaa2e7c /]# mv /etc/yum.repos.d/epel.repo.bak /etc/yum.repos.d/epel.repo
[root@b39d8aaa2e7c /]# yum –y install stress
//再打开一个终端进行登录
# docker exec –it redhat4 /bin/bash
[root@e7165dae84b7 /]# mkdir /etc/yum.repos.d/bak
[root@e7165dae84b7 /]# mv /etc/yum.repos.d/*.repo /etc/yum.repos.d/bak/
[root@e7165dae84b7 /]# mv /etc/yum.repos.d/epel.repo.bak /etc/yum.repos.d/epel.repo
[root@e7165dae84b7 /]# yum clean all && yum makecache
[root@e7165dae84b7 /]# yum –y install stress
```

7. 分别在两个容器内启用 4 个线程。

```
# stress –c 4
stress: info: [146] dispatching hogs: 4 cpu, 0 io, 0 vm, 0 hdd

# stress –c 4
stress: info: [190] dispatching hogs: 4 cpu, 0 io, 0 vm, 0 hdd
```

8. 查看容器状态。

再次使用 docker stats 命令查看容器状态。

```
# docker stats
CONTAINER ID       NAME     CPU %     MEM USAGE / LIMIT     MEM %     NET I/O
BLOCK I/O          PIDS
b39d8aaa2e7c       redhat3   33.3%     49.75MiB / 3.67GiB    1.32%
31.3MB/790KB 36.4MB / 1.24MB         7
e7165dae84b7       redhat4   66.7%     49.69MiB / 3.67GiB    1.32%
31.1MB/669KB 35MB / 1.18MB          7
//可以看到此时 redhat3 和 redhat4 的 CPU 占比为 33.3%和 66.7%
```

9. 查看 CPU 内核使用情况。

通过/sys/fs/cgroup/cpuset/system.slice/docker-<容器的完整 ID>.scope/cpuset.cpus 文件来查看 CPU 内核使用情况，并删除 redhat3 和 redhat4 容器。

```
# cat /sys/fs/cgroup/cpuset/system.slice/docker-b39d8aaa2e7c312abe26cdfe6b708174839244c75a0eee56
1c84547d847dd93c.scope/cpuset.cpus
```
```
0-1
//表示有两个内核
# docker rm –f redhat3 redhat4
//删除容器 redhat3 和 redhat4
```

10. 对内存使用的限制：创建容器。

利用 redhat/ubi8:latest 镜像创建 redhat5 和 redhat6 容器，设置 redhat5 容器使用的最大内存为 512MB，对 redhat6 容器的内存不进行限制。

```
# docker run –dit --name= redhat5 -m 512m redhat/ubi8:latest /bin/bash
# docker run –dit --name= redhat6 redhat/ubi8:latest /bin/bash
```

11. 对内存使用的限制：查看容器状态。

打开一个终端，使用 docker stats 命令查看容器状态。

```
# docker stats
```

| CONTAINER ID | NAME | CPU % | MEM USAGE / LIMIT | MEM % | NET I/O |
BLOCK I/O	PIDS				
3494b3e3d959	redhat6	0.00%	392KiB / 1.782GiB	0.02%	648B / 0B
4.68MB / 0B	1				
40f97fcc62e1	redhat5	0.00%	3.027MiB / 512MiB	0.59%	648B / 0B
4.68MB / 0B	1				

从显示结果可以看到，redhat5 容器内存限制为 512MB，而 redhat6 容器内存无限制。

12. 对内存使用的限制：查看容器内存限制。

通过容器 redhat5 对应的 CGroups 配置文件可查看容器内存限制。

```
# cat /sys/fs/cgroup/memory/system.slice/docker-2d998d335ee9342e417b816f39fb3e808be5d4
cc94dd8f6ba56a67263f115b91.scope/memory.limit_in_bytes
536870912                 // 536870912=512 × 1024 × 1024
```

13. 对 I/O 使用的限制：设置读写磁盘的带宽。

编辑/etc/default/grub 文件，将 cgroup v1 切换到 cgroup v2。

```
# vi   /etc/default/grub
//修改如下参数信息，修改后信息如下
GRUB_CMDLINE_LINUX="crashkernel=auto resume=/dev/mapper/rhel-swap rd.lvm.lv=
rhel/root rd.lvm.lv=rhel/swap rhgb quiet systemd.unified_cgroup_hierarchy=1"
```

文件编辑完成后，保存文件并退出，返回命令行。

更新 grub 配置并重启。

```
# grub2-mkconfig –o /boot/grub2/grub.cfg
# reboot
```

检查 cgroup v2 是否切换成功。

```
# mount | grep cgroup
cgroup2 on /sys/fs/cgroup type cgroup2 (rw,nosuid,nodev,noexec,relatime,nsdelegate)
```

利用 redhat/ubi8:latest 镜像生成容器，设置第二个容器读写磁盘的带宽是第一个容器的两倍。

```
# docker run –dit --name test1 --blkio-weight 300 redhat/ubi8:latest
#cat /sys/fs/cgroup/system.slice/docker-262468b148dea803d1abf43591033ba03bbc8c232be626637711c
0f79f440137.scope/io.bfq.weight
300
# docker run –dit --name test2 --blkio-weight 600 redhat/ubi8:latest
```

```
#cat /sys/fs/cgroup/system.slice/docker-c90de4133de74a365b729efb018dddf10af08ce2779b488b98e7f7
e129db0178.scope/io.bfq.weight
600
```

14. 删除所有容器。

```
# docker rm –f $(docker ps –aq)
```

【项目练习题】

1. 单选题

（1）以下关于 Docker 容器操作的描述正确的是（   ）。

    A. 使用不带任何选项的 docker ps 命令可以列出本地主机上的全部容器

    B. 使用 docker rm –f 命令可以删除正在运行的容器

    C. 使用 docker start 命令可以创建并启动一个新的容器

    D. 使用 docker attach 命令可以连接未运行的容器

（2）下列容器的相关命令执行正确的是（   ）。

    A. 启动 ID 为 28edb150112c 的容器

        # docker start 28edb150112c

    B. 进入 ID 为 28edb150112c 的容器

        # docker entry –it 28edb150112c

    C. 将 ID 为 28edb150112c 的容器导出生成 newcontainer.tar 文件

        # docker export 28edb150112c newcontainer.tar

    D. 删除 ID 为 28edb150112c 且正在运行的容器

        # docker rm 28edb150112c

（3）下列关于 Docker 容器说法正确的是（   ）。

    A. 针对通过 Dockerfile 构建的镜像，由这些镜像启动的容器内的应用都在后台运行

    B. 可以使用 docker exec –it<容器 ID>命令来进入容器内部

    C. 可以使用 docker rm<容器 ID>命令来删除一个正在运行的容器

    D. Docker 的默认存储目录为/var/lib/docker

（4）Docker 通过（   ）来控制容器使用的资源配额，包括 CPU、内存、磁盘 I/O 方面。

    A. 命名空间   B. CGroups   C. devices   D. LXC

（5）以下关于 Docker 容器的描述不正确的是（   ）。

    A. 镜像是只读模板，容器只给这个只读模板添加一个额外的可写层

    B. 容器十分轻量，用户可以随时创建或删除

    C. 使用 docker create 命令创建的容器，默认处于启动状态

    D. 容器是一个与其中运行的 Shell 命令共存亡的终端，命令运行容器即运行，命令结束容器即结束

（6）以下不属于 CGroups 子系统的是（   ）。

    A. 磁盘   B. cpu   C. memory   D. devices

（7）关于容器所用内在资源的限制，不正确的说法是（   ）。

    A. 用户内存同时设置内存和 swap 分区

    B. 在用户内存限制的基础上限制内核内存

C. 内存预留可以保证不会超过限制

D. 内存限制仅允许容器使用不超过给定数量的用户内存或系统内存

（8）Docker 可以控制很多资源，目前还不能对以下（　　）资源进行隔离。

    A. 磁盘 I/O   B. 磁盘和内存大小   C. CPU 和网卡   D. CPU 个数

（9）Docker 在创建启动容器或进入容器时，下列（　　）选项可给 Docker 分配一个伪终端。

    A. –l   B. –t   C. –d   D. –w

（10）下列（　　）命令能查看到已经终止的容器。

    A. docker ps   B. docker ps –a

    C. docker container ls   D. docker ls

2. 判断题

（1）docker run 可以使用–ti 选项直接与容器通过终端进行交互。（　　）

（2）docker logs 命令不能查看容器的日志。（　　）

（3）可以使用 docker stats 命令实时查看容器的系统资源使用情况。（　　）

（4）CGroups 实现了资源控制，但是没有实现资源统计。（　　）

（5）使用命令创建容器时，--cpu-shares 的后面是 CPU 份额，这个份额指定了多少，容器运行时就有多少份额的 CPU 资源。（　　）

（6）容器的底层技术主要使用了内核中的命名空间和 CGroups。（　　）

（7）每个镜像都可以使用 docker run 命令运行多次，多个运行涉及的文件系统文件都是独立的，没有任何关系。（　　）

（8）如果 docker run 命令指定的镜像本地不存在，运行将直接出错。（　　）

（9）docker run 可以使用–p 选项将宿主机的端口与容器端口绑定映射。（　　）

（10）可以使用 docker rm<容器 ID>命令来删除一个正在运行的容器。（　　）

3. 简答题

（1）简述 Docker 容器的特点。

（2）可以限制容器使用哪几种资源？

（3）使用 docker run 命令创建容器后，Docker 在后台的运行过程是什么样的？

项目4
Docker网络管理
和数据卷管理

04

在生产环境中，经常会遇到需要多个服务组件容器共同协作对数据进行持久化，或者在多个容器之间共享进程数据等的操作。本项目通过两个任务介绍Docker网络管理、数据卷管理的内容，实现跨主机甚至跨数据中心的通信，以及容器内数据的共享、备份和恢复。

【知识目标】

- 了解Docker网络架构。
- 了解Docker网络模式。
- 了解Docker存储技术。

【能力目标】

- 掌握Docker网络的配置。
- 掌握Docker的容器互联。
- 掌握Docker数据卷和数据卷容器的使用。

【素质目标】

- 强调不断追求卓越、专注敬业的工匠精神。
- 树立自律意识，养成良好的行为习惯。
- 强化网络安全意识，筑牢安全网。

任务 4.1　Docker 网络管理

【任务要求】

公司员工通过参考工程师小王编写的 Docker 镜像和容器基础操作手册，对 Docker 的操作有了初步了解，但只能实现基本操作。公司员工希望小王能对 Docker 的网络、存储技术进行介绍。小王通过查阅相关资料，编写了关于 Docker 网络管理的操作手册。

【相关知识】

4.1.1　Docker 网络架构

在构建分布式应用程序时，各个服务需要能够相互通信。这些服务可能运行在容器中，并分布在一台或多台主机上，甚至跨越不同数据中心的主机。为了支持这种通信，Docker 提供了一整套 docker network 子命令和跨主机的网络支持，允许用户根据应用的拓扑结构创建虚拟网络并将容器接入其对应的网络。

为了标准化网络的驱动开发步骤和支持多种网络驱动，Docker 公司在 Libnetwork 中使用了容器网络模型（Container Network Model，CNM）。CNM 提供了可以跨不同网络基础架构、可实现移植的应用，能够在平衡应用的可移植性的同时，不损失基础架构原有的各种特性和功能。

CNM 中包括沙盒（Sandbox）、端点（End Point，EP）和网络（Network）3 个核心组件。CNM 核心组件的连接如图 4-1 所示。

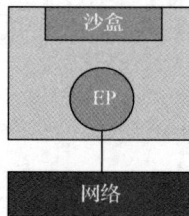

图 4-1　CNM 核心组件的连接

（1）沙盒：包含容器的网络配置，可以对容器接口、路由表和 DNS 设置等进行管理。沙盒的实现可以基于 Linux 网络命名空间（Network Namespace）、FreeBSD Jail 或其他类似的概念。一个沙盒可以有多个端点和多个网络。

（2）端点：沙盒通过端点来连接网络。端点的实现可以基于 veth pair、Open vSwitch 内部端口或相似的设备。一个端点只属于一个网络且只属于一个沙盒。

（3）网络：一个网络是一组可以直接互相连通的端点，可以由 Linux 桥接、虚拟局域网（Virtual Local Area Network，VLAN）等实现。如果端点不连接到其中一个网络，那么将无法与外界通信。

CNM 负责为容器提供网络功能。CNM 核心组件与容器的关联方式为：沙盒被放置在容器内部，为容器提供网络连接。

如图 4-2 所示，容器 A 只有一个端点，连接到网络 A；容器 B 有两个端点，分别连接到网络 A 和网络 B；容器 A 与容器 B 通过网络 A 实现相互通信，容器 B 的两个端点之间不能通信，如需通信，则需要三层网络设备的支持。

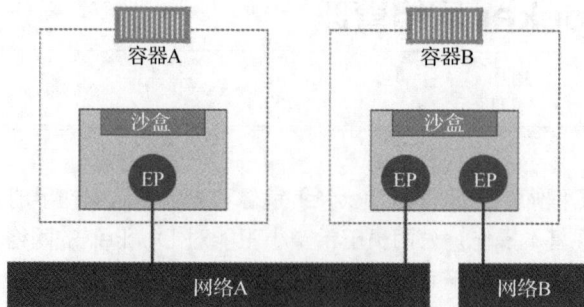

图 4-2　CNM 组件与容器关联

容器网络模型提供了供用户使用的接口。接口主要用于实现通信、利用供应商提供的附加功能、提高网络可见性及增强网络控制等。目前广泛使用的网络驱动包括内置网络驱动和远程网络驱动。常用的内置网络驱动如表 4-1 所示。

表 4-1　常用的内置网络驱动

驱动	描述
Host	没有命名空间隔离，相当于 Docker 容器和宿主机共用一个网络命名空间，使用宿主机的网卡、IP 地址和端口等信息
Bridge	Docker 的默认网络驱动，受 Docker 管理的 Linux 桥接网络。默认同一个桥接网络的容器可以相互通信
Overlay	提供多主机的容器网络互联，使用了本地 Linux 桥接网络和 VXLAN（虚拟可扩展局域网）技术实现容器之间跨物理网络架构的连接
None	容器拥有自己的网络命名空间，但不对容器进行任何网络配置。如果没有其他网络配置，则容器将完全独立于网络

4.1.2　Docker 网络的实现原理

Docker 使用 Linux 桥接，会在宿主机上虚拟一个名为 docker0 的网桥。当启动容器时，默认会根据网桥的网段分配给容器一个 IP 地址，该地址称为 Container-IP 地址，同时网桥地址是每个容器的默认网关地址。当同一宿主机的容器都接入该网桥时，容器之间可以通过 Container-IP 地址相互通信。

由于 Docker 网桥是宿主机虚拟出来的，并不是真实存在的网络设备，因此外部网络无法直接通过 Container-IP 地址访问到容器。如果希望外部网络能够访问到容器，则可以通过在宿主机和容器之间进行端口映射，即在创建容器时通过-p 或者-P 选项来启用端口映射，这样就能够通过[宿主机 IP 地址]:[容器端口]访问到容器。

```
# docker run -d --name test01 -P nginx          //指定随机端口，随机端口从 32768 开始
# docker run -d --name test02 -p 8001:80   nginx   //指定映射端口
```

4.1.3　Docker 网络模式

当使用 docker run 命令创建 Docker 容器时，可以使用--net 选项指定容器的网络模式。Docker 提供了多种网络模式，使得容器能够以不同的方式连接到网络，常用的网络模式有 4 种。

（1）host 模式：使用--net=host 指定。

（2）container 模式：使用--net=container:NAME_or_ID 指定。

（3）none 模式：使用--net=none 指定。

（4）bridge 模式：使用--net=bridge 指定，是 Docker 容器的默认设置。

Docker 安装后，会自动创建 host、null 和 bridge 网络，可以使用 docker network ls 命令查看。

```
# docker network ls
NETWORK ID          NAME                DRIVER              SCOPE
4fa91223e796        bridge              bridge              local
921d5c4fc0c7        host                host                local
5d51cba1f5f7        none                null                local
```

1. host 模式

如果启动容器时使用 host 模式，那么容器将不会获得一个独立的网络命名空间，而是和宿主机共用一个网络命名空间。容器不会虚拟出网卡并配置 IP 地址，而是使用宿主机的 IP 地址和端口。host 模式如图 4-3 所示。

例如，利用 nginx 镜像创建并启动容器，监听 80 端口，网络模式设置为 host，其代码如下。

```
# docker run -dit --net=host -p 80:80 nginx
```

容器启动后，如需访问容器中的 nginx 应用，则可直接使用"IP 地址:80"格式，不需要做网络地址转换（Network Address Translation，NAT），host 模式示例如图 4-4 所示。

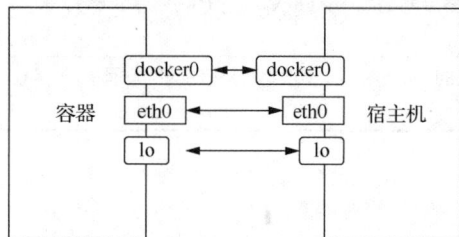

图 4-3　host 模式

图 4-4　host 模式示例

在 host 模式下，容器中的文件系统、进程列表等资源和宿主机是隔离的，但容器的网络环境隔离性被弱化，容器不再拥有隔离的、独立的网络栈，容器内部不会拥有所有的端口资源，这是因为部分端口资源会被宿主机上的应用服务所占用。

2. container 模式

container 模式指定了新创建的容器和已经存在的容器共享一个网络命名空间，而不是和宿主机共享。虽然多个容器共享网络环境，但容器和容器、容器和宿主机之间依然形成了网络隔离，这在一定程度上可以节约网络资源。但需要注意的是，容器内部依然不会拥有所有的端口资源。

例如，利用 busybox 镜像创建 busybox01 和 busybox02 容器，将 busybox02 容器的网络模式设置为 container，与 busybox01 容器共享网络环境。

```
//创建 busybox01 容器
# docker run -dit --name busybox01 busybox:latest
//查看 busybox01 容器的 PID
# docker inspect -f '{{.State.Pid}}' busybox01
13386
//查看 busybox01 容器的进程、网络、文件系统等命名空间编号
# ll -l /proc/13386/ns
//从显示结果看，可从 net -> 'net:[4026532917]信息获知容器的命名空间编号的 net 值为 4026532917
//创建 busybox02 容器，将其网络模式设置为 container
# docker run -dit --name busybox02 --net container:busybox01 busybox:latest
//查看 busybox02 容器的 PID
# docker inspect -f '{{.State.Pid}}' busybox02
13451
//查看 busybox02 容器的进程、网络、文件系统等命名空间编号
[root@localhost ~]# ll -l /proc/14863/ns
total 0
```

```
lrwxrwxrwx 1 root root 0 Mar   9 10:52 cgroup -> 'cgroup:[4026531835]'
lrwxrwxrwx 1 root root 0 Mar   9 10:52 ipc -> 'ipc:[4026532849]'
lrwxrwxrwx 1 root root 0 Mar   9 10:52 mnt -> 'mnt:[4026532847]'
lrwxrwxrwx 1 root root 0 Mar   9 10:52 net -> 'net:[4026532767]'
lrwxrwxrwx 1 root root 0 Mar   9 10:52 pid -> 'pid:[4026532850]'
lrwxrwxrwx 1 root root 0 Mar   9 10:52 pid_for_children -> 'pid:[4026532850]'
lrwxrwxrwx 1 root root 0 Mar   9 10:52 user -> 'user:[4026531837]'
lrwxrwxrwx 1 root root 0 Mar   9 10:52 uts -> 'uts:[4026532848]'
//从显示结果看,可从 net -> 'net:[4026532917]信息获知容器的命名空间编号的 net 值为 4026532917
```

对比 busybox01 容器和 busybox02 容器的命名空间编号的 net 值,如果相同,则说明设置成功。从结果中可以发现,busybox02 容器使用的是 busybox01 容器的网络。

3. none 模式

在 none 模式下,Docker 容器拥有自己的网络命名空间,但是并不进行任何网络配置。该模式关闭了容器的网络功能,此时容器没有网卡、IP 地址、路由等信息,只有 lo0 环回网络。none 模式如图 4-5 所示。

例如,使用 busybox 镜像建立容器,容器名为 busybox3,将其网络模式设置为 none,代码如下。

```
# docker run -it --net=none --name=busybox3 busybox:latest /bin/sh
# ip address
1: lo: <LOOPBACK,UP,LOWER_UP> mtu 65536 qdisc noqueue qlen 1000
    link/loopback 00:00:00:00:00:00 brd 00:00:00:00:00:00
    inet 127.0.0.1/8 scope host lo
        valid_lft forever preferred_lft forever
    inet6 ::1/128 scope host
        valid_lft forever preferred_lft forever
```

图 4-5 none 模式

从命令的返回信息可知,由于 none 模式不包含任何的网络配置,因此其网络配置信息中只包含 127.0.0.1 地址。none 模式的应用场景如下。

(1)当不希望容器接收任何网络流量时,可以使用 none 模式。

(2)当想要在容器内运行某些特殊的服务时,这些服务不需要网络连接,如某些后台任务或守护进程,可以使用 none 模式。

4. bridge 模式

Docker 默认使用 bridge 模式,在 bridge 模式下会为每一个容器分配网络命名空间,并设置 IP 地址等信息。宿主机上启动的 Docker 容器会连接到一个虚拟网桥上,当 Docker 进程启动时,会默认创建一个名为 docker0 的虚拟网桥。容器通过 docker0 网桥和 IP 地址表的 NAT 配置与宿主机通信。

Docker 利用 veth pair 技术在宿主机上创建两个虚拟网络接口——veth0 和 veth1。

veth pair 是一个成对的接口,数据从这对接口的一端进入,从另一端输出。

在 bridge 模式下,Docker 容器的通信方式分为容器与宿主机通信、容器与外部网络通信两种。

(1)容器与宿主机通信。

Docker Daemon 先将 veth0 附加到 docker0 网桥上,保证宿主机的数据能够发往 veth0;再将 veth1 添加到 Docker 容器所属的网络命名空间中,保证宿主机的网络报文发往 veth0 时可以被 veth1 收到。

（2）容器与外部网络通信。

如果需要访问外部网络，则需要采用 NAT 功能，即使用 NATP（网络地址端口转换）方式，并需要开启本地系统的转发功能。

```
# sysctl net.ipv4.ip_forward
net.ipv4.ip_forward = 1
```

如果值为 0，则说明没有开启转发功能，需要手动开启此功能。

```
# sysctl -w net.ipv4.ip_forward=1
```

也可以在启动 Docker 服务的时候设定--ip-forward=true，此时会自动设定系统的 ip_forward 参数值为 1。

NAT 包含两种转换方式：源地址转换（Source NAT，SNAT）和目的地址转换（Destination NAT，DNAT）。

① SNAT：修改数据包的源地址，当容器需要访问外部网络时，数据包的流向如图 4-6 所示。

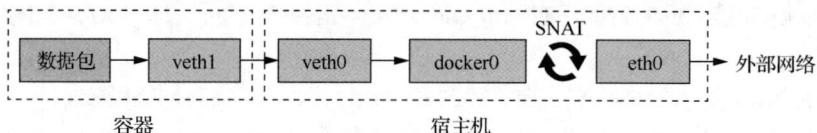

图 4-6　SNAT 方式下数据包的流向

此时，数据包的源地址为容器的 IP 地址和端口，容器内部的 veth1 接口将数据包发往 veth0 接口，到达 docker0 网桥。宿主机上的 docker0 网桥发现数据包的目的地址为外部网络的 IP 地址和端口，便会将数据包转发给 eth0，并从 eth0 发送出去。由于存在 SNAT 规则，因此数据包的源地址将先转换为宿主机的 IP 地址和端口，再将数据包转发到外部网络。这样，外部网络会认定数据包是从宿主机发送出来的，而隐藏容器的网络信息。

② DNAT：修改数据包的目的地址，当外部网络需要访问容器时，数据包的流向如图 4-7 所示。

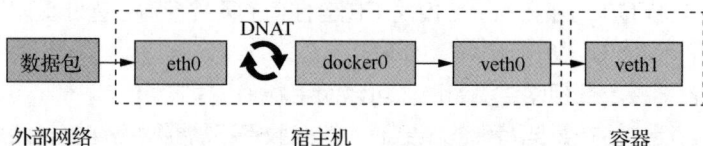

图 4-7　DNAT 方式下数据包的流向

由于容器的 IP 地址与端口对外都是不可见的，因此数据包的目的地址为宿主机的 IP 地址和端口，如 192.168.200.10/24。数据包经过路由器发给宿主机的 eth0，eth0 转发给 docker0 网桥。由于存在 DNAT 规则，因此会将数据包的目的地址转换为容器的 IP 地址和端口。宿主机上的 docker0 网桥识别到容器 IP 地址和端口，于是将数据包发送到 docker0 网桥的 veth0 接口上，veth0 接口再将数据包发送给容器内部的 veth1 接口，容器接收数据包并做出响应。

创建容器时，可以通过-p 或-P 选项来指定端口映射，使外部网络访问容器内的网络服务。

① -p：该选项指定宿主机与容器的端口关系，冒号左边是宿主机的端口，右边是映射到容器中的端口。

② -P：该选项会分配镜像中所有会使用的端口，并映射到主机上的随机端口。

例如，通过 nginx 镜像创建名称为 nginx01 的容器，将宿主机的 8080 端口映射到容器的 80 端口，其代码如下。

```
# docker run -d --name nginx01 -p 8080:80 nginx
```

此时可以通过宿主机的 8080 端口来访问容器内的 Web 应用。

当使用-P 选项时，Docker 会随机映射一个端口到内部容器开放的网络端口上。

```
# docker run -dit --name myweb2 -P nginx:latest
```

容器创建成功后，可使用 docker inspect 命令查看 nginx 02 容器暴露的端口号。

```
# docker inspect --format='{{.NetworkSettings.Ports}}' nginx02
map[80/tcp:[{0.0.0.0 32768} {:: 32768}]]
```

或者

```
# docker inspect -f='{{.NetworkSettings.Ports}}' nginx02
map[80/tcp:[{0.0.0.0 32768} {:: 32768}]]
```

从命令的返回信息可知，nginx02 容器暴露的端口号为 32768，镜像暴露的端口号为 80。

在默认情况下，基于网桥的网络容器即可访问外部网络，所用 DNS 地址为宿主机配置的 DNS 地址，可使用--dns 选项添加 DNS 服务器到容器的/etc/resolv.conf 文件中。

```
# docker run -dit --name nginx03 --dns 114.114.114.114 -p 8080:80 nginx:latest
# docker exec -it nginx03 /bin/bash
root@a2c714418d0a:/# cat /etc/resolv.conf
nameserver 114.114.114.114
```

如需设定容器的主机名，则可以使用-h HOSTNAME、--hostname=HOSTNAME、--link=CONTAINER_NAME:ALIAS，具体说明如下。

① -h HOSTNAME 或--hostname=HOSTNAME：设定容器的主机名，会将主机名和容器 IP 地址的对应关系写到容器的/etc/hosts 和/etc/hostname 文件中，但该主机名在容器外部看不到。

```
# docker run -it -h nginx04 nginx /bin/bash
root@nginx04:/# cat /etc/hosts
127.0.0.1        localhost
::1        localhost ip6-localhost ip6-loopback
fe00::0 ip6-localnet
ff00::0 ip6-mcastprefix
ff02::1 ip6-allnodes
ff02::2 ip6-allrouters
172.17.0.3        nginx04
```

② --link=CONTAINER_NAME:ALIAS：指定容器间的关联，使用其他容器的 IP 地址等信息，在创建容器的时候添加一个其他容器的主机名到/etc/hosts 文件中。

```
# docker run -it --name busybox1 busybox
# ip a
...
40: eth0@if41: <BROADCAST,MULTICAST,UP,LOWER_UP,M-DOWN> mtu 1500 qdisc noqueue
    link/ether 02:42:ac:11:00:02 brd ff:ff:ff:ff:ff:ff
    inet 172.17.0.2/16 brd 172.17.255.255 scope global eth0
        valid_lft forever preferred_lft forever
//busybox1 容器的 IP 地址为 172.17.0.2
# docker run -it --name busybox2 --link=busybox1:busyboxtest busybox
# cat /etc/hosts
...
172.17.0.2        busyboxtest bcb45e7ecbad busybox1
//busybox1 主机名和 IP 地址的对应关系
172.17.0.3        a89ec5bfab22
# ping busyboxtest                    //ping busybox1 容器
```

```
PING busyboxtest (172.17.0.2): 56 data bytes
64 bytes from 172.17.0.2: seq=0 ttl=64 time=0.350 ms
64 bytes from 172.17.0.2: seq=1 ttl=64 time=0.217 ms
64 bytes from 172.17.0.2: seq=2 ttl=64 time=0.224 ms
...
round-trip min/avg/max = 0.217/0.263/0.350 ms
//可以看到，使用 ping 命令测试 busybox1 容器时，会将其解析为 172.17.0.2
```

5. 自定义网络模式

在 Docker 中，可以使用 docker network create 命令创建自定义网络。例如：

```
# docker network create --driver=bridge --subnet=192.168.1.0/24 --gateway=192.168.1.1
my_custom_network
```

这条命令创建了一个名为 my_custom_network 的网络，其中--driver=bridge 指定了网络类型为桥接，--subnet 和--gateway 分别指定了子网和网关。

接下来，当运行容器时，可以使用--net 选项将其连接到该自定义网络。

```
# docker run --net=my_custom_network -d --name=my_container busybox:latest
```

这样，my_container 容器就会在 my_custom_network 网络上运行，可以和在同一网络上的其他容器进行通信。

在 Docker 环境中，应用 host、bridge 等网络模式主要面向单机容器通信场景，存在无法实现跨主机容器间通信的局限性。这是由于不同物理主机的 Docker 守护进程独立运行，其内置的虚拟网桥（如 Docker0）处于网络隔离状态，跨主机容器无法直接通过 IP 地址互联。同时，由于不同主机采用相同的私有 IP 地址段（如默认的 172.17.0.0/16）分配容器 IP 地址，极易产生 IP 地址冲突的问题，严重影响网络的可靠性。在实际应用中，可采用以下几种解决方案实现跨主机容器的通信。

（1）Docker Overlay 网络：通过 VXLAN 隧道技术构建分布式虚拟网络，实现跨主机的二层连通。

（2）Flannel（覆盖网络方案）：利用 etcd 存储集群信息，通过 UDP 封装或 VXLAN 实现跨主机组网，并确保各节点子网地址段不重叠。

（3）手动配置路由：手动配置主机间路由规则，适合网络环境稳定的场景。

（4）使用第三方网络插件：如采用 Calico 第三方网络插件，通过 BGP 路由协议构建三层网络。

（5）使用 VPN 隧道：通过 VPN 将不同主机的容器网络桥接到同一虚拟网络。

【任务实现】

任务 1：自定义网桥，实现跨主机 Docker 容器的互联

1. 任务环境准备

本任务选用两台部署在 VMware Workstation pro 16 中的 RHEL 8.1 虚拟机，虚拟机均已预先安装好 Docker-CE 26.1.3，并与外部网络互通，且关闭防火墙和 SELinux。各虚拟机基本配置信息如表 4-2 所示。

V4-1　自定义网桥，实现跨主机Docker 容器的互联

表 4-2　各虚拟机基本配置信息

主机名	IP 地址	容器名	容器 IP 地址
docker01	192.168.200.101/24	busybox1	172.172.0.10
docker02	192.168.200.102/24	busybox2	172.172.1.10

2. 配置 docker01 主机

（1）在 docker01 主机上创建自定义网桥，网桥名称为 docker-br0，为其分配网段 172.172.0.0/24。

```
# docker network create --subnet=172.172.0.0/24 docker-br0
# docker network inspect docker-br0
[
    {
        "Name": "docker-br0",
        "Id": "af6929bd4c55686dcce50e029eef4db97961793efaa75c0eb238625a451103e9",
        "Created": "2024-08-22T18:56:27.586818472+08:00",
        "Scope": "local",
        "Driver": "bridge",
        "EnableIPv6": false,
        "IPAM": {
            "Driver": "default",
            "Options": {},
            "Config": [
                {
                    "Subnet": "172.172.0.0/24"
                }
            ]
        },
        "Internal": false,
        "Attachable": false,
        "Ingress": false,
        "ConfigFrom": {
            "Network": ""
        },
        "ConfigOnly": false,
        "Containers": {},
        "Options": {},
        "Labels": {}
    }
]
```

（2）在 docker01 主机上通过 busybox 镜像创建名称为 busybox1 的容器，并设置容器的 IP 地址为 172.172.0.10。

```
# docker run -dit --net docker-br0 --ip 172.172.0.10 --name busybox1 busybox:latest /bin/sh
# docker exec -it busybox1 /bin/sh
# ip address
1: lo: <LOOPBACK,UP,LOWER_UP> mtu 65536 qdisc noqueue qlen 1000
    link/loopback 00:00:00:00:00:00 brd 00:00:00:00:00:00
    inet 127.0.0.1/8 scope host lo
        valid_lft forever preferred_lft forever
    inet6 ::1/128 scope host
        valid_lft forever preferred_lft forever
5: eth0@if6: <BROADCAST,MULTICAST,UP,LOWER_UP,M-DOWN> mtu 1500 qdisc noqueue
    link/ether 02:42:ac:ac:00:0a brd ff:ff:ff:ff:ff:ff
    inet 172.172.0.10/24 brd 172.172.0.255 scope global eth0
```

```
        valid_lft forever preferred_lft forever
//使用 ip address 命令查看容器的 IP 地址为 172.172.0.10
```

（3）测试 busybox1 容器与 docker01 主机的连通性。

```
# ping -c 2 172.172.0.1
PING 172.172.0.1 (172.172.0.1): 56 data bytes
64 bytes from 172.172.0.1: seq=0 ttl=64 time=0.257 ms
64 bytes from 172.172.0.1: seq=1 ttl=64 time=0.065 ms

--- 172.172.0.1 ping statistics ---
2 packets transmitted, 2 packets received, 0% packet loss
round-trip min/avg/max = 0.065/0.161/0.257 ms
```

从返回信息可知，容器与主机是连通的。

3. 配置 docker02 主机

（1）在 docker02 主机上创建自定义网桥，网桥名称为 docker-br0，为其分配网段 172.172.1.0/24。

```
# docker network create --subnet=172.172.1.0/24 docker-br0
# docker network inspect docker-br0
[
    {
        "Name": "docker-br0",
        "Id": "10ba6b244d93137b8816933b70440f125cf85009ccf42f23a899a941b04a060d",
        "Created": "2024-08-22T18:59:06.890917258+08:00",
        "Scope": "local",
        "Driver": "bridge",
        "EnableIPv6": false,
        "IPAM": {
            "Driver": "default",
            "Options": {},
            "Config": [
                {
                    "Subnet": "172.172.1.0/24"
                }
            ]
        },
        "Internal": false,
        "Attachable": false,
        "Ingress": false,
        "ConfigFrom": {
            "Network": ""
        },
        "ConfigOnly": false,
        "Containers": {},
        "Options": {},
        "Labels": {}
    }
]
```

（2）在 docker02 主机上通过 busybox 镜像创建名称为 busybox2 的容器，并设置容器的 IP 地址为 172.172.1.10。

```
# docker run –dit --net docker-br0 --ip 172.172.1.10 --name busybox2 busybox /bin/sh
# docker exec –it busybox2 /bin/sh
# ip address
1: lo: <LOOPBACK,UP,LOWER_UP> mtu 65536 qdisc noqueue qlen 1000
    link/loopback 00:00:00:00:00:00 brd 00:00:00:00:00:00
    inet 127.0.0.1/8 scope host lo
        valid_lft forever preferred_lft forever
    inet6 ::1/128 scope host
        valid_lft forever preferred_lft forever
5: eth0@if6: <BROADCAST,MULTICAST,UP,LOWER_UP,M-DOWN> mtu 1500 qdisc noqueue
    link/ether 02:42:ac:ac:01:0a brd ff:ff:ff:ff:ff:ff
    inet 172.172.1.10/24 brd 172.172.1.255 scope global eth0
        valid_lft forever preferred_lft forever
//使用 ip address 命令查看容器的 IP 地址为 172.172.1.10
```

（3）测试 busybox2 容器与 docker02 主机的连通性。

```
# ping –c 2 172.172.1.1
PING 172.172.1.1 (172.172.1.1): 56 data bytes
64 bytes from 172.172.1.1: seq=0 ttl=64 time=0.180 ms
64 bytes from 172.172.1.1: seq=1 ttl=64 time=0.061 ms

--- 172.172.1.1 ping statistics ---
2 packets transmitted, 2 packets received, 0% packet loss
round-trip min/avg/max = 0.061/0.120/0.180 ms
```

从返回信息可知，容器与主机是连通的。

（4）在 docker01 上进入 busybox1 容器，测试其与 busybox2 容器的连通性。

```
# docker exec –it busybox1 /bin/sh
# ping –c 2 172.172.1.10
PING 172.172.1.10 (172.172.1.10): 56 data bytes

--- 172.172.1.10 ping statistics ---
2 packets transmitted, 0 packets received, 100% packet loss
```

从返回信息可知，busybox1 容器和 busybox2 容器无法连通。

4. 配置路由表

在 docker01 主机和 docker02 主机上配置路由表，实现 busybox1 容器和 busybox2 容器的连通。

（1）在 docker01 主机上添加路由和 iptables 规则。

```
# ip route add 172.172.1.0/24 via 192.168.200.102 dev ens160
# iptables –P INPUT ACCEPT
# iptables –P FORWARD ACCEPT
# iptables –F
# iptables –L –n
```

（2）在 docker02 主机上添加路由和 iptables 规则。

```
# ip route add 172.172.0.0/24 via 192.168.200.101 dev ens160
# iptables –P INPUT ACCEPT
# iptables –P FORWARD ACCEPT
# iptables –F
# iptables –L –n
```

（3）在 docker01 主机上进入 busybox1 容器，测试其与 busybox2 容器的连通性。

```
# docker exec -it busybox1 /bin/sh
# ping -c 4 172.172.1.10
PING 172.172.1.10 (/ # ping -c 2 172.172.1.10
PING 172.172.1.10 (172.172.1.10): 56 data bytes
64 bytes from 172.172.1.10: seq=0 ttl=62 time=0.730 ms
64 bytes from 172.172.1.10: seq=1 ttl=62 time=0.532 ms

--- 172.172.1.10 ping statistics ---
2 packets transmitted, 2 packets received, 0% packet loss
round-trip min/avg/max = 0.532/0.631/0.730 ms
```

从返回信息可知，busybox1 容器和 busybox2 容器是连通的。

任务 2：定义 Flannel 网络，实现跨主机 Docker 容器的互联

1. 任务环境准备

本任务选用两台部署在 VMware Workstation pro 16 中的 RHEL 8.1 虚拟机，虚拟机均已预先安装好 Docker-CE 26.1.3，并与外部网络互通，且关闭防火墙和 SELinux。各虚拟机基本配置信息如表 4-3 所示。

V4-2 定义 Flannel 网络，实现跨主机 Docker 容器的互联（1）

V4-3 定义 Flannel 网络，实现跨主机 Docker 容器的互联（2）

V4-4 定义 Flannel 网络，实现跨主机 Docker 容器的互联（3）

表 4-3　各虚拟机基本配置信息

主机	IP 地址	需安装软件
docker1	192.168.200.101/24	etcd、Flannel、Docker
docker2	192.168.200.102/24	etcd、Flannel、Docker

2. 配置 docker1 主机

（1）将所需的 etcd 和 Flannel 软件包上传到/root 目录中，并使用 ls 命令进行查看。

```
# ls /root
anaconda-ks.cfg   etcd-v3.3.9-linux-amd64.tar.gz   flannel-v0.10.0-linux-amd64.tar.gz
```

（2）解压 etcd 和 Flannel 软件包。

```
# mkdir etcd flannel
# tar -xf flannel-v0.10.0-linux-amd64.tar.gz -C flannel/
# tar -xf etcd-v3.3.9-linux-amd64.tar.gz -C etcd/
```

（3）将 etcd 和 Flannel 软件包中的以下文件复制到/usr/local/bin 目录中。

```
# cd flannel
# cp flanneld mk-docker-opts.sh /usr/local/bin/
# cd /root/etcd/etcd-v3.3.9-linux-amd64
# cp etcd etcdctl /usr/local/bin/
# cd
```

（4）安装 etcd，在/usr/lib/systemd/system 目录中创建 etcd.service 文件。

```
[root@docker1 ~]# vi /usr/lib/systemd/system/etcd.service
//添加如下参数信息
[Unit]
```

```
Description=Etcd
After=network.target

[Service]
User=root
ExecStart=/usr/local/bin/etcd –name etcd1 \
  –data-dir /var/lib/etcd --advertise-client-urls \
  http://192.168.200.101:2379,http://127.0.0.1:2379 \
  --listen-client-urls http://192.168.200.101:2379,http://127.0.0.1:2379
Restart=on-failure
Type=notify
LimitNOFILE=65536

[Install]
WantedBy=multi-user.targe
```

文件编辑完成后，保存文件并退出，返回命令行，启动 etcd 服务。

```
# systemctl daemon-reload
# systemctl start etcd
```

（5）安装 Flannel，添加 Flannel 网络配置信息到 etcd 中。

```
# etcdctl --endpoints http://127.0.0.1:2379 set /coreos.com/network/config '{"Network":
"10.0.0.0/16", "SubnetLen": 24, "SubnetMin": "10.0.1.0","SubnetMax": "10.0.20.0", "Backend": {"Type":
"vxlan"}}'
```

参数说明如下。

① Network：用于指定 Flannel 地址池。

② SubnetLen：用于指定分配给单台宿主机的 docker0 网桥的 IP 地址段的子网掩码的长度。

③ SubnetMin：用于指定最小能够分配的 IP 地址段。

④ SubnetMax：用于指定最大能够分配的 IP 地址段。前面的示例表示每台宿主机都可以分配一个 24 位掩码长度的子网，可以分配的子网为 10.0.1.0/24～10.0.20.0/24，这就意味着在这个网段中最多只能有 20 台宿主机。

⑤ Backend：用于指定数据包的转发方式，默认为 UDP（用户数据报协议）模式；Host-GW 模式的性能最好，但不能跨宿主机网络转发。

（6）在/usr/lib/systemd/system 目录中创建 flanneld.service 文件。

```
# vi /usr/lib/systemd/system/flanneld.service
//添加如下参数信息
[Unit]
Description=Flanneld
Documentation=https://github.com/coreos/flannel
After=network.target
Before=docker.service

[Service]
User=root
ExecStart=/usr/local/bin/flanneld \
--etcd-endpoints=http://192.168.200.101:2379 \
--iface=192.168.200.101 \
```

```
--ip-masq=true \
--etcd-prefix=/coreos.com/network
Restart=on-failure
Type=notify
LimitNOFILE=65536

[Install]
WantedBy=multi-user.target
```

文件编辑完成后，保存文件并退出，返回命令行，启动 Flannel 服务。

```
# systemctl daemon-reload
# systemctl start flanneld
# etcdctl ls /coreos.com/network/subnets        //查看 etcd 中的数据
/coreos.com/network/subnets/10.0.10.0-24
```

（7）查看 Flannel 网卡信息。

```
# ip address
...
4: flannel.1: <BROADCAST,MULTICAST,UP,LOWER_UP> mtu 1450 qdisc noqueue state
UNKNOWN group default
        link/ether b2:4e:77:ea:78:b3 brd ff:ff:ff:ff:ff:ff
        inet 10.0.10.0/32 scope global flannel.1
            valid_lft forever preferred_lft forever
        inet6 fe80::b04e:77ff:feea:78b3/64 scope link
            valid_lft forever preferred_lft forever
```

从显示信息可知，此处 Flannel 网卡的信息与 etcd 的是一样的。

（8）使用 Flannel 提供的脚本将 subnet.env 转写为 Docker 启动参数，默认生成在/run/docker_
opts.env 文件中。

```
# mk-docker-opts.sh
# cat /run/docker_opts.env
DOCKER_OPT_BIP="--bip=10.0.10.1/24"
DOCKER_OPT_IPMASQ="--ip-masq=false"
DOCKER_OPT_MTU="--mtu=1450"
DOCKER_OPTS=" --bip=10.0.10.1/24 --ip-masq=false --mtu=1450"
```

（9）修改/usr/lib/systemd/system/docker.service 文件。

```
[root@docker1  ~]# vi /usr/lib/systemd/system/docker.service
//添加如下参数信息
EnvironmentFile=/run/docker_opts.env
ExecStart=/usr/bin/dockerd $DOCKER_OPTS
```

文件编辑完成后，保存文件并退出，返回命令行，重启 Docker 服务。

```
# systemctl daemon-reload
# systemctl restart docker
```

（10）查看 docker0 网桥的信息。

```
# ip address
...
3: docker0: <NO-CARRIER,BROADCAST,MULTICAST,UP> mtu 1450 qdisc noqueue state
DOWN group default
        link/ether 02:42:64:76:09:f8 brd ff:ff:ff:ff:ff:ff
```

```
        inet 10.0.10.1/24 brd 10.0.10.255 scope global docker0
            valid_lft forever preferred_lft forever
    4:  flannel.1: <BROADCAST,MULTICAST,UP,LOWER_UP> mtu 1450 qdisc noqueue state
UNKNOWN group default
        link/ether b2:4e:77:ea:78:b3 brd ff:ff:ff:ff:ff:ff
        inet 10.0.10.0/32 scope global flannel.1
            valid_lft forever preferred_lft forever
        inet6 fe80::b04e:77ff:feea:78b3/64 scope link
            valid_lft forever preferred_lft forever
```

从显示信息可知，此处 docker0 网桥的 IP 地址位于 Flannel 网卡的网段中。

3. 配置 docker2 主机

（1）将所需的 etcd 和 Flannel 软件包上传到/root 目录中，并使用 ls 命令进行查看。

```
# ls /root
anaconda-ks.cfg   etcd-v3.3.9-linux-amd64.tar.gz   flannel-v0.10.0-linux-amd64. tar.gz
```

（2）解压 etcd 和 Flannel 软件包。

```
# mkdir etcd flannel
# tar -xf flannel-v0.10.0-linux-amd64.tar.gz -C flannel/
# tar -xf etcd-v3.3.9-linux-amd64.tar.gz -C etcd/
```

（3）将 etcd 和 Flannel 软件包中的以下文件复制到/usr/local/bin 目录中。

```
cd flannel
# cp flanneld mk-docker-opts.sh /usr/local/bin/
# cd /root/etcd/etcd-v3.3.9-linux-amd64
# cp etcd etcdctl /usr/local/bin/
# cd
```

（4）安装 etcd，在/usr/lib/systemd/system 目录中创建 etcd.service 文件。

```
# vi /usr/lib/systemd/system/etcd.service
//添加如下参数信息
[Unit]
Description=Etcd
After=network.target

[Service]
User=root
ExecStart=/usr/local/bin/etcd -name etcd1 \
    -data-dir /var/lib/etcd --advertise-client-urls \
    http://192.168.200.101:2379,http://127.0.0.1:2379 \
    --listen-client-urls http://192.168.200.102:2379,http://127.0.0.1:2379
Restart=on-failure
Type=notify
LimitNOFILE=65536

[Install]
WantedBy=multi-user.targe
```

文件编辑完成后，保存文件并退出，返回命令行，启动 etcd 服务。

```
# systemctl daemon-reload
# systemctl start etcd
```

（5）安装 Flannel，添加 Flannel 网络配置信息到 etcd 中。

```
# etcdctl --endpoints http://192.168.200.101:2379 set /coreos.com/network/config '{"Network": "10.0.0.0/
16", "SubnetLen": 24, "SubnetMin": "10.0.1.0","SubnetMax": "10.0.20.0", "Backend": {"Type": "vxlan"}}'
```

（6）在/usr/lib/systemd/system 目录中创建 flanneld.service 文件。

```
[root@docker2 flannel]# vi /usr/lib/systemd/system/flanneld.service
//添加如下参数信息
[Unit]
Description=Flanneld
Documentation=https://github.com/coreos/flannel
After=network.target
Before=docker.service

[Service]
User=root
ExecStart=/usr/local/bin/flanneld \
--etcd-endpoints=http://192.168.200.101:2379 \
--iface=192.168.200.102 \
--ip-masq=true \
--etcd-prefix=/coreos.com/network
Restart=on-failure
Type=notify
LimitNOFILE=65536

[Install]
WantedBy=multi-user.target
```

文件编辑完成后，保存文件并退出，返回命令行，启动 Flannel 服务。

```
# systemctl daemon-reload
# systemctl start flanneld
```

（7）在 docker1 主机上查看 etcd 中的数据。

```
# etcdctl ls /coreos.com/network/subnets
/coreos.com/network/subnets/10.0.10.0-24
/coreos.com/network/subnets/10.0.8.0-24
```

（8）在 docker2 主机上查看 Flannel 网卡的信息。

```
# ip address
...
4: flannel.1: <BROADCAST,MULTICAST,UP,LOWER_UP> mtu 1450 qdisc noqueue state
UNKNOWN group default
    link/ether 16:d0:6e:48:56:1a brd ff:ff:ff:ff:ff:ff
    inet 10.0.8.0/32 scope global flannel.1
       valid_lft forever preferred_lft forever
    inet6 fe80::14d0:6eff:fe48:561a/64 scope link
       valid_lft forever preferred_lft forever
```

（9）使用 Flannel 提供的脚本将 subnet.env 转写为 Docker 启动参数，默认生成在/run/docker_opts.env 文件中。

```
# mk-docker-opts.sh
# cat /run/docker_opts.env
```

```
DOCKER_OPT_BIP="--bip=10.0.8.1/24"
DOCKER_OPT_IPMASQ="--ip-masq=false"
DOCKER_OPT_MTU="--mtu=1450"
DOCKER_OPTS=" --bip=10.0.8.1/24 --ip-masq=false --mtu=1450"
```

（10）修改/usr/lib/systemd/system/docker.service 文件。

```
[root@docker2 ~]# vi /usr/lib/systemd/system/docker.service
//添加如下参数信息
EnvironmentFile=/run/docker_opts.env
ExecStart=/usr/bin/dockerd $DOCKER_OPTS
```

文件编辑完成后，保存文件并退出，返回命令行，重启 Docker 服务。

```
# systemctl daemon-reload
# systemctl restart docker
```

（11）在 docker2 主机上查看 docker0 网桥的信息。

```
# ip address
...
3: docker0: <NO-CARRIER,BROADCAST,MULTICAST,UP> mtu 1450 qdisc noqueue state
DOWN group default
    link/ether 02:42:51:97:69:8f brd ff:ff:ff:ff:ff:ff
    inet 10.0.8.1/24 brd 10.0.8.255 scope global docker0
        valid_lft forever preferred_lft forever
4: flannel.1: <BROADCAST,MULTICAST,UP,LOWER_UP> mtu 1450 qdisc noqueue state
UNKNOWN group default
    link/ether 16:d0:6e:48:56:1a brd ff:ff:ff:ff:ff:ff
    inet 10.0.8.0/32 scope global flannel.1
        valid_lft forever preferred_lft forever
    inet6 fe80::14d0:6eff:fe48:561a/64 scope link
        valid_lft forever preferred_lft forever
```

4. 生成容器并测试容器之间的连通性

（1）在 docker1 主机上利用 busybox 镜像生成容器。

```
# docker run -it busybox
# ip address
1: lo: <LOOPBACK,UP,LOWER_UP> mtu 65536 qdisc noqueue qlen 1000
    link/loopback 00:00:00:00:00:00 brd 00:00:00:00:00:00
    inet 127.0.0.1/8 scope host lo
        valid_lft forever preferred_lft forever
    inet6 ::1/128 scope host
        valid_lft forever preferred_lft forever
5: eth0@if6: <BROADCAST,MULTICAST,UP,LOWER_UP,M-DOWN> mtu 1450 qdisc
noqueue
    link/ether 02:42:0a:00:0a:02 brd ff:ff:ff:ff:ff:ff
    inet 10.0.10.2/24 brd 10.0.10.255 scope global eth0
        valid_lft forever preferred_lft forever
//docker1 主机上容器的 IP 地址为 10.0.10.2
```

（2）在 docker2 主机上利用 busybox 镜像生成容器。

```
# docker run -it busybox
# ip address
1: lo: <LOOPBACK,UP,LOWER_UP> mtu 65536 qdisc noqueue qlen 1000
```

```
        link/loopback 00:00:00:00:00:00 brd 00:00:00:00:00:00
        inet 127.0.0.1/8 scope host lo
            valid_lft forever preferred_lft forever
        inet6 ::1/128 scope host
            valid_lft forever preferred_lft forever
    5: eth0@if6: <BROADCAST,MULTICAST,UP,LOWER_UP,M-DOWN> mtu 1450 qdisc noqueue
        link/ether 02:42:0a:00:08:02 brd ff:ff:ff:ff:ff:ff
        inet 10.0.8.2/24 brd 10.0.8.255 scope global eth0
            valid_lft forever preferred_lft forever
    // docker2 主机上容器的 IP 地址为 10.0.8.2
```

（3）在 docker2 主机的容器上，测试其与 docker1 主机上容器的连通性。

```
# ping -c 2 10.0.10.2
PING 10.0.10.2 (10.0.10.2): 56 data bytes
64 bytes from 10.0.10.2: seq=0 ttl=62 time=0.652 ms
64 bytes from 10.0.10.2: seq=1 ttl=62 time=0.679 ms

--- 10.0.10.2 ping statistics ---
2 packets transmitted, 2 packets received, 0% packet loss
round-trip min/avg/max = 0.652/0.665/0.679 ms
```

从显示结果可以看到，两个容器是连通的。

【任务实训】在 Docker 环境下实现跨主机容器的互相通信

【实训目的】

1. 掌握 Docker 自定义网络的配置。
2. 掌握跨主机容器通信的基本配置。

【实训步骤】

1. 实训环境准备。

本实训选用两台部署在 VMware Workstation pro 16 中的 RHEL 8.1 虚拟机，虚拟机均已预先安装好 Docker-CE 26.1.3，并与外部网络互通，且关闭防火墙和 SELinux。各虚拟机基本配置信息如表 4-4 所示。

V4-5　在 Docker 环境下实现跨主机容器的互相通信（1）

V4-6　在 Docker 环境下实现跨主机容器的互相通信（2）

表 4-4　各虚拟机基本配置信息

主机名	IP 地址	容器名	容器 IP 地址
docker01	192.168.200.101/24	busybox01	192.168.1.10
docker02	192.168.200.102/24	busybox02	192.168.2.10

在各主机上，使用下列命令验证实训环境。

```
# docker --version                          //查看已安装 Docker 的版本
Docker version 26.1.3, build b72abbb
# systemctl status firewalld                //查看防火墙的状态
● firewalld.service - firewalld - dynamic firewall daemon
    Loaded: loaded (/usr/lib/systemd/system/firewalld.service; disabled; vendor preset: enabled)
    Active: inactive (dead)                  //防火墙已关闭
      Docs: man:firewalld(1)
```

```
# getenforce                                              //查看 SELinux 的状态
Disabled                                                  //SELinux 已关闭
```

2. 根据表 4-4 所示的信息，在 docker01 主机上建立容器，并分配 IP 地址。

（1）在 docker01 主机上创建自定义网桥，网桥名称为 docker-br0，为其分配网段 192.168.1.0/24。

```
# docker network create --subnet=192.168.1.0/24 docker-br0
# docker network inspect docker-br0 | grep "Subnet"
                    "Subnet": "192.168.1.0/24"
```

从命令的返回信息可知，docker-br0 网桥分配的网段为 192.168.1.0/24。

（2）在 docker01 主机上通过 busybox 镜像创建名称为 busybox01 的容器，并设置容器的 IP 地址为 192.168.1.10。

```
# docker run -dit --net docker-br0 --ip 192.168.1.10 --name busybox01 busybox:latest /bin/sh
# docker inspect -f '{{range .NetworkSettings.Networks}}{{.IPAddress}}{{end}}' busybox01
192.168.1.10
```

从命令的返回信息可知，busybox01 容器分配的 IP 地址为 192.168.1.10。

（3）测试 busybox01 容器与 docker01 主机的连通性。

```
# docker exec -it busybox01 /bin/sh
# ping -c 2 192.168.1.1
PING 192.168.1.1 (192.168.1.1): 56 data bytes
64 bytes from 192.168.1.1: seq=0 ttl=64 time=0.207 ms
64 bytes from 192.168.1.1: seq=1 ttl=64 time=0.063 ms

--- 192.168.1.1 ping statistics ---
2 packets transmitted, 2 packets received, 0% packet loss
round-trip min/avg/max = 0.063/0.135/0.207 ms
```

从命令的返回信息可知，busybox01 容器与 docker01 主机是连通的。

3. 根据表 4-4 所示的信息，在 docker02 主机上建立容器，并分配 IP 地址。

（1）在 docker02 主机上创建自定义网桥，网桥名称为 docker-br0，为其分配网段 192.168.2.0/24。

```
# docker network create --subnet=192.168.2.0/24 docker-br0
# docker network inspect docker-br0 | grep "Subnet"
                    "Subnet": "192.168.2.0/24"
```

从命令的返回信息可知，docker-br0 网桥分配的网段为 192.168.2.0/24。

（2）在 docker02 主机上通过 busybox 镜像创建名称为 busybox02 的容器，并设置容器的 IP 地址为 192.168.2.10。

```
# docker run -dit --net docker-br0 --ip 192.168.2.10 --name busybox02 busybox:latest
/bin/sh
# docker inspect -f '{{range .NetworkSettings.Networks}}{{.IPAddress}}{{end}}' busybox02
192.168.2.10
```

从命令的返回信息可知，busybox02 容器分配的 IP 地址为 192.168.2.10。

（3）测试 busybox02 容器与 docker02 主机的连通性。

```
# docker exec -it busybox02 /bin/sh
# ping -c 2 192.168.2.1
PING 192.168.2.1 (192.168.2.1): 56 data bytes
64 bytes from 192.168.2.1: seq=0 ttl=64 time=0.138 ms
64 bytes from 192.168.2.1: seq=1 ttl=64 time=0.061 ms
```

```
--- 192.168.2.1 ping statistics ---
2 packets transmitted, 2 packets received, 0% packet loss
round-trip min/avg/max = 0.061/0.099/0.138 ms
```

从命令的返回信息可知，busybox02 容器与 docker02 主机是连通的。

（4）在 busybox02 容器下，测试其与 busybox01 容器的连通性。

```
# ping -c 2 192.168.1.10
PING 192.168.1.10 (192.168.1.10): 56 data bytes

--- 192.168.1.10 ping statistics ---
2 packets transmitted, 0 packets received, 100% packet loss
```

从命令的返回信息可知，busybox01 容器和 busybox02 容器无法连通。

4. 配置路由表。

在 docker01 主机和 docker02 主机上配置路由表，实现 busybox01 容器和 busybox02 容器的连通。

（1）在 docker01 主机上添加路由和 iptables 规则。

```
# ip route add 192.168.2.0/24 via 192.168.200.102 dev ens160
# iptables -P INPUT ACCEPT
# iptables -P FORWARD ACCEPT
# iptables -F
# iptables -L -n
```

（2）在 docker02 主机上添加路由和 iptables 规则。

```
# ip route add 192.168.1.0/24 via 192.168.200.101 dev ens160
# iptables -P INPUT ACCEPT
# iptables -P FORWARD ACCEPT
# iptables -F
# iptables -L -n
```

5. 测试连通性。

在 docker02 主机的 busybox02 容器内，再次测试其与 docker01 主机的 busybox01 容器的连通性。

```
# ping -c 2 192.168.1.10
PING 192.168.1.10 (192.168.1.10): 56 data bytes
64 bytes from 192.168.1.10: seq=0 ttl=62 time=0.654 ms
64 bytes from 192.168.1.10: seq=1 ttl=62 time=0.566 ms

--- 192.168.1.10 ping statistics ---
2 packets transmitted, 2 packets received, 0% packet loss
round-trip min/avg/max = 0.566/0.610/0.654 ms
```

从命令的返回信息可知，busybox01 容器和 busybox02 容器是连通的。

任务 4.2　Docker 数据卷管理

【任务要求】

公司员工通过参考操作手册，已经能较好地理解和应用 Docker 网络技术。但在实际应用中，存在数据无法持久化存储、无法实现容器间数据共享等问题。通过查阅资料，小王了解到 Docker 数据卷适用于实现数据的持久化、容器间的数据共享，以及数据的备份、恢复和迁移等。因此，小王继续编写了 Docker 数据卷管理操作手册，以供公司相关技术人员学习。

【相关知识】

4.2.1 认识 Docker 数据卷

Docker 镜像由多个文件系统（只读）叠加而成。启动一个容器时，Docker 会加载所有的只读层，并在最上层添加一个可写层。当运行中的容器需要修改某个文件时，Docker 不会修改只读层文件，而是将文件从只读层复制到可写层中进行修改。这样，只读层的文件就会被隐藏起来。删除容器或重启容器后，之前对文件所做的更改会丢失。为了在使用过程中实现对数据的持久化操作，或者实现多个容器之间的数据共享，Docker 容器提供了两种方式对数据管理进行操作。

（1）数据卷（Data Volume）：通过在容器中创建数据卷，将本地的目录或文件挂载到容器内的数据卷中。

（2）数据卷容器（Data Volume Container）：通过使用数据卷容器在容器和主机、容器和容器之间共享数据，实现数据的备份和恢复。

数据卷是一个可供容器使用的特殊目录，它将本地主机目录直接映射到容器，可以很方便地将数据添加到容器中供其中的进程使用，类似于 Linux 中的 mount 操作。多个容器可以共享同一个数据卷。

数据卷具有如下特性。

（1）数据卷可以在容器之间共享和重用。

（2）无论是容器内的操作还是本地操作，对数据卷内数据的操作都会立即生效。

（3）对数据卷的操作不会影响到镜像。

（4）数据卷的生命周期独立于容器的生命周期，即使删除容器，数据也会一直存在，没有被任何容器使用的数据也不会被 Docker 删除。

4.2.2 数据卷容器

如果用户需要在多个容器之间共享一些持久化的数据，则可以使用数据卷容器。数据卷容器是一个容器，专门用于提供数据卷以供其他容器挂载。

数据卷容器工作原理：定制生成一个容器来挂载某个目录，该容器并不需要运行，其他容器可以使用--volumes-from 选项来挂载。可以多次使用--volumes-from 选项从多个容器挂载多个数据卷，也可以从其他挂载了数据卷容器的容器挂载数据卷。

【任务实现】

任务：Docker 数据卷常用操作

1. 创建数据卷

在运行容器时，可以使用-v 选项为容器

V4-7 Docker 数据卷常用操作（1）   V4-8 Docker 数据卷常用操作（2）   V4-9 Docker 数据卷常用操作（3）

添加数据卷。如果容器中指定的文件夹不存在，则会自动生成文件夹。例如，利用 nginx 镜像创建 nginx01 容器，创建一个随机名称的数据卷，并挂载到容器的/data 目录中，其代码如下。

```
# docker run -dit --name nginx01 -v /data nginx:latest /bin/bash
```

可以使用 docker inspect 命令查看容器挂载情况。

```
# docker inspect -f "{{.Mounts}}" nginx01
[{volume 61c967774cd54ce933ac878ce0c18d489e4f9a82c8c468db11d3bc2eaaf911ce /var/lib/
docker/volumes/61c967774cd54ce933ac878ce0c18d489e4f9a82c8c468db11d3bc2eaaf911ce/_dat
a /data local    true }]
//卷名为 61c967774cd54ce933ac878ce0c18d489e4f9a82c8c468db11d3bc2eaaf911ce
```

Docker 创建数据卷时，会在宿主机的/var/lib/docker/volumes/目录中创建一个以数据卷 ID 为名称的目录，并将数据卷中的内容存储到/data 目录中。

也可创建一个指定名称的数据卷，并挂载到容器的/data 目录中。

```
# docker run -dit --name nginx02 -v volumetest:/data nginx:latest /bin/bash
```

使用 docker volume inspect 命令可以获得数据卷在宿主机中的信息。

```
# docker volume inspect volumetest
[
    {
        "CreatedAt": "2024-09-01T11:01:56+08:00",
        "Driver": "local",
        "Labels": null,
        "Mountpoint": "/var/lib/docker/volumes/volumetest/_data",
        "Name": "volumetest",
        "Options": null,
        "Scope": "local"
    }
]
```

以上命令都可以将自行创建或者由 Docker 创建的数据卷挂载到容器中。Docker 也允许将宿主机的目录挂载到容器中。

```
# docker run -dit --name nginx03 -v /usr/dir:/container/dir nginx:latest /bin/bash
```

以上命令将宿主机的/user/dir 本地目录挂载到容器的/container/dir 目录中。宿主机的本地目录必须是绝对路径，如果宿主机中不存在该目录，则 Docker 会自动创建该目录。/user/dir 目录中的所有内容都可以在容器的/container/dir 目录中以读写的权限被访问。

```
# docker run -dit --name nginx04 -v /user/dir:/container/dir nginx:latest /bin/bash
# docker exec -it nginx04 /bin/bash                    //进入容器
# cd /container/dir/                                   //切换至/container/dir 目录
root@6e1a6352124e:/# echo "welcome user volume" >/container/dir/user.txt //创建测试文件
root@6e1a6352124e:/# exit
# cat /user/dir/user.txt                              //在宿主机上查看测试文件内容
welcome user volume
```

从以上命令的返回信息可知，挂载后，容器内的目录内容与宿主机的本地目录内容是一致的。Docker 挂载数据卷的默认权限是读写。也可在挂载数据卷时，通过使用:ro 设置数据卷的访问权限为只读。

```
# docker run -it --name nginx05 -v /user/dir:/container/dir:ro nginx:latest /bin/sh
# echo "welcome use volume">/container/dir/user.txt
/bin/sh: 1: cannot create /container/dir/user.txt: Read-only file system
```

从以上命令的返回信息可知，由于挂载数据卷时，选择以:ro 方式挂载，因此在容器的
/container/dir 目录中执行写操作会失败。

Docker 允许在创建新容器时使用多个-v 选项为容器添加多个数据卷。

```
# docker run –it --name nginx06  -v /data1 -v /data2 -v /host/dir:/container/dir nginx:latest
/bin/bash
root@ff9cbf4950d3:/# ls –d /data1 /data2 /container/dir/
/container/dir/   /data1   /data2
```

从命令的返回信息可知，实现了多数据卷挂载。

2. 共享数据卷

如果要授权一个容器访问另一个容器的数据卷，则可以使用--volumes-from 选项。

```
# docker run –it –v /var/volume1 –v /var/volume2 --name first_container redhat/ubi8:latest /bin/sh
//创建容器 first_container，容器包含两个数据卷——/var/volume1 和/var/volume2
sh-4.2# echo "this is a volume1">/var/volume1/test1          //创建 test1 文件
sh-4.2# echo "this is a volume2">/var/volume2/test2          //创建 test2 文件
sh-4.2# exit                    //退出 first_container 容器，此时容器状态变为 Exited
# docker run –it --volumes-from first_container --name last_container redhat/ubi8:latest /bin/bash
//创建 last_container 容器，并挂载 first_container 容器中的数据卷
[root@921b5745be7e /]# cat /var/volume1/test1
this is a volume1
[root@921b5745be7e /]# cat /var/volume2/test2
this is a volume2
```

值得注意的是，不管 first_container 容器是否运行，数据卷都会起作用。只要容器连接数据卷，它就不会被删除。如果一些数据（如配置文件、数据文件等）需要在多个容器之间共享，则可以创建一个数据卷容器，其他的容器与之共享数据卷。

3. 使用 Dockerfile 创建数据卷

使用 VOLUME 指令向容器中添加数据卷的代码如下。

```
VOLUME /data
```

在使用 docker build 命令生成镜像并以该镜像启动容器时，会挂载一个数据卷到/data 目录中。如果镜像中存在/data 目录，则该目录中的内容将全部被复制到宿主机对应的目录中，宿主机的目录只能是"/var/lib/docker/xxx"等类似的目录，并根据容器中的文件设置合适的权限和所有者。

也可以使用 VOLUME 指令添加多个数据卷。

```
VOLUME ["/data1","data2"]
```

4. 删除数据卷

使用 docker rm 删除容器时不会删除与数据卷对应的目录，即不会自动删除在/var/lib/docker/volumes 中生成的与数据卷对应的目录。即使可以手动删除，也会因为不确定这些随机生成的目录名称与被删除的容器是否对应而导致操作变得复杂。删除容器且删除数据卷有以下 3 种方法。

（1）使用 docker volume rm <volume_name>命令删除数据卷。

（2）使用 docker rm –v <container_name>命令删除容器。

（3）使用 docker run --rm 命令，--rm 选项会在容器停止运行时删除容器及容器所挂载的数据卷。

```
# docker run –dit --name del_container -v /data redhat/ubi8:latest /bin/bash
# docker volume ls                    //列出所有数据卷
```

```
DRIVER          VOLUME NAME
local           474eba8c573c13ed8d6c5e6d96ec9cedb1ae7c25526c1c92b0d433d1bcb2430a
# docker rm -vf del_container              //删除 del_container 容器
del_container
# docker volume ls
DRIVER                VOLUME NAME
```

需要注意的是，使用 docker rm -v 和 docker run --rm 命令删除数据卷时，只会对挂载在容器上的未命名的数据卷进行删除，并对用户指定名称的数据卷进行保留；使用 docker volume rm 命令删除数据卷时，只有当没有任何容器使用数据卷时，该数据卷才能被删除。

5. 备份、恢复或迁移数据卷

作为数据的载体，可以利用数据卷容器对其中的数据进行备份、恢复，以实现数据的迁移。

（1）备份数据卷。例如，利用 redhat/ubi8:latest 镜像创建 redhatbackup 容器，其包含两个数据卷——/var/volume1 和/var/volume2，代码如下。

```
# docker run -it -v /var/volume1 -v /var/volume2 --name redhatbackup redhat/ubi8:latest /bin/bash
```

在数据卷中添加以下数据。

```
[root@a7b804a5a4a8 /]# echo "volume1" > /var/volume1/volume1.txt
[root@a7b804a5a4a8 /]# echo "volume2" > /var/volume2/volume2.txt
```

利用数据卷容器进行备份，使用--volumes-from 参数加载 redhatbackup 数据卷容器，并将主机当前目录挂载到容器的/backup 目录中，备份 redhatbackup 数据卷容器中的数据。

```
[root@docker1 ~]#  docker run -it --rm --volumes-from redhatbackup -v $(pwd):/backup
redhat/ubi8:latest tar cvf /backup/backup.tar /var/volume1 /var/volume2
```

备份完成后，查看备份文件 backup.tar。

```
# ls
anaconda-ks.cfg   backup.tar
```

删除 redhatbackup 容器的/var/volume1 和/var/volume2 目录中的所有内容，代码如下。

```
[root@a7b804a5a4a8 /]# rm -rvf /var/volume1 /var/volume2
[root@a7b804a5a4a8 /]# ls /var/volume1
[root@a7b804a5a4a8 /]# ls /var/volume2
```

（2）恢复或迁移数据卷。可以将数据恢复到源容器中。例如，将数据卷中的数据恢复到 redhatbackup 容器中，代码如下。

```
# docker run --rm --volumes-from redhatbackup -v $(pwd):/backup redhat/ubi8:latest tar xvf
/backup/backup.tar -C /
```

在 redhatbackup 容器中查看恢复的数据。

```
[root@a7b804a5a4a8 /]# cat /var/volume1/volume1.txt
volume1
[root@a7b804a5a4a8 /]# cat /var/volume2/volume2.txt
volume2
//可以看到数据已经恢复
```

也可以将数据卷中的数据恢复到新的容器中。例如，新建一个容器 redhattest，将备份的数据卷中的数据恢复到 redhattest 容器中，代码如下。

```
# docker run -it -v /var/volume1 -v /var/volume2 --name redhattest redhat/ubi8:latest /bin/bash
[root@61bf2df9a8c3 /]# ls /var/volume1
[root@61bf2df9a8c3 /]# ls /var/volume2
# docker run --rm --volumes-from redhattest -v $(pwd):/backup redhat/ubi8:latest tar xvf
```

```
/backup/backup.tar –C /          //恢复数据卷中的数据到 redhattest 容器中
    [root@61bf2df9a8c3 /]# cat /var/volume1/volume1.txt
    volume1
    [root@61bf2df9a8c3 /]# cat /var/volume2/volume2.txt
    volume2
```

创建容器时，挂载的数据卷路径应尽量与备份的数据卷路径一致。

如果新建容器挂载的数据卷只是备份数据卷的一部分，那么恢复时只会恢复部分数据卷中的数据。

```
# docker run –it –v /var/volume1 ––name redhat2 redhat/ubi8:latest /bin/bash
    [root@ab2a6b1b3b1b /]# ls /var/volume1/
    [root@ab2a6b1b3b1b /]# ls /var/volume2
    ls: cannot access /var/volume2: No such file or directory
```

恢复数据卷中的数据到 redhat2 容器中。

```
# docker run ––rm ––volumes-from redhat2 –v $(pwd):/backup redhat/ubi8:latest tar xvf
/backup/backup.tar –C /
```

在 redhat2 容器中查看恢复的数据。

```
    [root@ab2a6b1b3b1b /]# ls /var/volume1/
    volume1.txt
    [root@ab2a6b1b3b1b /]# ls /var/volume2
    ls: cannot access /var/volume2: No such file or directory
```

当新建容器挂载的数据卷路径与备份的数据卷路径不一致时，会抛出警告信息。

```
# docker run –t –i –v /var/volume3 ––name redhat3 redhat/ubi8:latest /bin/bash
WARNING: IPv4 forwarding is disabled. Networking will not work.
    [root@cf16caf7d24a /]# ls /var/volume3/
    [root@cf16caf7d24a /]#
```

当恢复数据卷中的数据到容器中时，–C 后面的路径必须是容器挂载的路径，否则数据无法恢复。

```
# docker run ––rm ––volumes-from redhat3 –v $(pwd):/backup redhat/ubi8:latest s tar xvf
/backup/backup.tar –C /
```

在 redhat3 容器中查看恢复的数据。

```
    [root@cf16caf7d24a /]# ls /var/volume3/
    [root@cf16caf7d24a /]#
```

添加容器挂载的路径。

```
# docker run ––rm ––volumes-from redhat3 –v $(pwd):/backup redhat/ubi8:latest tar xvf
/backup/backup.tar –C /var/volume3
```

再次在 redhat3 容器中查看恢复的数据。

```
    [root@cf16caf7d24a /]# ls /var/volume3/var/volume1/
    volume1.txt
    [root@cf16caf7d24a /]# ls /var/volume3/var/volume2/
    volume2.txt
```

【任务实训】Docker 数据卷常用命令的使用

【实训目的】

1. 掌握数据卷的创建、删除和挂载方法。
2. 掌握数据卷容器的创建、备份和恢复操作。

V4-10　Docker
数据卷常用命令的
使用

【实训步骤】

1. 创建名为 volume01 的数据卷，并将其挂载到 redhat01 容器的/data 目录中。

```
# docker volume create --name volume01
# docker run -dit --name redhat01 -v volume01:/data redhat/ubi8:latest /bin/bash
```

2. 在宿主机上新建目录/user/user02_volume，在该目录中写入测试文件 test.txt，并将该目录挂载到 redhat02 容器的/data 目录中，进入容器查看文件是否存在。

```
# mkdir -p /user/user02_volume
# echo "test file">/user/user02_volume/test.txt
# docker run -dit --name redhat02 -v /user/user02_volume/:/data redhat/ubi8:latest /bin/bash
# docker exec -it redhat02 /bin/bash
[root@736374a8bbcc /]# ls /data
```

3. 将宿主机上的/user/user03_volume 目录以只读方式挂载到 redhat03 容器的/data 目录中。

```
# mkdir -p /user/user03_volume
# docker run -dit --name redhat03 -v /user/user03_volume/:/data:ro redhat/ubi8:latest /bin/bash
# docker exec -it redhat03 /bin/bash
[root@d57bf328059d /]# echo "test file">/data/test.txt
bash: /data/test.txt: Read-only file system
```

因为以只读方式进行挂载，所以文件写入错误。

4. 在宿主机上新建目录/user/user04_volume1 和/user/user04_volume2，并将目录分别挂载到 redhat04 容器的/data1 和/data2 目录中。

```
# mkdir /user/user04_volume1
# mkdir /user/user04_volume2
# docker run -dit --name redhat04 -v /user/user04_volume:/data1 -v /user/user04_volume2:/data2 redhat/ubi8:latest /bin/bash
# docker exec -it redhat04 /bin/bash
[root@8f0d29bb614f /]# ls data*
```

5. 新建名为 volume05 的数据卷，并将该数据卷分别挂载到容器 redhat5-1 和 redhat5-2 的/data 目录中，以实现数据共享，并进行验证。

```
# docker volume create volume05
# docker run -dit --name redhat5-1 -v volume05:/data redhat/ubi8:latest /bin/bash
# docker run -dit --name redhat5-2 -v volume05:/data redhat/ubi8:latest /bin/bash
# docker exec -it redhat5-1 /bin/bash
[root@f7d75f57cd00 /]# echo " redhat5-1">/data/ redhat5-1.txt
[root@f7d75f57cd00 /]# ls /data
redhat5-1.txt
[root@f7d75f57cd00 /]# exit                    //退出容器
# docker exec -it redhat5-2 /bin/bash
[root@109b79a305f1 /]# ls /data
redhat5-1.txt
```

6. 新建数据卷 volume06，查看 volume06 数据卷的详细信息。

```
# docker volume create volume06
# docker volume ls                    //查看已创建的数据卷
DRIVER      VOLUME NAME
local       4e94d178e0f26f035f0cb434d1a9c389db7e45a6156ab7e47a68f291ba52aff3
```

```
local       volume01
local       volume05
local       volume06
# docker inspect volume06
[
    {
            "CreatedAt": "2024-08-23T09:23:04+08:00",
            "Driver": "local",
            "Labels": null,
            "Mountpoint": "/var/lib/docker/volumes/volume06/_data",
            "Name": "volume06",
            "Options": null,
            "Scope": "local"
    }
]
```
7. 查看宿主机上已建立的数据卷，并删除步骤 6 中建立的 volume06 数据卷。
```
# docker volume ls
# docker volume rm volume06
```

【项目练习题】

1. 单选题

（1）Docker 容器默认网络模式是（　　）。

　　A. bridge　　　　　B. host　　　　　C. container　　　　D. none

（2）以下（　　）网段通常是 Docker 分配给 docker0 网桥的。

　　A. 172.16.0.0/16　　B. 172.17.0.0/16　　C. 172.18.0.0/16　　D. 172.19.0.0/16

（3）以下（　　）命令用来显示一个或多个网络的详细信息。

　　A. docker network ls　　　　　　B. docker network connect

　　C. docker network prune　　　　　D. docker network inspect

（4）在 Docker 中，Overlay 网络用于连接（　　）。

　　A. 不同宿主机上的容器　　　　　B. 相同宿主机上的容器

　　C. 相同环境中的容器　　　　　　D. 不同环境中的宿主机

（5）以下（　　）网络模式会使容器与宿主机共享同一个网络命名空间。

　　A. bridge　　　　　B. host　　　　　C. container　　　　D. none

（6）Docker 中，以下（　　）准确地描述了数据卷的概念。

　　A. 数据卷是用于存储容器生成或使用的数据的临时文件系统

　　B. 数据卷是 Docker 用来管理容器间数据持久化和共享的特殊目录

　　C. 数据卷是 Docker 镜像的不可变部分，用于预装应用程序和数据

　　D. 数据卷是一种高级网络功能，用于在容器间传输大量数据

（7）创建一个名为 mydata 的数据卷，可以使用的命令是（　　）。

　　A. docker run -v mydata:/path/to/data myimage

　　B. docker volume create mydata

C. docker volume ls

D. docker inspect mydata

（8）在运行 Docker 容器时，使用（　　）命令可以指定使用名为 myvol 的数据卷并将其挂载到容器的/app/data 目录。

A. docker run –d --volume-from myvol myimage

B. docker run –d –v /app/data:myvol myimage

C. docker run –d –v myvol:/app/data myimage

D. docker run –d –v/myvol:/app/data myimage

（9）Docker 数据卷与 Docker 镜像之间的主要区别是（　　）。

A. 数据卷用于存储临时数据，镜像用于存储应用程序

B. 数据卷是容器的一部分，镜像则不是

C. 数据卷可以独立于容器存在，而镜像的生命周期与容器紧密相关

D. 数据卷与镜像都可以用来在不同容器间共享数据

（10）在 Web 应用开发中，使用 Docker 时，推荐将数据库数据存储在数据卷而非容器内部的原因是（　　）。

A. 数据卷提供了更好的性能

B. 数据卷能自动备份数据

C. 数据卷支持数据的持久化和在不同容器间的数据共享，便于数据迁移和维护

D. 数据卷比容器内部的文件系统更安全

2. 判断题

（1）默认情况下，Docker 容器可以直接相互通信，无须任何额外配置。（　　）

（2）Docker 只支持 bridge 和 host 两种网络模式。（　　）

（3）使用 Docker 的默认 bridge 网络模式可以实现完美的网络隔离，确保容器间不会相互干扰。（　　）

（4）使用 docker network create 命令可以创建自定义网络，但无法指定网络类型。（　　）

（5）容器在启动时不能指定要连接的网络，只能在创建后使用 docker network connect 命令添加。（　　）

（6）Docker 数据卷是 Docker 用于在容器间持久化数据和共享数据的特殊目录，与容器的生命周期解绑。（　　）

（7）当挂载它的最后一个容器停止运行时，Docker 数据卷默认会被自动删除。（　　）

（8）多个容器可以挂载同一个 Docker 数据卷，实现数据共享，但容器间对共享数据的访问权限是相互隔离的。（　　）

（9）Docker 数据卷的主要优点包括数据持久化、容器间数据共享、易于备份和迁移，但其缺点是可能会增加系统复杂性。（　　）

（10）在 Web 应用部署中，通常会将数据库、日志文件等存储在 Docker 数据卷中，以便于数据的持久化和备份。（　　）

3. 简答题

（1）Docker 默认的网络模式是什么？简述其特点。

（2）如何创建一个自定义的 Docker 网络？

（3）Docker 数据卷可以通过几种方式创建？

项目5
Docker编排工具

05

Docker平台及周边生态系统提供了很多工具来管理容器的生命周期。容器编排工具将生命周期管理能力扩展到可在集群上部署复杂的、多容器的工作负载。本项目通过两个任务介绍Compose编排工具和Swarm编排工具的使用。

【知识目标】

- 了解容器编排的管理方法。
- 了解容器编排的基本使用方法。
- 了解容器集群的管理方法。
- 了解容器集群的基本使用方法。

【能力目标】

- 掌握Compose编排工具的使用方法。
- 掌握Swarm编排工具的使用方法。

【素质目标】

- 培养集体主义精神和共同奋斗的意识。
- 培养敢于创新、勇于尝试的精神。
- 增强文化自信和民族认同感。

任务 5.1 Compose 编排工具的使用

【任务要求】

工程师小王在对 Docker 技术进行学习后，发现当有大量 Docker 容器需要手动部署时效率较低。通过查阅相关资料，小王发现可利用 Docker Compose（简称 Compose）工具来更高效地部署容器，于是公司安排小王编写 Compose 工具的安装及使用手册，以供公司相关技术人员学习，并在公司内部推广该技术。

【相关知识】

5.1.1　Compose 工具

通过前面项目的学习可以知道，在使用 Docker 的时候，可以通过定义 Dockerfile，并使用 docker build、docker run 等命令操作容器。然而，微服务架构的应用系统通常包括若干个微服务，每个微服务又会部署多个实例。如果每个微服务都要手动启动和暂停，则会带来效率低、维护量大的问题，而使用 Compose 工具可以轻松、高效地管理容器。

Compose 是 Docker 官方的开源项目，定位是"定义和运行多个 Docker 容器应用的工具"，其前身是 Fig，负责实现对 Docker 容器集群的快速编排。Compose 通过 YAML 配置文件来创建和运行所有服务。

在 Docker 中构建自定义镜像是通过使用 Dockerfile 模板文件来实现的，从而使用户方便地定义一个单独的应用容器。而 Compose 使用的模板文件是一个 YAML 文件，它允许用户通过一个 docker-compose.yml 模板文件来定义一组相关联的应用容器为一个项目。

Compose 项目使用 Python 编写而成，调用了 Docker 服务提供的 API 来对容器进行管理。因此，只要操作的平台支持 Docker API，就可以在其上利用 Compose 工具来进行编排管理。

Compose 有以下两个重要概念。

（1）服务（Service）：一个应用的容器，实际上可以包括若干运行相同镜像的容器实例。每个服务都有自己的名称、使用的镜像、挂载的数据卷、所属的网络、依赖的服务等。

（2）项目（Project）：由一组关联的应用容器组成的一个完整业务单元在 docker-compose.yml 中定义，即 Compose 的一个配置文件可以解析为一个项目，Compose 通过分析指定配置文件得出配置文件所需完成的所有容器管理与部署操作。

Compose 的默认管理对象是项目，通过子命令对项目中的一组容器进行便捷的生命周期管理。

5.1.2　Compose 的常用命令

Compose 的常用命令位于 docker-compose 主命令后面。docker-compose 主命令的格式如下。

```
docker-compose [options] [COMMAND] [ARGS...]
```

其常用 option 选项说明如下。

（1）-f：指定 Compose 配置文件，默认为 docker-compose.yml。

（2）-p：指定项目名称，默认为目录名。

（3）--verbose：显示更多的输出内容。

Compose 的常用命令介绍如下。

1. 列出容器

ps 命令用于列出所有运行的容器，其格式如下。

```
ps [options] [SERVICE...]
```

其常用选项说明如下。

-q：只显示容器 ID。

例如，列出所有运行容器的代码如下。

```
docker-compose ps
```

2. 查看服务日志输出

logs 命令用于查看服务日志输出，其格式如下。

logs [options] [SERVICE...]

其常用选项说明如下。

（1）-f、--follow：实时输出日志。

（2）-t、--timestamps：显示时间戳。

（3）--tail="all"：从日志末尾显示行。

例如，查看 nginx 的实时输出日志的代码如下。

docker-compose logs -f nginx

3. 输出绑定的公共端口

port 命令用于输出绑定的公共端口，其格式如下。

port [options] SERVICE PRIVATE_PORT

其常用选项说明如下。

（1）--protocol=proto：TCP（传输控制协议）或 UDP，默认为 TCP。

（2）--index=index：如果同意服务存在多个容器，指定命令对象容器的序号，默认值为 1。

例如，输出 eureka 服务 8761 端口所绑定的公共端口的代码如下。

docker-compose port eureka 8761

4. 构建或重新构建服务

build 命令用于构建或重新构建服务，其格式如下。

build [options] [--build-arg key=val...] [SERVICE...]

其常用选项说明如下。

（1）--no-cache：构建镜像过程中不使用缓存。

（2）--build-arg key=val：设置构建时的变量。

例如，重新构建服务，不使用缓存的代码如下。

docker-compose build

5. 启动特定的服务

start 命令用于启动已经创建，但已停止服务的容器，其格式如下。

start [SERVICE...]

例如，启动 nginx 容器的代码如下。

docker-compose start nginx

6. 停止特定的服务

stop 命令用于停止已运行服务的容器，其格式如下。

stop [SERVICE...]

例如，停止 nginx 容器的代码如下。

docker-compose stop nginx

7. 删除已停止服务的容器

rm 命令用于删除已停止服务的容器，其格式如下。

rm [options] [SERVICE...]

其常用选项说明如下。

（1）-f、--force：强制删除。

（2）-s、--stop：删除容器时需要先停止容器。

（3）-v：删除与容器相关的任何匿名卷。

例如，删除已停止的 nginx 容器的代码如下。

docker-compose rm nginx

8. 创建和启动容器

up 命令用于创建和启动容器，其格式如下。

up [options] [--scale SERVICE=NUM...] [SERVICE...]

其常用选项说明如下。

（1）-d：在后台运行容器。

（2）-t：指定超时时间。

（3）-no-deps：不启动连接服务。

（4）--no-recreate：如果容器存在，则不重新创建容器。

（5）--no-build：不构建镜像，即使其会丢失。

（6）--build：启动容器并构建镜像。

（7）--scale SERVICE=NUM：指定一个服务（容器）的启动数量。

例如，创建并启动 nginx 容器的代码如下。

docker-compose up -d nginx

9. 在运行的容器中执行命令

exec 命令用于在运行的容器中执行命令，其格式如下。

exec [options] SERVICE COMMAND [ARGS...]

其常用选项说明如下。

（1）-d：在后台执行命令。

（2）--privileged：为这个进程赋予特殊权限。

（3）-u、--user USER：作为某用户执行该命令。

（4）-T：禁用分配伪终端，默认分配一个终端。

（5）--index=index：如果同意服务存在多个容器，指定命令对象容器的序号，默认值为 1。

例如，在运行的 nginx 容器中执行命令的代码如下。

docker-compose exec nginx bash

10. 指定服务启动容器的个数

scale 命令用于指定服务启动容器的个数，其格式如下。

scale [options] [SERVICE=NUM...]

例如，设置指定服务启动容器的个数，以 service=num 的形式指定。

docker-compose scale user=3 movie=3

11. 其他管理命令

（1）restart 命令用于重启服务。

（2）kill 命令通过发送 SIGKILL 信号来停止指定服务的容器。

（3）pause 命令用于挂起容器。

（4）image 命令用于列出本地 Docker 的镜像。

（5）down 命令用于停止容器，以及删除容器、网络、数据卷及镜像。

（6）create 命令用于创建服务。

（7）pull 命令用于下载镜像。

（8）push 命令用于推送镜像。

（9）help 命令用于查看帮助信息。

5.1.3 docker-compose.yml 文件

docker-compose.yml 文件包含 version、services、networks 这 3 部分，其中，services 和 networks 是关键部分。常见的 services 书写规则如下。

1. image 标签

image 标签用于指定基础镜像。

```
services:
    web:
        image:nginx
```

services 标签下的 web 为第二级标签，标签名可由用户自定义，它也是服务的名称。

image 标签可以指定服务的镜像名称或镜像 ID，如果镜像在本地不存在，则 Compose 会尝试获取这个镜像。

2. build 标签

build 标签用于指定 Dockerfile 所在文件夹的路径，该值可以是一个路径，也可以是一个对象。Compose 会利用它自动构建镜像，并使用构建的镜像启动容器。

```
build: /path/to/build/dir
```

也可以使用相对路径，即

```
build: ./dir
```

还可以设置上下文根目录，并以该目录指定 Dockerfile。

```
build:
    context: ../
    dockerfile: path/of/Dockerfile
```

可指定 args 标签，与 Dockerfile 中的 ARG 指令一样，args 标签可以在构建过程中指定环境变量，并在构建成功后取消。

```
build:
        context: ./dir
        dockerfile: Dockerfile
        args:
            buildno: 1
```

3. command 标签

command 标签用于覆盖容器启动后默认执行的命令。

```
command: bundle exec thin -p 3000
```

也可以写为类似 Dockerfile 的格式，例如：

```
command: [bundle, exec, thin, -p, 3000]
```

4. dns 标签

dns 标签用于配置 DNS 服务器，其可以是一个具体值。

```
dns: 114.114.114.114
```

dns 标签也可以是一个列表。

```
dns:
    - 114.114.114.114
    - 115.115.115.115
```

还可以配置 DNS 搜索域，其可以是一个值或一个列表。

```
dns_search: example.com
dns_search:
```

```
        - dc1.example.com
        - dc2.example.com
```

5. environment 标签

environment 标签用于设置镜像变量，与 args 标签不同的是，args 标签设置的变量仅用于构建过程中，而 environment 标签设置的变量会一直保存在镜像和容器中。

```
environment:
    RACK_ENV: development
    SHOW: 'true'
    SESSION_SECRET:
```

或者

```
environment:
    - RACK_ENV=development
    - SHOW=true
    - SESSION_SECRET
```

6. env_file 标签

env_file 标签用于设置从 env 文件中获取的环境变量，可以指定一个文件路径或路径列表，其优先级低于 environment 标签指定的环境变量，即当其设置的变量名称与 environment 标签设置的变量名称发生冲突时，以 environment 标签设置的变量名称为主。

```
env_file: .env
```

可以根据 docker-compose.yml 设置路径列表。

```
env_file:
    - ./common.env
    - ./apps/web.env
    - /opt/secrets.env
```

7. expose 标签

expose 标签用于设置暴露端口，只将端口暴露给连接的服务，而不暴露给主机。

```
expose:
    - "8000"
    - "8010"
```

8. ports 标签

ports 标签用于对外暴露端口定义。使用 host:container 格式，或者只指定容器的端口号时，宿主机会随机映射端口。

```
ports:
    - "3000"
    - "8763:8763"
    - "8763:8763"
```

> **注意** 当使用 host:container 格式映射端口时，如果使用的容器端口号小于 60，则可能会得到错误的结果，因为 YAML 文件会将<*xx:yy*>格式中的数字解析为六十进制，所以建议使用字符串格式。

9. network_mode 标签

network_mode 标签用于设置网络模式。

```
network_mode: "bridge"
network_mode: "host"
network_mode: "none"
```

```
network_mode: "service:[service name]"
network_mode: "container:[container name/id]"
```

10. depends_on 标签

depends_on 标签用于指定容器服务的启动顺序。

```
version: '2'
services:
  web:
    build: .
    depends_on:
      - db
      - redis
  redis:
    image: redis
  db:
    image: postgres
```

这里容器会先启动 Redis 和 DB 两个服务，再启动 Web 服务。

11. links 标签

links 标签用于指定容器连接到当前连接，可以设置别名。

```
links:
  - db
  - db:database
  - redis
```

12. volumes 标签

volumes 标签用于指定数据卷的挂载路径，可以挂载一个目录或者一个已存在的数据卷容器。可以直接使用 host:container 格式，或者使用 host:container:ro 格式，对于容器来说，后者的数据卷是只读的，这样可以有效保护宿主机的文件系统。

```
volumes:
  //只指定一个路径，Docker 会自动创建一个数据卷（该路径是容器内部的）
  - /var/lib/mysql

  //使用绝对路径挂载数据卷
  - /opt/data:/var/lib/mysql

  //以 Compose 配置文件为中心的相对路径作为数据卷挂载到容器
  - ./cache:/tmp/cache

  //使用用户的相对路径（~/ 表示的目录是 /home/<用户目录>/ 或者 /root/）
  - ~/configs:/etc/configs/:ro

  //使用已经存在的数据卷 datavolume 挂载数据卷
  - datavolume:/var/lib/mysql
```

如果不使用宿主机的路径，则可以指定 volume_driver。

```
volume_driver: mydriver
```

13. volumes_from 标签

volumes_from 标签用于设置从其他容器或服务挂载数据卷，可选的参数是:ro 或者:rw，前者表示容器只读，后者表示容器对数据卷是可读可写的，默认情况下是可读可写的。

```
volumes_from:
    – service_name
    – service_name:ro
    – container:container_name
    – container:container_name:rw
```

14. loging 标签

loging 标签用于设置日志输出信息。

```
logging:
    driver: syslog
    options:
        syslog-address: "tcp://192.168.0.42:123"
```

【任务实现】

任务 1：Compose 工具的安装与卸载

V5-1　Compose
工具的安装与卸载

1. 任务环境准备

本任务选用一台部署在 VMware Workstation pro 16 中的 RHEL 8.1 虚拟机，虚拟机所用 IP 地址为 192.168.200.101，子网掩码为 255.255.255.0，虚拟机现已预先安装好 Docker-CE 26.1.3，可与外部网络互通，并关闭防火墙和 SELinux。可使用下列命令验证初始环境。

```
# docker --version                              //查看已安装 Docker 的版本
Docker version 26.1.3, build b72abbb
# systemctl status firewalld                    //查看防火墙的状态
● firewalld.service – firewalld – dynamic firewall daemon
    Loaded: loaded (/usr/lib/systemd/system/firewalld.service; disabled; vendor preset: enabled)
    Active: inactive (dead)                      //防火墙已关闭
      Docs: man:firewalld(1)
# getenforce                                     //查看 SELinux 的状态
Disabled                                         //SELinux 已关闭
```

2. 安装 Compose 工具

（1）在 GitHub 上下载 Compose 二进制文件，下载完成后，将二进制文件复制到执行路径中。

```
# curl –L https://github.com/docker/compose/releases/download/1.29.2/docker-compose-
`uname -s`-`uname -m` -o /usr/bin/docker-compose
  % Total      % Received % Xferd  Average Speed   Time    Time     Time  Current
                                   Dload  Upload   Total   Spent    Left  Speed
  100    617    0    617      0      0    259       0 --:--:--  0:00:02 --:--:--    259
  100 11.2M  100  11.2M      0      0   9664       0  0:20:15  0:20:15 --:--:-- 16777
[root@localhost  ~]# mv /usr/bin/docker-compose /usr/local/bin/docker-compose
```

（2）添加可执行的权限。

```
[root@localhost  ~]# chmod +x /usr/local/bin/docker-compose
```

（3）测试安装结果。

```
[root@localhost  ~]# docker-compose --version
docker-compose version 1.29.2, build 5becea4c
```

除利用 Compose 二进制文件安装 Compose 工具外，也可以利用 pip 安装 Compose 工具。

3. 通过 pip 安装 Compose 工具

因为 Compose 是使用 Python 编写的，所以可以将其当作一个 Python 应用从 pip 源中进行安装。

（1）检查 Linux 中有没有安装 python-pip 包。

```
[root@localhost ~]# pip3 -V
-bash: pip3: command not found                //表明没有安装 python-pip 包
```

（2）没有 python-pip 包时需执行如下命令。

```
# yum -y install python3-pip
```

（3）安装 python3-pip。

```
[root@localhost ~]# yum -y install python3-pip
```

（4）安装完成后更新 pip 工具。

```
[root@localhost opt]# pip3 install --upgrade pip
Collecting pip
    Downloading
https://files.pythonhosted.org/packages/a4/6d/6463d49a933f547439d6b5b98b46af8742cc03ae
83543e4d7688c2420f8b/pip-21.3.1-py3-none-any.whl (1.7MB)
...
    Installing collected packages: pip
Successfully installed pip-21.3.1
```

（5）安装 Compose 工具。

```
[root@localhost bin]# pip install docker-compose
Collecting docker-compose
    Downloading docker_compose-1.29.2-py2.py3-none-any.whl (114 kB)
|████████████████████████████████████████| 114 kB 23 kB/s
...
    Successfully installed PyYAML-5.4.1 attrs-22.2.0 bcrypt-4.0.1 cached-property-1.5.2 cffi-1.15.1
cryptography-40.0.2 distro-1.9.0 docker-5.0.3 docker-compose-1.29.2 dockerpty-0.4.1 docopt-0.6.2
importlib-metadata-4.8.3 jsonschema-3.2.0 paramiko-3.4.0 pynacl-1.5.0 pyrsistent-0.18.0 python-dotenv-
0.20.0 texttable-1.7.0 typing-extensions-4.1.1 websocket-client-0.59.0 zipp-3.6.0
WARNING: Running pip as the 'root' user can result in broken permissions and conflicting
behaviour with the system package manager. It is recommended to use a virtual environment instead:
https://pip.pypa.io/warnings/venv
```

（6）测试安装结果。

```
[root@localhost bin]# chmod +x /usr/local/bin/docker-compose
[root@localhost bin]# docker-compose --version
...
docker-compose version 1.29.2, build unknown
```

4. 卸载 Compose 工具

如果是以二进制文件方式安装的，则删除二进制文件即可卸载 Compose 工具。

```
[root@localhost ~] rm /usr/local/bin/docker-compose
```

如果是通过 pip 工具安装的，则可执行如下命令卸载 Compose 工具。

```
[root@localhost ~] pip uninstall docker-compose
Uninstalling docker-compose-1.29.2:
    Would remove:
```

```
        /usr/local/bin/docker-compose
        /usr/local/lib/python3.6/site-packages/compose/*
        /usr/local/lib/python3.6/site-packages/docker_compose-1.29.2.dist-info/*
Successfully uninstalled docker-compose-1.29.2
```

任务 2：使用 Compose 工具部署 nginx 服务

V5-2 使用
Compose 工具部署
nginx 服务

1. 获取 nginx:latest 镜像

```
# docker pull nginx:latest
```

2. 在/opt 目录中创建 nginx 目录，并切换到该目录

```
# mkdir –p /opt/nginx
# cd /opt/nginx
```

3. 创建 docker-compose.yml 文件

```
#vi docker-compose.yml
//输入如下内容
version: '3.3'
services:
  jsonhelp:
    image: nginx:latest
    container_name: nginx-compose
    restart: always
    logging:
      options:
        max-size: '5g'
    environment:
      – NGINX_PORT=80
    ports:
      – 8010:80
    volumes:
      – ./nginx.conf:/etc/nginx/nginx.conf
      – ./html:/usr/share/nginx/html
```

文件编辑完成后，保存文件并退出，返回命令行。

4. 编辑 nginx 的配置文件 nginx.conf

```
# vi nginx.conf
//添加如下内容
user   nginx;
worker_processes   1;

error_log   /var/log/nginx/error.log warn;
pid         /var/run/nginx.pid;

events {
    worker_connections   1024;
}

http {
    include      /etc/nginx/mime.types;
```

```
default_type    application/octet-stream;

log_format    main    '$remote_addr - $remote_user [$time_local] "$request" '
                      '$status $body_bytes_sent "$http_referer" '
                      '"$http_user_agent" "$http_x_forwarded_for"';
access_log    /var/log/nginx/access.log    main;
sendfile           on;
keepalive_timeout   65;
client_max_body_size 500m;
include /etc/nginx/conf.d/*.conf;
 server {
     listen          80;
     server_name    192.168.200.101;
   location / {
         root /usr/share/nginx/html;
         index index.html;
         try_files $uri $uri/ /index.html;
     }
   }
}
```

文件编辑完成后，保存文件并退出，返回命令行。

5. 编辑测试页面

```
# mkdir html
# echo "This is web test page!">./html/index.html
```

6. 启动容器

注意，需在 docker-compose.yml 文件的同级目录下执行下列命令。

```
# docker-compose up –d
Creating network "nginx_default" with the default driver
Creating nginx-compose ... done
```

从命令的返回信息来看，容器已经启动并在后台运行。

7. 测试效果

打开浏览器，在其地址栏中输入"http://192.168.200.101:8010"并按 Enter 键，测试效果
如图 5-1 所示。

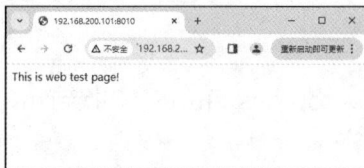

图 5-1　测试效果

【任务实训】搭建 WordPress 博客系统

【实训目的】

1. 掌握 Compose 工具的安装方法。
2. 掌握 Compose 工具的使用方法。

V5-3　搭建
WordPress
博客系统

121

【实训步骤】

1. 实训环境准备。

本实训选用一台部署在 VMware Workstation pro 16 中的 RHEL 8.1 虚拟机，虚拟机所用 IP 地址为 192.168.200.101，子网掩码为 255.255.255.0；虚拟机现已预先安装好 Docker-CE 26.1.3，可与外部网络互通，并关闭防火墙和 SELinux。可使用下列命令验证初始环境。

```
# docker --version                              //查看已安装 Docker 的版本
Docker version 26.1.3, build b72abbb
# systemctl status firewalld                    //查看防火墙的状态
● firewalld.service – firewalld – dynamic firewall daemon
   Loaded: loaded (/usr/lib/systemd/system/firewalld.service; disabled; vendor preset: enabled)
   Active: inactive (dead)                       //防火墙已关闭
     Docs: man:firewalld(1)
# getenforce                                     //查看 SELinux 的状态
Disabled                                         //SELinux 已关闭
```

2. 安装 Compose 工具。

Compose 工具的安装方式有两种，一种是在 GitHub 上下载 Compose 二进制文件进行安装，另一种是利用 pip 进行安装。这里利用 Compose 二进制文件安装 Compose 工具，Compose 二进制文件已经下载。

（1）将 Compose 二进制文件 docker-compose 上传到宿主机的/usr/local/bin 目录中，并使用 ls 命令对其进行查看。

```
# ls /usr/local/bin/
docker-compose
```

（2）添加可执行的权限。

```
# chmod +x /usr/local/bin/docker-compose
```

（3）使用 docker-compose 命令查看版本号。

```
# docker-compose -version
docker-compose version 1.25.4, build 8d51620a
```

3. 利用 Compose 工具部署 WordPress 服务。

（1）获取所需的 mysql:5.7 和 wordpress:latest 镜像。

```
# docker pull mysql:5.7
# docker pull wordpress:latest
```

或利用相关镜像包解压镜像。先将相关镜像包上传到 root 目录中，再解压相关镜像包。

```
# docker load –i mysql.tar
# docker load –i wordpress.tar
```

（2）在/opt 目录中建立 my_wordpress 目录，并切换到 my_wordpress 目录。

```
# mkdir /opt/my_wordpress/
# cd /opt/my_wordpress/
```

（3）在 my_wordpress 目录中编写 docker-compose.yml 文件。

```
# vi docker-compose.yml
//添加如下内容
version: '3'
services:
    db:
        image: mysql:5.7
```

```
      volumes:
        – /data/db_data:/var/lib/mysql
      restart: always
      environment:
        MYSQL_ROOT_PASSWORD: wordpress
        MYSQL_DATABASE: wordpress
        MYSQL_USER: wordpress
        MYSQL_PASSWORD: wordpress
  wordpress:
    depends_on:
      – db
    image: wordpress:latest
    volumes:
      – /data/web_data:/var/www/html
    ports:
      – "8000:80"
    restart: always
    environment:
      WORDPRESS_DB_HOST: db:3306
      WORDPRESS_DB_USER: wordpress
      WORDPRESS_DB_PASSWORD: wordpress
```

文件编辑完成后，保存文件并退出，返回命令行。

（4）启动容器。

```
[root@localhost my_wordpress]# docker-compose up –d
Creating network "my_wordpress_default" with the default driver
Creating my_wordpress_db_1 ... done
Creating my_wordpress_wordpress_1 ... done
//启动命令：docker-compose up
//后台启动命令：docker-compose up –d
```

（5）打开浏览器，在其地址栏中输入"http://192.168.200.101:8000"并按 Enter 键，在打开的界面中进行 WordPress 的设置。设置完成后，打开 WordPress 登录界面，如图 5-2 所示。

图 5-2　WordPress 登录界面

输入正确的用户名和密码后，单击"登录"按钮，即可进入 WordPress 工作主界面，如
图 5-3 所示。

图 5-3　WordPress 工作主界面

任务 5.2　Swarm 编排工具的使用

【任务要求】

工程师小王在对 Docker 技术进行学习后发现，当有大量 Docker 容器需要跨主机部署时，
Docker Swarm（简称 Swarm）工具能够更高效地完成部署工作，于是公司安排小王编写 Swarm
工具的安装及使用手册，以供公司相关技术人员学习，并在公司内部推广该技术。

【相关知识】

5.2.1　认识 Docker Swarm

Swarm 是 Docker 公司在 2014 年 12 月初发布的一套用于管理 Docker 集群的较为简单的工
具，由于 Swarm 使用标准的 Docker API 作为其前端访问入口，所以各种形式的 Docker 客户端
（Docker Client in Go、docker_py、Docker 等）均可以直接与 Swarm 通信。旧版本的 Swarm
使用独立的外部 KV（Key Value，键值）存储（如 Consul、etcd、ZooKeeper），搭建了独立运
行的 Docker 主机集群，用户可以像操作单台 Docker 主机一样操作整个集群。Swarm 可将多台
Docker 主机当作一台 Docker 主机来管理。新的 Swarm Mode 是在 Docker 1.12 被集成到 Docker
引擎中的，引入了服务的概念，提供了众多的新特性，如具有容错能力的去中心化设计，内置服务
发现、负载均衡、路由网格、动态伸缩、滚动更新、安全传输等功能。

Swarm 和 Kubernetes 比较类似，但是更加轻量，具有的功能比 Kubernetes 少一些。

5.2.2　Swarm 架构

Swarm 作为一种管理 Docker 集群的工具使用时，需要先对其进行部署，可以单独将 Swarm
部署于一个节点。另外，Swarm 需要一个 Docker 集群，集群上的每一个节点均安装 Docker。具
体的 Swarm 架构如图 5-4 所示。

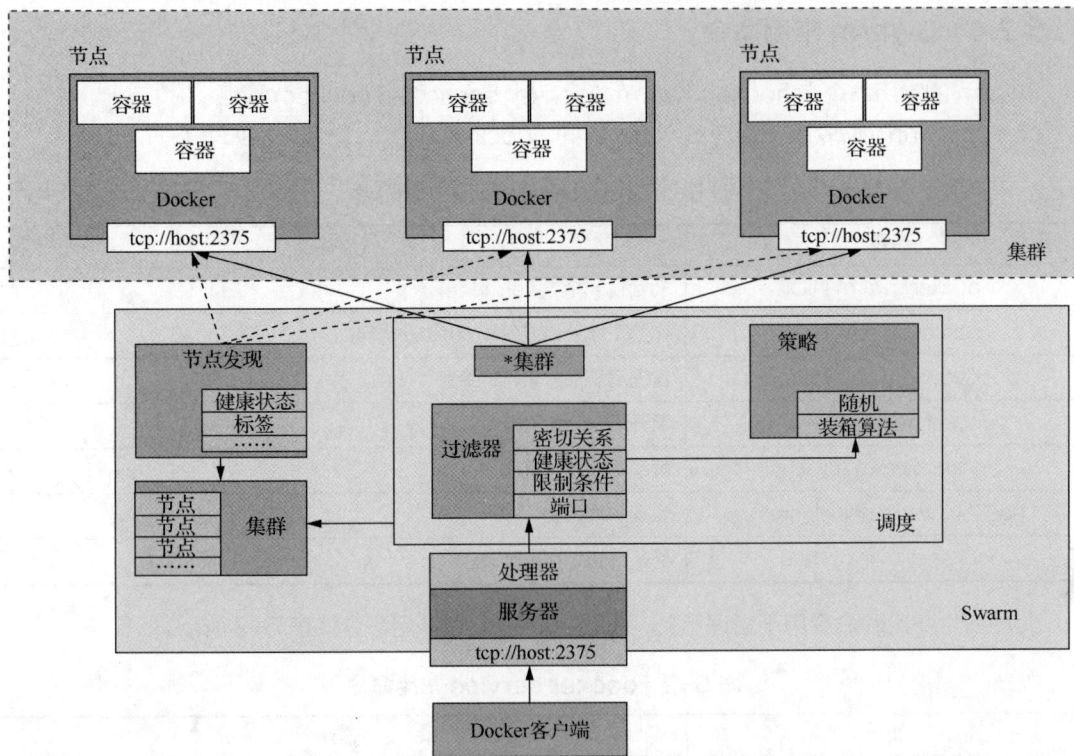

图 5-4　具体的 Swarm 架构

Swarm 架构中主要的处理部分是 Swarm 节点。Swarm 管理的对象是 Docker 集群，Docker 集群由多个 Docker 节点组成，而负责给 Swarm 发送请求的是 Docker 客户端。

5.2.3　Swarm 相关概念

1. Swarm

集群的管理和编排使用了嵌入 Docker 引擎中的 SwarmKit，可以在 Docker 初始化时启动 Swarm 模式或者加入已存在的 Swarm。

2. 节点

节点是加入 Swarm 集群中的一个 Docker 引擎实体，可以在一台物理机上运行多个节点。节点可以分为管理节点和工作节点两类。

当一个节点作为 Swarm 的 Docker 引擎实体部署应用到集群中时，会提交服务到管理节点，管理节点调度任务到工作节点。管理节点还要执行维护集群状态的编排和集群管理的功能，工作节点接收并执行来自管理节点的任务。通常，管理节点也可以是工作节点，工作节点会报告当前状态给管理节点。

3. 服务

服务是任务的定义，在管理节点或工作节点上执行，是 Swarm 最核心的架构，创建服务时，需要指定容器镜像。

4. 任务

任务是指在 Docker 容器中执行的命令。管理节点根据指定数量的任务副本来分配任务给工作节点。

5.2.4 Swarm 常用命令

Swarm 的常用命令有 docker swarm、docker service 和 docker node。

docker swarm 命令用于管理 Swarm 集群，docker swarm 常用命令如表 5-1 所示。

表 5-1 docker swarm 常用命令

命令	描述
docker swarm init	初始化一个 Swarm 集群
docker swarm join	作为工作节点或管理节点加入集群
docker swarm join-token	管理用于加入集群的令牌
docker swarm leave	离开 Swarm 集群
docker swarm unlock	解锁 Swarm 集群
docker swarm unlock-key	管理解锁密钥
docker swarm update	更新 Swarm 集群

docker service 命令用于管理服务，docker service 常用命令如表 5-2 所示。

表 5-2 docker service 常用命令

命令	描述
docker service create	创建服务
docker service inspect	显示一个或多个服务的详细信息
docker service logs	获取服务的日志
docker service ls	列出服务
docker service rm	删除一个或多个服务
docker service scale	设置服务的实例数量
docker service update	更新服务
docker service rollback	恢复服务到更新之前的配置

docker node 命令用于管理 Swarm 集群中的节点，docker node 常用命令如表 5-3 所示。

表 5-3 docker node 常用命令

命令	描述
docker node demote	从 Swarm 集群管理器中降级一个或多个节点
docker node inspect	显示一个或多个节点的详细信息
docker node ls	列出 Swarm 集群中的节点
docker node promote	将一个或多个节点加入集群管理器
docker node ps	列出一个或多个在节点上运行的任务，默认为当前节点
docker node rm	从 Swarm 集群中删除一个或多个节点
docker node update	更新一个节点

【任务实现】

任务：Swarm 集群的创建与应用

1．任务环境准备

本任务选用 3 台部署在 VMware Workstation pro 16 中的 RHEL 8.1 虚拟机，虚拟机均已预先安装好 Docker-CE 26.1.3，并与外部网络互通，且关闭防火墙和 SELinux。各虚拟机基本配置信息如表 5-4 所示。

V5-4　Swarm 集群的创建与应用（1）　　V5-5　Swarm 集群的创建与应用（2）

表 5-4　各虚拟机基本配置信息

主机名	IP 地址	角色
master	192.168.200.101/24	管理节点
node1	192.168.200.102/24	工作节点 1
node2	192.168.200.103/24	工作节点 2

在各主机上，使用下列命令验证初始环境。

```
# docker --version                               //查看已安装 Docker 的版本
Docker version 26.1.3, build b72abbb
# systemctl status firewalld                     //查看防火墙的状态
● firewalld.service – firewalld – dynamic firewall daemon
   Loaded: loaded (/usr/lib/systemd/system/firewalld.service; disabled; vendor preset: enabled)
   Active: inactive (dead)                        //防火墙已关闭
     Docs: man:firewalld(1)
# getenforce                                      //查看 SELinux 的状态
Disabled                                          //SELinux 已关闭
```

2．修改各主机的主机名

（1）修改 IP 地址为 192.168.200.101 的主机的主机名为 master。

```
# hostnamectl set-hostname master
```

（2）修改 IP 地址为 192.168.200.102 的主机的主机名为 node1。

```
# hostnamectl set-hostname node1
```

（3）修改 IP 地址为 192.168.200.103 的主机的主机名为 node2。

```
# hostnamectl set-hostname node2
```

3．各主机配置时钟同步

```
# timedatectl set-timezone Asia/Shanghai
# chronyc makestep
```

4．编辑 docker.service 文件

在各主机上编辑 docker.service 文件，修改 ExecStart 参数信息。

```
# vi /lib/systemd/system/docker.service
//修改如下参数信息
ExecStart=/usr/bin/dockerd -H tcp://0.0.0.0:2375 -H unix:///var/run/docker.sock
```

文件编辑完成后，保存文件并退出，返回命令行，重启 Docker 服务。

```
# systemctl daemon-reload
# systemctl restart docker
```

如果出现"active (running)"提示，则表示 Docker 服务已经成功运行。可通过 netstat 命令

查看启动的端口信息，此时应看到 2375 端口的信息，该端口为 Docker 引擎默认的 HTTP API 的端口。如果使用 netstat 命令后返回 "bash: netstat: command not found" 提示，则需通过 yum 命令安装 net-tools 包后，再使用 netstat 命令。

```
# netstat -tunlp
```

> **注意** 如果是一个集群，则集群中所有相关的主机都要启动 **2375** 端口的 **Docker** 服务。

5. 查看集群节点信息

（1）在各主机节点上获取 swarm 镜像。

```
# docker pull swarm:latest
```

（2）在 master 节点上初始化集群，获取唯一的令牌，将其作为集群的唯一标识。

```
# docker swarm init --advertise-addr 192.168.200.101
Swarm initialized: current node (k8tcb8pz3r53cm8dxawqzj0uj) is now a manager.
To add a worker to this swarm, run the following command:
    docker swarm join --token SWMTKN-1-6b7kh7jvf4h77xzs428porckmes5sifxtqd4ft3x4l06totliq-dnoe5e7n7zg02x4c0uyqgpu8x 192.168.200.10:2377
To add a manager to this swarm, run 'docker swarm join-token manager' and follow the instructions.
```

以上命令执行后，master 节点自动加入 Swarm 集群，并会创建一个集群令牌，获取唯一的令牌，将其作为集群的唯一标识。后续可利用获取的令牌将其他节点加入集群。

其中，--advertise-addr 选项表示其他 Swarm 中的工作节点使用此 IP 地址与管理节点联系。命令的输出内容包含其他节点加入集群的命令。

（3）将 node1 和 node2 节点加入集群，在 node1 和 node2 节点上执行以下命令。

```
# docker swarm join --token SWMTKN-1-6b7kh7jvf4h77xzs428porckmes5sifxtqd4ft3x4l06totliq-dnoe5e7n7zg02x4c0uyqgpu8x 192.168.200.10:2377
This node joined a swarm as a worker.          //节点已加入集群
```

（4）在 master 节点上查看集群中各节点的信息。

```
# docker node ls
ID                            HOSTNAME   STATUS   AVAILABILITY   MANAGER   STATUS
k8tcb8pz3r53cm8dxawqzj0uj *   master     Ready    Active         Leader
gz8ubge1xk7canwk8a922vm3f     node2      Ready    Active
cuor0rmdbock0ix3o32cqkf28     node1      Ready    Active
```

6. 部署服务

在 Swarm 集群中部署服务，本任务以部署 nginx 服务为例进行介绍。

（1）在各主机上下载 nginx:latest 镜像。

```
# docker pull nginx:latest
```

（2）在 master 节点上创建一个网络 nginx_net，用于使不同主机上的容器网络互通。

```
# docker network create -d overlay nginx_net          //创建网络 nginx_net
iklbexncxwsccuh2sut2fz1dm
# docker network ls                                   //列出所有网络
NETWORK ID        NAME               DRIVER        SCOPE
926ff50b9f89      bridge             bridge        local
f8caf2023a7f      docker_gwbridge    bridge        local
f7368fda9b67      host               host          local
5ch25bm0p1ki      ingress            overlay       swarm
```

| lklbexncxwsc | nginx_net | overlay | swarm |
| eeed0dab7d51 | none | null | local |

从命令的返回信息来看，网络 nginx_net 已成功创建。

（3）在 master 节点上创建一个副本数为 1 的 nginx 容器。

```
# docker service create --replicas 1 --net nginx_net --name my-test -p 9999:80 nginx
```

（4）打开浏览器，在其地址栏中依次输入"http://192.168.200.101:9999""http://192.168.200.102:9999""http://192.168.200.103:9999"并按 Enter 键进行验证，效果分别如图 5-5、图 5-6 和图 5-7 所示。

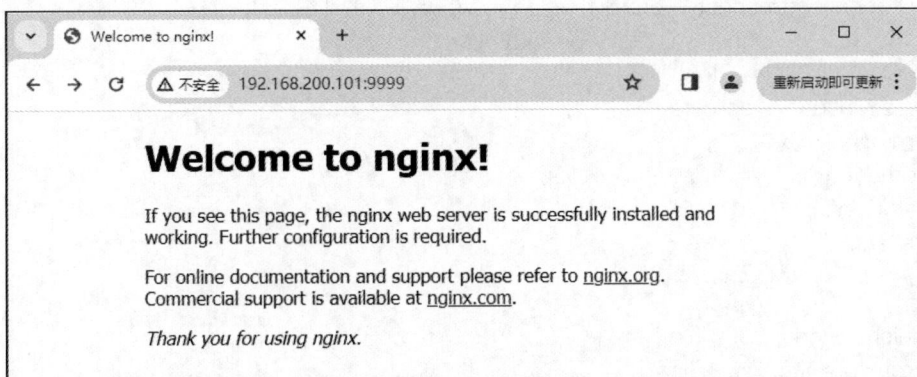

图 5-5　master 节点效果

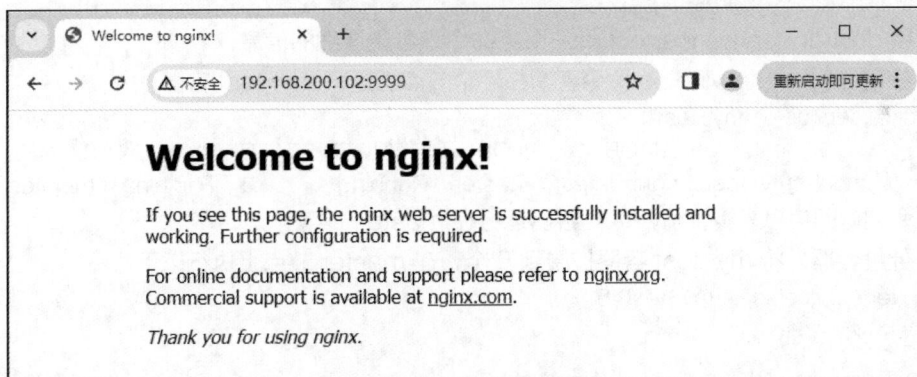

图 5-6　node1 节点效果

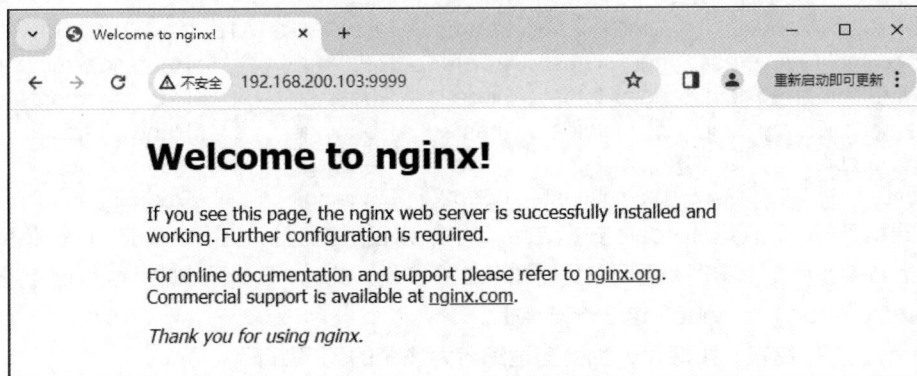

图 5-7　node2 节点效果

129

7. Swarm 常用命令的使用

各命令需在 master 节点上执行。

（1）列出已创建的服务。

```
# docker service ls
ID                  NAME        MODE        REPLICAS IMAGE        PORTS
jbhomnm8ktv4        my-test     replicated  1/1          nginx:latest  *:9999->80/tcp
```

从命令的返回信息来看，my-test 服务已创建。

（2）查看 my-test 服务的详细信息。

```
# docker service inspect --pretty my-test    //查看服务的详细信息
ID:               jbhomnm8ktv41shrufa329v4d
Name:             my-test
Service Mode:     Replicated
 Replicas:        1
Placement:
UpdateConfig:
 Parallelism:     1
...
Ports:
 PublishedPort = 9999
  Protocol = tcp
  TargetPort = 80
  PublishMode = ingress
```

或使用 docker service inspect my-test 命令查看更详细的信息。

（3）使用 docker service ps 命令查询在哪个节点上运行 my-test 容器。

```
# docker service ps my-test
ID                  NAME        IMAGE          NODE       DESIRED STATE  CURRENT STATE      ...
njxc57ckm5kl        my-test.1 nginx:latest    master    Running         Running 4 minutes ago
```

从命令的返回信息来看，my-test 容器运行在 master 节点上。

（4）伸缩容器。将 my-test 容器扩展到 5 个，在 master 节点上执行以下命令。

```
# docker service scale my-test=5
my-test scaled to 5
...
verify: Service my-test converged
# docker service ps my-test
ID                  NAME        IMAGE          NODE       DESIRED STATE  CURRENT STATE      …
njxc57ckm5kl        my-test.1 nginx:latest    master    Running         Running 6 minutes ago
al57r47b0ihs        my-test.2 nginx:latest    node2     Running         Running about …
hes9osedqq6r        my-test.3 nginx:latest    master    Running         Running about …
a9ovea5n2x9v        my-test.4 nginx:latest    node1     Running         Running about …
hkhtcvljy1y6        my-test.5 nginx:latest    node2     Running         Running about …
```

和创建服务一样，在增加 scale 数量之后，将会创建新的容器。执行命令前，my-test 容器只在 master 节点上有 1 个实例，而现在又增加了 4 个实例。此时，5 个副本的 my-test 容器分别运行在 master、node1 和 node2 这 3 个节点上。

Swarm 也可以缩容，如将 my-test 容器缩容为 1 个的代码如下。

```
# docker service scale my-test=1
```

将 my-test 容器缩容为 1 个后，使用 docker service ps my-test 命令进行查看，可发现只有一个容器运行在相应的节点上。

（5）节点宕机处理。

如果一个节点出现了宕机情况，则该节点会从 Swarm 集群中被移出，可使用 docker node ls 命令进行查看。此时，在宕机节点上运行的容器会被调度到其他节点上，以满足指定数量的副本保持运行状态。

例如，通过在 node1 节点上把 Docker 服务关闭或者关机以模拟 node1 节点宕机，并在 master 节点上查看 Swarm 集群中各节点的状态，具体操作如下。

在 node1 节点上关闭 Docker 服务，模拟 node1 节点宕机。

```
# systemctl stop docker
```

在 master 节点上查看节点信息。

```
# docker node ls
ID                              HOSTNAME  STATUS  AVAILABILITY  MANAGER STATUS
k8tcb8pz3r53cm8dxawqzj0uj *     master    Ready   Active        Leader
gz8ubge1xk7canwk8a922vm3f       node2     Ready   Active
cuor0rmdbock0ix3o32cqkf28       node1     Down    Active
```

从命令的返回信息来看，node1 节点的状态为 Down，node1 节点上的容器被调度到其他节点上。

```
# docker service ps my-test
ID               NAME        IMAGE          NODE     DESIRED STATE  CURRENT STATE
njxc57ckm5kl     my-test.1   nginx:latest   master   Running        …
krn4cpq664z5     my-test.2   nginx:latest   master   Running        …
ylks2fmgx4w7     my-test.3   nginx:latest   master   Running        …
sh9b788ygn5u \_  my-test.3   nginx:latest   node1    Shutdown       …
m8b2k6xk8uwj     my-test.4   nginx:latest   node2    Running        …
ezi8fqnb68sl     my-test.5   nginx:latest   node2    Running        …
```

说明 当 node1 节点重新启动 Docker 服务后，node1 节点原有的容器不会自动调度到 node1 节点上，只能等到其他节点出现故障或手动终止容器后，再根据内部算法重新转移实例到其他节点上。

8. 在 Swarm 中利用数据卷实现持久化部署

（1）在各节点上执行下列命令创建数据卷，数据卷名称为 volume-test。

在 master 节点上执行如下命令。

```
# docker volume create --name volume-test        //创建数据卷
volume-test
# docker volume ls                               //查看已创建的数据卷
DRIVER           VOLUME NAME
local            volume-test
# docker volume inspect volume-test              //查看 volume-test 数据卷的信息
[
    {
        "CreatedAt": "2024-08-02T11:19:18+08:00",
        "Driver": "local",
        "Labels": null,
```

```
        "Mountpoint": "/var/lib/docker/volumes/volume-test/_data",
        "Name": "volume-test",
        "Options": null,
        "Scope": "local"
    }
]
```

在 node1 节点上执行如下命令。

```
# docker volume create --name volume-test
# docker volume inspect volume-test
[
    {
        "CreatedAt": "2024-08-02T11:20:52+08:00",
        "Driver": "local",
        "Labels": null,
        "Mountpoint": "/var/lib/docker/volumes/volume-test/_data",
        "Name": "volume-test",
        "Options": null,
        "Scope": "local"
    }
]
```

在 node2 节点上执行如下命令。

```
# docker volume create --name volume-test
# docker volume inspect volume-test
[
    {
        "CreatedAt": "2024-08-02T11:20:55+08:00",
        "Driver": "local",
        "Labels": null,
        "Mountpoint": "/var/lib/docker/volumes/volume-test/_data",
        "Name": "volume-test",
        "Options": null,
        "Scope": "local"
    }
]
```

（2）在各节点的/var/lib/docker/volumes/volume-test/_data 目录中新增 index.html 文件。由于本任务建立的是本地卷，即在各节点上建立数据卷目录（如果采用网络存储，则可以直接挂载到/_data 目录中），因此新增 index.html 文件只需操作一次。

在 master 节点上执行如下命令。

```
# cd /var/lib/docker/volumes/volume-test/_data
# echo "This is nginx-test in master" >index.html
```

在 node1 节点上执行如下命令。

```
# cd /var/lib/docker/volumes/volume-test/_data
# echo "This is nginx-test in node1" > index.html
```

在 node2 节点上执行如下命令。

```
# cd /var/lib/docker/volumes/volume-test/_data
# echo "This is nginx-test in node2" > index.html
```

（3）在 master 节点上创建一个副本数为 3 的 swarm-nginx 容器，挂载 volume-test 数据卷到容器的/usr/share/nginx/html 目录中，并映射端口到节点的 8001 端口。

```
# docker service create --replicas 3 --mount type=volume,src=volume-test,dst=/usr/
share/nginx/html --name swarm-nginx -p 8001:80 nginx:latest
# docker service ps swarm-nginx     //查看 swarm-nginx 服务的运行状态
ID              NAME             IMAGE        NODE   DESIRED STATE  CURRENT STATE...
zanbuibjpenu    swarm-nginx.1    nginx:latest node2  Running        Running 2 minutes ago
qpcwjwturo8h    swarm-nginx.2    nginx:latest node1  Running        Running 2 minutes ago
odsl1l9dybhg    swarm-nginx.3 nginx:latest    master Running        Running 2 minutes ago
```

（4）验证集群负载效果。

```
# for i in {1..10}; do curl 192.168.200.101:8001;done
This is nginx-test in node1
This is nginx-test in node2
This is nginx-test in master
This is nginx-test in node1
This is nginx-test in node2
This is nginx-test in master
This is nginx-test in node1
This is nginx-test in node2
This is nginx-test in master
This is nginx-test in node1
```

从命令的返回信息来看，Swarm 集群已启用负载均衡。

【任务实训】使用 Swarm 部署 Tomcat 集群

【实训目的】

1. 掌握 Swarm 在 RedHat 操作系统中的安装方法。
2. 掌握 Swarm 集群的创建方法。
3. 掌握 Swarm 集群的自动编排方法。

【实训内容】

1. 实训环境准备。

V5-6 使用
Swarm 部署
Tomcat 集群

本实训选用 4 台部署在 VMware Workstation pro 16 中的 RHEL 8.1 虚拟机，虚拟机均已预先安装好 Docker-CE 26.1.3，并与外部网络互通，且关闭防火墙和 SELinux。各虚拟机基本配置信息如表 5-5 所示。

表 5-5　各虚拟机基本配置信息

主机名	IP 地址	角色
node01	192.168.200.101/24	主节点
node02	192.168.200.102/24	工作节点
node03	192.168.200.103/24	管理节点
node04	192.168.200.104/24	工作节点

在各主机上，使用下列命令验证初始环境。

```
# docker --version                          //查看已安装 Docker 的版本
Docker version 26.1.3, build b72abbb
# systemctl status firewalld                //查看防火墙的状态
```

133

- firewalld.service – firewalld – dynamic firewall daemon
  Loaded: loaded (/usr/lib/systemd/system/firewalld.service; disabled; vendor preset: enabled)
  Active: inactive (dead)   //防火墙已关闭
    Docs: man:firewalld(1)
getenforce   //查看 SELinux 的状态
Disabled   //SELinux 已关闭

2. 修改各主机的主机名。

（1）修改 IP 地址为 192.168.200.101 的主机命名为 node01。

hostnamectl set-hostname node01

（2）修改 IP 地址为 192.168.200.102 的主机命名为 node02。

hostnamectl set-hostname node02

（3）修改 IP 地址为 192.168.200.103 的主机命名为 node03。

hostnamectl set-hostname node03

（4）修改 IP 地址为 192.168.200.104 的主机命名为 node04。

hostnamectl set-hostname node04

3. 搭建 Swarm 集群。

（1）在各主机节点上获取 swarm 镜像。

docker pull swarm:latest

（2）设置 node01 为主节点。

docker swarm init --advertise-addr 192.168.200.101
Swarm initialized: current node (xcha39g2xwbty616k8nfx2bxx) is now a manager.
To add a worker to this swarm, run the following command:
    docker swarm join --token SWMTKN-1-48i9koewibm0v7ak3mt8jxun7j5xowbqd31ytpxtgnsos62644-
at7eocvmidb82bjd75p4evmln 192.168.200.101:2377
To add a manager to this swarm, run 'docker swarm join-token manager' and follow the instructions.

（3）设置 node02 为工作节点。

docker swarm join --token SWMTKN-1-48i9koewibm0v7ak3mt8jxun7j5xowbqd31ytpxtgnsos62644-
at7eocvmidb82bjd75p4evmln 192.168.200.101:2377
This node joined a swarm as a worker.

说 明 如果加入集群失败，则可能是防火墙和 **SELinux** 没有关闭，需关闭防火墙和 **SELinux**。

（4）设置 node03 为管理节点，node04 为工作节点。

① 在 node01 节点上获取工作节点的令牌。

docker swarm join-token worker
To add a worker to this swarm, run the following command:
    docker swarm join --token SWMTKN-1-48i9koewibm0v7ak3mt8jxun7j5xowbqd31ytpxtgnsos62644-
at7eocvmidb82bjd75p4evmln 192.168.200.101:2377

② 将 node04 节点设置为工作节点。

docker swarm join --token SWMTKN-1-48i9koewibm0v7ak3mt8jxun7j5xowbqd31ytpxtgnsos62644-
at7eocvmidb82bjd75p4evmln 192.168.200.101:2377
This node joined a swarm as a worker.

③ 在 node01 节点上获取管理节点的令牌。

docker swarm join-token manager
To add a manager to this swarm, run the following command:

```
        docker swarm join --token SWMTKN-1-48i9koewibm0v7ak3mt8jxun7j5xowbqd31ytpxtgnsos62644-
5woe13h068ryxnkxzjkz0qzif 192.168.200.101:2377
```

④ 将 node03 节点设置为管理节点。

```
# docker swarm join --token SWMTKN-1-48i9koewibm0v7ak3mt8jxun7j5xowbqd31ytpxtgnsos62644-
5woe13h068ryxnkxzjkz0qzif 192.168.200.101:2377
This node joined a swarm as a manager.
```

⑤ 在 node01 节点上查看节点信息。

```
# docker node ls
ID                          HOSTNAME  STATUS  AVAILABILITY  MANAGER STATUS  ENGINE VERSION
xcha39g2xwbty616k8nfx2bxx * node01    Ready   Active        Leader          26.1.3
vvky0qedd18gkxqtg8jewd7yp   node02    Ready   Active                        26.1.3
txevz1mlnqugee7prsm3ptdk9   node03    Ready   Active        Reachable       26.1.3
pfsk5oxhojdivijp0j2si8cnw   node04    Ready   Active                        26.1.3
```

4. 部署 Tomcat 集群。

（1）在 node01 节点上创建名为 tomcat-net 的覆盖网络。

```
# docker network create -d overlay tomcat-net
```

（2）在 node01 节点上创建名为 tomcat-swarm-test 的服务，使用刚才创建的覆盖网络，设置集群副本数量为 2。

```
# docker service create --name tomcat-swarm-test --network tomcat-net -p 58080:8080
--replicas 2 tomcat:8
9gdqo99oeq34hagcebr1tdwtt
overall progress: 2 out of 2 tasks
1/2: running
2/2: running
verify: Service 9gdqo99oeq34hagcebr1tdwtt converged
```

（3）在 node01 节点上执行 docker service ls 命令，查看当前所有服务。

```
# docker service ls
ID              NAME               MODE        REPLICAS  IMAGE     PORTS
9gdqo99oeq34    tomcat-swarm-test  replicated  2/2       tomcat:8  *:58080->8080/tcp
```

（4）在 node01 节点上执行 docker service ps tomcat-swarm-test 命令，查看名为 tomcat-swarm-test 的服务，可获知两个容器部署在哪些节点上。

```
# docker service ps tomcat-swarm-test
ID             NAME                 IMAGE     NODE    DESIRED STATE  CURRENT STATE
b1g3afigun4a   tomcat-swarm-test.1  tomcat:8  node02  Running        Running about a minute ago
vajly3oeejmr   tomcat-swarm-test.2  tomcat:8  node01  Running        Running about a minute ago
```

从命令的返回信息可知，两个容器分别部署在 node01 和 node02 节点上。

【项目练习题】

1. 单选题

（1）以下（　　　）不是 Compose 的主要特点。

    A. 定义多服务应用   B. 单一配置文件管理

    C. 实时修改服务配置，而无须重启容器   D. 支持服务间的依赖关系定义

（2）在 Compose 的 YAML 配置文件中，用于指定服务使用的 Docker 镜像名称的标签是

（　　）。

    A．image　　　　　　B．container　　　　C．service　　　　　　D．environment

（3）以下（　　）命令用于构建（或重新构建）服务使用的镜像。

    A．docker-compose up　　　　　　　B．docker-compose build

    C．docker-compose start　　　　　　D．docker-compose down

（4）当想要启动已停止的 Compose 应用服务时，应使用（　　）命令。

    A．docker-compose up　　　　　　　B．docker-compose start

    C．docker-compose restart　　　　　D．docker-compose run

（5）当 Compose 应用启动失败时，可以使用（　　）命令来查看服务的日志，以便进行调试。

    A．docker-compose logs　　　　　　B．docker logs

    C．docker-compose ps　　　　　　　D．docker inspect

（6）以下（　　）不是 Swarm 的核心组件。

    A．管理节点　　　　B．工作节点　　　　C．客户端　　　　　D．独立组件

（7）在 Swarm 集群中，（　　）命令用于初始化一个新的 Swarm 集群，并将当前节点设为管理节点。

    A．docker swarm init　　　　　　　B．docker swarm join

    C．docker swarm leave　　　　　　D．docker swarm update

（8）在 Swarm 集群中，（　　）命令用于部署一个新的服务，并指定副本数量。

    A．docker service create　　　　　　B．docker service scale

    C．docker service update　　　　　　D．docker service deploy

（9）在 Swarm 集群中，如果需要为服务配置持久化存储，则会使用（　　）类型的卷。

    A．本地卷　　　　　　　　　　　　B．Swarm 模式的卷

    C．第三方存储插件（如 NFS、Ceph）　D．以上都可以

（10）Swarm 提供了内置的网络覆盖功能，允许跨节点的容器相互通信。默认情况下，新创建的 Swarm 集群会包含默认的（　　）网络驱动。

    A．Bridge　　　　　　B．Overlay　　　　C．Host　　　　　　D．Macvlan

2．判断题

（1）Compose 是一个用于定义和运行多容器 Docker 应用程序的工具，它允许使用 YAML 文件来配置服务。（　　）

（2）Compose 配置文件必须命名为 "docker-compose.json"。（　　）

（3）在 Compose 中，可以使用 docker-compose up 命令来启动所有服务，并自动构建缺失的镜像。（　　）

（4）Compose 支持使用 docker-compose scale 命令来扩展或缩减服务的副本数量。（　　）

（5）Compose 不支持卷的配置，所有持久化数据都需要手动管理。（　　）

（6）Swarm 集群中的每个节点都可以是管理节点或工作节点，但每个集群只能有一个管理节点。（　　）

（7）Swarm 集群中的管理节点负责集群的调度、状态管理和集群配置等任务。（　　）

（8）在 Swarm 集群中，可以使用 docker service create 命令来部署新的服务。（　　）

（9）一旦服务被部署到 Swarm 集群中，就不能更改其配置或副本数量了。（　　）

（10）要扩展 Swarm 集群，只需将新的 Docker 主机加入集群中，并指定其角色（管理节点或工作节点）。（　　　）

3. 简答题

（1）Compose 的核心是什么？有什么作用？

（2）简述 Swarm 的主要功能。

（3）Swarm 架构主要由几部分组成？各部分分别有什么功能？

项目6
Kubernetes概述
及基本操作

06

Kubernetes是Google开源的容器编排引擎，提供了自动化部署、大规模可伸缩、应用容器化管理等功能。本项目通过两个任务介绍Kubernetes及其基本操作，并以RHEL 8.1为基础，介绍使用kubeadm安装Kubernetes集群的方法和kubectl命令的使用方法。

【知识目标】

- 了解Kubernetes的主要目标和增强功能。
- 了解Kubernetes的核心概念。
- 了解Kubernetes的架构。
- 了解Kubernetes的操作流程。

【能力目标】

- 掌握Kubernetes集群的安装方法。
- 掌握Kubernetes下Dashboard的安装方法。

【素质目标】

- 加深对行业规范的理解和认同，形成良好职业道德。
- 拓宽国际视野，培养竞争意识。
- 培养自主学习能力和团队协作精神。

任务 6.1　Kubernetes 概述

【任务要求】

Swarm 作为 Docker 开发的原生的集群管理引擎，虽然有众多优点，但是仍存在依赖平台、不提供存储选项、监控不良等问题。工程师小王通过查阅资料发现，Kubernetes 作为 Google 开源的一个容器编排引擎，能较好地解决这些问题。小王在对 Kubernetes 技术进行调研后，编写了 Kubernetes 的安装手册，以供公司相关技术人员学习，并在公司内部推广该技术。

【相关知识】

6.1.1　Kubernetes 简介

随着应用规模的增长，主机端承受的负载压力越来越大，已经超出了单台主机所能承受的负载压力。编排系统可以帮助用户将一组主机（节点）视为一个统一的、可编程的、可靠的集群，这个集群可以当作一台大型计算机来使用。Kubernetes 用于管理云平台中多台主机的容器化应用，是一个全新的基于容器技术的分布式架构领先方案。Kubernetes 在 Docker 技术的基础上，为容器化的应用提供部署运行、资源调度、服务发现和动态伸缩等一系列功能，提高了大规模容器集群管理的便捷性。

Kubernetes 的主要目标是让部署容器化的应用简单且高效，它提供了一种应用部署、规划、更新、维护的机制。

Kubernetes 作为一个完备的分布式系统支撑平台，具有完备的集群管理能力。Kubernetes 集群在多个 Docker 节点之间进行协调，提供了一个统一的、可编程的模型。Kubernetes 具有以下几个方面的增强功能。

（1）强大的故障发现和自我修复能力。Kubernetes 会监视容器的运行状态，在其出现故障时重新启动容器，并通过动态服务归属机制确保一个节点失效后，Kubernetes 管理系统会自动将失效节点的任务重新调度到正常的节点上，而这些新启动的容器能被发现并使用。

（2）高集群利用率。与静态的手动配置方式相比，Kubernetes 通过在一组主机（节点）上调度不同类型的工作负载，大幅度提高了计算机的利用率。集群越大，工作负载种类越多，主机的利用率就越高。

（3）组织和分组。在大型集群中，追踪所有正在运行的容器可能非常困难。Kubernetes 通过标签系统，让用户和其他系统可以以一组容器为单位来进行处理。同时，Kubernetes 支持命名空间功能，可以使不同的用户或团队在集群中看到相互隔离的不同视图。

（4）弹性伸缩。弹性伸缩是指适应负载变化，在 Kubernetes 中，可根据负载的高低动态调整 Pod 的副本数量，以弹性可伸缩的方式提供资源。

（5）滚动升级。滚动升级是一种平滑过渡的升级方式，Kubernetes 通过逐步替换的策略来保证整体系统的稳定性。

6.1.2　Kubernetes 核心概念

1. Master

Master 是 Kubernetes 集群中的控制节点，一般会独自占据一个服务器，负责管理集群，提供集群的资源数据访问入口。Master 包含以下关键组件。

（1）API Server：Kubernetes 中所有资源的增加、删除、修改、查询等操作指令的唯一入口。任何对资源进行操作的指令都要交给 API Server 处理，再提交给 etcd。

（2）Controller Manager：Kubernetes 所有资源对象的自动化控制中心。可以理解为每个资源都对应一个控制器，而 Controller Manager 负责管理这些控制器。

（3）Scheduler：负责资源调度（Pod 调度），负责调度 Pod 到合适的 Node 上。如果把 Scheduler 看作一个黑匣子，那么它的输入是 Pod 和由多个 Node 组成的列表，输出是 Pod 和一个 Node 的绑定，即将 Pod 部署到 Node 上。用户可以使用 Kubernetes 提供的调度算法，也可根据需求自定义调度算法。

（4）etcd：一个高可用的键值存储系统，Kubernetes 使用它来存储各个资源的状态，从而实现 RESTful 的 API。

2. Node

Node 是 Kubernetes 集群架构中运行 Pod 的服务节点，Node 主要由 3 个模块组成，负责 Pod 的创建、启动、监控、重启、销毁，并实现软件模式的负载均衡。

（1）runtime：容器运行环境，目前 Kubernetes 支持 Docker 环境。

（2）Kube-proxy：实现 Kubernetes Service 的通信与负载均衡机制的重要模块。

（3）kubelet：Master 在每个 Node 上的代理，是 Node 上重要的模块，负责维护和管理该 Node 上的所有容器，但是如果某容器不是通过 Kubernetes 创建的，则 Node 不会管理此容器。

Node 包含的信息如下。

（1）Node 地址：主机的 IP 地址或 Node ID。

（2）Node 的运行状态：包含 Pending、Running、Terminated 这 3 种状态。

（3）Node Condition 节点状态：描述节点在 Running 状态下 Node 的详细健康状态和运行条件，健康状态包含 True、False 和 Unknown3 种状态，其他运行条件用于描述节点的资源压力和网络状态。

（4）Node 系统容量：描述 Node 可用的系统资源，包括 CPU、内存、最大可调度 Pod 数量等。

（5）其他：内核版本、Kubernetes 版本等。

3. Pod

Pod 是 Kubernetes 的基本操作单元，也是应用运行的载体。整个 Kubernetes 系统都是围绕着 Pod 展开的。Pod 是若干容器的组合，一个 Pod 内的容器必须运行在同一台宿主机上，这些容器使用相同的命名空间、IP 地址和端口，可以通过 localhost 互相发现和通信，可以共享一块存储卷空间。

Pod 其实有两种类型：静态 Pod 和普通 Pod。静态 Pod 并不存在于 Kubernetes 的 etcd 中，而是存放在某个 Node 的一个具体文件中，且只在此 Node 上启动。普通 Pod 一旦被创建，就会被放入 etcd 中，随后会被 Kubernetes Master 调度到某个具体的 Node 上进行绑定，该 Pod 被对应的 Node 上的 kubelet 进程实例化为一组相关的 Docker 容器并启动。在默认情况下，当 Pod 中的某个容器终止时，Kubernetes 会自动检测到这个容器并重启 Pod（重启 Pod 中的所有容器）。如果 Pod 所在的 Node 宕机，则会将这个 Node 上的所有 Pod 重新调度到其他节点上。

一个 Pod 中的应用容器共享一组资源。

（1）PID 命名空间：Pod 中的不同应用程序可以看到其他应用程序的 PID。

（2）网络命名空间：Pod 中的多个容器能够访问同一个 IP 地址和端口范围。

（3）进程间通信（Interprocess Communication，IPC）命名空间：Pod 中的多个容器能够使用 System V IPC 或 POSIX（可移植操作系统接口）消息队列进行通信。

（4）UTS 命名空间（Unix Timesharing System Namespace）：Pod 内的容器共享同一个网络命名空间，可共享相同的网络配置，包括 IP 地址和主机名。

（5）共享存储卷：Pod 中的各个容器可以访问在 Pod 级别定义的卷。

4. Replication Controller

当应用托管在 Kubernetes 后，Replication Controller（RC）负责保证应用持续运行。RC 用于管理 Pod 的副本，保证集群中存在指定数量的 Pod 副本。当集群中副本的数量大于指定数量时，会终止指定数量之外的多余容器；反之，会启动少于指定数量的容器，以保证数量不变。在此基础上，RC 还提供了一些更高级的特性，如弹性伸缩、动态扩容和滚动升级等。

5. Service

为了适应快速的业务需求，微服务架构已经逐渐成为主流，微服务架构的应用需要有非常好的服务编排支持。

Service 是真实应用服务的抽象，定义了 Pod 逻辑上的集合和访问 Pod 集合的策略。Service 将代理 Pod 对外表现为单一的访问接口，外部不需要了解 Pod 如何运行，这给扩展和维护带来了很多好处，提供了一套简化的服务代理和发现机制。

6. Label

Kubernetes 中的任意 API 对象都是通过 Label 进行标识的，Label 以键值对的形式附加到各种对象上，如 Pod、Service、RC、Node 等，以识别这些对象并管理关联关系等，如管理 Service 和 Pod 的关联关系。一个资源对象可以定义任意数量的 Label，同一个 Label 也可以被添加到任意数量的资源对象上。Label 是 RC 和 Service 运行的基础，二者通过 Label 来关联 Node 上运行的 Pod。

可以通过给指定的资源对象捆绑一个或者多个不同的 Label 来实现多维度的资源分组管理功能，以便于灵活、方便地进行资源分配、调度、配置等。常用的 Label 分为如下几类。

（1）版本 Label："release":"stable"、"release":"canary"。

（2）环境 Label："environment":"dev"、"environment":"qa"、"environment":"production"。

（3）架构 Label："tier":"frontend"、"tier":"backend"、"tier":"middleware"。

（4）分区 Label："partition":"customerA"、"partition":"customerB"。

（5）质量管控 Label："track":"daily"、"track":"weekly"。

7. Volume

Volume 是 Pod 中能够被多个容器访问的共享目录。Volume 被定义在 Pod 上，Pod 内的容器可以访问、挂载 Volume。Volume 与 Pod 的生命周期相同，与具体的 Docker 容器生命周期不相关。某个 Docker 容器删除或终止时，Volume 中的数据不会丢失。Volume 支持 EmptyDir、HostPath、NFS、iSCSI、GlusterFS 等类型的文件系统。

8. Deploymnet

Deployment 是一种用于管理无状态应用的核心控制器。它提供了声明式的更新机制，允许用户定义应用的期望状态（如副本数、容器镜像版本等），并确保集群的实际状态与期望状态一致。通常用于管理 Pod 的部署、更新和回滚。

6.1.3 Kubernetes 架构及操作流程

1. Kubernetes 架构

Kubernetes 集群包含节点代理 kubelet 和 Master 组件，一切都基于分布式的存储系统。Kubernetes 架构如图 6-1 所示。

Kubernetes 架构包括以下内容。

（1）Kubernetes Master：集群的控制平面核心，负责管理和协调整个集群的运行。其核心组件包括 API Server、Scheduler 和 Controller Manager，它们共同协作以实现集群状态的维护、资源的调度以及控制逻辑的执行。

（2）主节点存储（etcd）：Kubernetes 所有的持久化状态都保存在 etcd 中。

（3）kubelet：运行在每个节点之上，负责控制 Docker，向 Master 报告自己的状态及配置节点级别的资源，如配置远程磁盘存储。

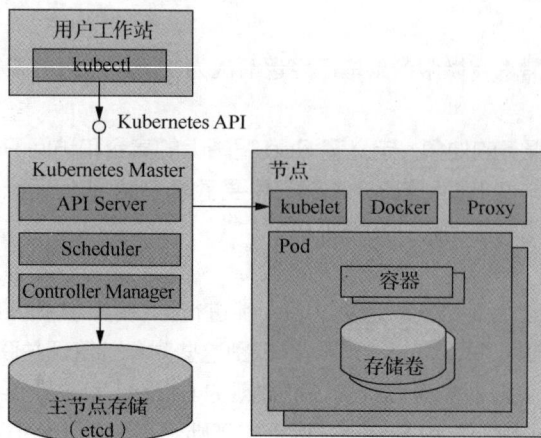

图6-1　Kubernetes 架构

（4）Proxy：运行在每个节点之上，为本地容器提供了单一的网络接口，以连接一组 Pod。

2. Kubernetes 的操作流程

Kubernetes 的操作流程如下。

（1）通过 kubectl 和 Kubernetes API 提交一个创建 RC 的请求，该请求通过 API Server 被写入 etcd。该 RC 请求包含一个 Pod 模板和一个副本数。

（2）Controller Manager 通过 API Server 监听资源变化的接口以监听该 RC 请求，如果当前集群中没有其对应的 Pod 实例，则根据 RC 中的 Pod 模板定义并生成一个 Pod 对象，通过 API Server 写入 etcd。

（3）Scheduler 通过查看集群的当前状态（有哪些可用节点，以及各节点有哪些可用资源）执行相应的调度流程，将新的 Pod 绑定到指定的节点上，并通过 API Server 将该结果写入 etcd。

（4）运行 kubelet 的节点会监测分配给其所在节点的 Pod 组中的变化，并根据情况来启动或者终止 Pod。其过程包括在需要时对存储卷进行配置，将 Docker 镜像下载到指定节点中，以及通过调用 Docker API 来启动或终止各个容器。

【任务实现】

任务：部署 Kubernetes 集群

1. 任务环境准备

本任务选用 3 台部署在 VMware Workstation pro 16 中的 RHEL 8.1 虚拟机，各虚拟机基本配置信息如表 6-1 所示。

V6-1　部署 Kubernetes 集群（1）

V6-2　部署 Kubernetes 集群（2）

V6-3　部署 Kubernetes 集群（3）

表6-1　各虚拟机基本配置信息

主机名	IP 地址	虚拟机 CPU/内存	节点角色
k8s-master	192.168.200.101/24	2vCPU/8GB	管理节点
k8s-node01	192.168.200.102/24	2vCPU/8GB	工作节点 1
k8s-node02	192.168.200.103/24	2vCPU/8GB	工作节点 2

2. 基本环境设置（3 台主机均需设置）

（1）根据表 6-1 设置相应主机的主机名。

将 IP 地址为 192.168.200.101 的主机设置为管理节点，设置主机名为 k8s-master。

```
# hostnamectl set-hostname k8s-master
# bash
```

将 IP 地址为 192.168.200.102 的主机设置为工作节点 1，设置主机名为 k8s-node01。

```
# hostnamectl set-hostname k8s-node01
# bash
```

将 IP 地址为 192.168.200.103 的主机设置为工作节点 2，设置主机名为 k8s-node02。

```
# hostnamectl set-hostname k8s-node02
# bash
```

（2）禁用 RedHat Subscription Manager。

```
# vi /etc/yum/pluginconf.d/subscription-manager.conf
//修改 enabled 参数值为 0
enabled=0
```

文件编辑完成后，保存文件并退出，返回命令行。

```
# vi /etc/yum/pluginconf.d/product-id.conf
//修改 enabled 参数值为 0
enabled=0
```

文件编辑完成后，保存文件并退出，返回命令行。

（3）编辑/etc/hosts 文件，添加主机名和 IP 地址的解析。

```
# vi /etc/hosts
//在文件末尾添加如下内容
192.168.200.101 k8s-master
192.168.200.102 k8s-node01
192.168.200.103 k8s-node02
```

文件编辑完成后，保存文件并退出，返回命令行。

（4）关闭防火墙和 SELinux，3 台主机均需设置。

```
# systemctl stop firewalld
# systemctl disable firewalld
# setenforce 0
# sed -i "s/SELINUX=enforcing/SELINUX=disabled/g" /etc/selinux/config
```

（5）配置 yum 源。

本任务通过配置本地 yum 源来提供相应软件包的安装，上传 RHEL 8.1 的映像文件 rhel-8.1-x86_64-dvd.iso 到虚拟机的/opt 目录中，上传完毕后，使用 ls 命令进行查看。

```
# ls /opt
rhel-8.1-x86_64-dvd.iso
```

移除节点的本地 yum 源。

```
# mkdir /opt/repo                        //建立存放目录
# mv /etc/yum.repos.d/* /opt/repo        //将原 yum 文件移至/opt/repo 目录
```

将镜像文件挂载到/mnt 目录中，同时设置开机自动挂载。

```
# mount -o loop /opt/rhel-8.1-x86_64-dvd.iso /mnt
mount: /mnt: WARNING: device write-protected, mounted read-only.
# vi /etc/fstab
```

```
//在文件末尾添加如下内容
/opt/rhel-8.1-x86_64-dvd.iso       /mnt/ iso9660    loop     0     0
```

文件编辑完成后，保存文件并退出，返回命令行。在/etc/yum.repos.d 目录中编写本地 yum
源文件，文件名为 redhat.repo。

```
# vi /etc/yum.repos.d/redhat.repo
//添加如下参数信息
[AppStream]
name=AppStream
baseurl=file:///mnt/AppStream
enabled=1
gpgcheck=0

[BaseOS]
name=BaseOS
baseurl=file:///mnt/BaseOS
enabled=1
gpgcheck=0
```

文件编辑完成后，保存文件并退出，返回命令行，清理及重建 yum 缓存。

```
# yum clean all
# yum makecache
```

（6）关闭 swap 分区，3 台主机均需设置。

```
# swapoff -a                              //临时关闭 swap 分区
# sed -ri 's/.*swap.*/#&/' /etc/fstab      //永久关闭 swap 分区
```

（7）配置免密登录。

```
# ssh-keygen -t rsa
Generating public/private rsa key pair.
Enter file in which to save the key (/root/.ssh/id_rsa):      //直接按 Enter 键
Created directory '/root/.ssh'.
Enter passphrase (empty for no passphrase):                   //直接按 Enter 键
Enter same passphrase again:                                 //直接按 Enter 键
Your identification has been saved in /root/.ssh/id_rsa.
Your public key has been saved in /root/.ssh/id_rsa.pub.
…
# ssh-copy-id k8s-master                    //将密码复制到 k8s-master 主机中
# ssh-copy-id k8s-node01                    //将密钥复制到 k8s-node01 主机中
# ssh-copy-id k8s-node02                    //将密钥复制到 k8s-node02 主机中
```

配置完成后，可进行验证，本任务仅以在 k8s-master 主机上验证为例进行介绍。

```
//通过 SSH（安全外壳）进行验证
[root@k8s-master ~]# ssh k8s-node01
Last login: Mon Aug  5 23:08:08 2024 from 192.168.200.1
[root@k8s-node01 ~]#
[root@k8s-node01 ~]# exit
logout
Connection to k8s-node01 closed.

[root@k8s-master ~]# ssh k8s-node02
Last login: Mon Aug  5 23:08:08 2024 from 192.168.200.1
```

```
[root@k8s-node02 ~]# exit
logout
Connection to k8s-node02 closed.
```

从显示结果上看，免密登录配置成功。

（8）配置时间同步，安装 chrony 时间同步服务软件包。

```
# yum -y install chrony
```

编辑 chrony 配置文件。

```
# vi /etc/chrony.conf
//添加如下内容
pool 1.ntp1.aliyun.com iburst
```

文件编辑完成后，保存文件并退出，返回命令行，重启 chronyd 服务。

```
# systemctl restart chronyd
# ln -sf /usr/share/zoneinfo/Asia/Shanghai /etc/localtime
# echo 'Asia/Shanghai' > /etc/timezone
```

使用 chronyc 命令验证时间同步状态。

```
# chronyc sources
```

此时应该会看到阿里云 NTP 服务器列在同步源之中。

（9）进行安装前的系统优化。

```
# vi /etc/sysctl.d/k8s.conf
//添加如下参数信息
net.bridge.bridge-nf-call-iptables=1
net.bridge.bridge-nf-call-ip6tables=1
net.ipv4.ip_forward=1
vm.swappiness=0
vm.overcommit_memory=1
vm.panic_on_oom=0
fs.inotify.max_user_instances=8192
fs.inotify.max_user_watches=1048576
fs.file-max=52706963
fs.nr_open=52706963
net.ipv6.conf.all.disable_ipv6=1
net.netfilter.nf_conntrack_max=2310720
```

文件编辑完成后，保存文件并退出，返回命令行。

参数说明如下。

■ net.bridge.bridge-nf-call-iptables = 1：当通过桥接网络接收到 IPv4 数据包时，将调用 iptables 规则进行处理。

■ net.bridge.bridge-nf-call-ip6tables = 1：当通过桥接网络接收到 IPv6 数据包时，将调用 ip6tables 规则进行处理。

■ net.ipv4.ip_forward = 1：允许 IPv4 数据包转发，即使数据包的目标不是本机。

运行下列命令，并配置 k8s.conf 文件中的内核参数配置。

```
# modprobe br_netfilter
# lsmod |grep conntrack
# modprobe ip_conntrack
# sysctl -p /etc/sysctl.d/k8s.conf
```

（10）配置 IPVS（IP 虚拟服务器）转发支持功能，3 台主机均需配置。

```
# yum -y install wget jq psmisc vim net-tools nfs-utils socat telnet device-mapper-persistent-
data lvm2 git network-scripts tar curl -y
# yum install -y conntrack ipvsadm ipset jq iptables curl sysstat libseccomp wget vim net-tools git
//开启 IPVS 转发功能
# modprobe br_netfilter
# cat > /etc/sysconfig/modules/ipvs.modules << EOF
#!/bin/bash
modprobe -- ip_vs
modprobe -- ip_vs_rr
modprobe -- ip_vs_wrr
modprobe -- ip_vs_sh
modprobe -- nf_conntrack
EOF
# chmod 755 /etc/sysconfig/modules/ipvs.modules
# bash /etc/sysconfig/modules/ipvs.modules
# lsmod | grep -e ip_vs -e nf_conntrack
ip_vs_sh              16384   0
ip_vs_wrr             16384   0
ip_vs_rr              16384   0
ip_vs                172032   6 ip_vs_rr,ip_vs_sh,ip_vs_wrr
nf_defrag_ipv6        20480   1 ip_vs
nf_conntrack         155648   1 ip_vs
libcrc32c             16384   3 nf_conntrack,xfs,ip_vs
```

3. Kubernetes 基础环境配置（3 台主机均需配置）

（1）安装 Docker，安装完成后配置镜像加速器，并启动 Docker 服务。

```
# wget https://mirrors.aliyun.com/docker-ce/linux/centos/docker-ce.repo -O
/etc/yum.repos.d/docker-ce.repo
# yum -y install docker-ce-26.1.3        //安装 Docker-CE
# systemctl start docker
# systemctl enable docker
```

配置镜像加速器，以提升镜像下载速度。

```
# vi /etc/docker/daemon.json
//添加如下内容
{
    "registry-mirrors": ["https://docker.m.daocloud.io",
"exec-opts": ["native.cgroupdriver=systemd"]
}
```

文件编辑完成后，保存文件并退出，返回命令行，重启 Docker 服务。

```
# systemctl daemon-reload
# systemctl restart docker
# docker --version
Docker version 26.1.3, build b72abbb
```

（2）配置 cri-docker 环境，3 台主机均需配置。

```
# yum install -y libcgroup
# wget https://github.com/Mirantis/cri-dockerd/releases/download/v0.3.4/cri-dockerd-0.3.4-
```

3.el8.x86_64.rpm

　　# rpm –ivh cri-dockerd-0.3.4-3.el8.x86_64.rpm

　　# vim /usr/lib/systemd/system/cri-docker.service

　　//修改 ExecStart 参数值，可将原有内容注释掉，换成下面的内容

　　ExecStart=/usr/bin/cri-dockerd --pod-infra-container-image=registry.aliyuncs.com/
google_containers/pause:3.9 --container-runtime-endpoint fd://

　　文件编辑完成后，保存文件并退出，返回命令行。

　　# systemctl restart cri-docker

　　# systemctl enable cri-docker

　　（3）配置 Kubernetes 的 yum 源。

　　# vi /etc/yum.repos.d/kubernetes.repo

　　//添加如下参数信息

　　[kubernetes]

　　name=Kubernetes

　　baseurl=https://mirrors.aliyun.com/kubernetes-new/core/stable/v1.28/rpm/

　　enabled=1

　　gpgcheck=1

　　gpgkey=https://mirrors.aliyun.com/kubernetes-new/core/stable/v1.28/rpm/repodata/repomd.xml
.key

　　文件编辑完成后，保存文件并退出，返回命令行。执行以下命令，查看所有的可用版本。

　　# yum list kubelet --showduplicates | sort –r

　　（4）安装 kubectl-1.28.2、kubelet-1.28.2、kubeadm-1.28.2，3 台主机均需配置。

　　# yum install -y kubelet-1.28.2 kubeadm-1.28.2 kubectl-1.28.2

说 明 本任务安装的是 **1.28.2** 版本，如果不指定版本号，则表示安装最新版本。

　　（5）修改/etc/sysconfig/kubelet 文件的内容，以实现 Docker 使用的 cgroup driver 与 kubelet
使用的 CGroups 的一致性。

　　# vi /etc/sysconfig/kubelet

　　//修改如下参数信息

　　KUBELET_EXTRA_ARGS="--cgroup-driver=systemd"

　　文件编辑完成后，保存文件并退出，返回命令行，重启 kubelet 服务并设置开机自启动。

　　# systemctl start kubelet

　　# systemctl enable kubelet

　　（6）为提高部署效率，可提前下载并安装 Kubernetes 1.28.2 所需的镜像，可使用以下命令查
看所需镜像。

　　# kubeadm config images list --kubernetes-version=v1.28.2

　　registry.k8s.io/kube-apiserver:v1.28.2

　　registry.k8s.io/kube-controller-manager:v1.28.2

　　registry.k8s.io/kube-scheduler:v1.28.2

　　registry.k8s.io/kube-proxy:v1.28.2

　　registry.k8s.io/pause:3.9

　　registry.k8s.io/etcd:3.5.9-0

　　registry.k8s.io/coredns/coredns:v1.10.1

　　从命令的返回信息来看，共需 7 个镜像，可使用以下命令获取所需镜像。

```
# kubeadm config images pull --image-repository registry.aliyuncs.com/google_containers
--cri-socket=unix:///var/run/cri-dockerd.sock
```

（7）在 k8s-master 节点上部署 Kubernetes Master。

```
# kubeadm init --kubernetes-version=v1.28.2 --pod-network-cidr=10.224.0.0/16
--apiserver-advertise-address=192.168.200.101 --image-repository registry.aliyuncs.com/
google_containers --cri-socket=unix:///var/run/cri-dockerd.sock
```

参数说明如下。

■ --kubernetes-version：指定 Kubernetes 版本号。

■ --pod-network-cidr：指定 Pod 网络的范围。Kubernetes 支持多种网络方案，且不同的网络方案对--pod-network-cidr 有自己的要求，此处设置为 10.244.0.0/16 是因为本任务使用 CIDR（无类别域间路由选择）网络地址。

■ --apiserver-advertise-address：如果该 Master 节点有多块网卡，则需要指定；如果不指定，则 kubeadm 会自动选择有默认网关的接口。

如果命令正常执行，则会看到如下显示信息。当看到"initialized successfully!"时，表示初始化完成。

```
Your Kubernetes control-plane has initialized successfully!

To start using your cluster, you need to run the following as a regular user:

  mkdir -p $HOME/.kube
  sudo cp -i /etc/kubernetes/admin.conf $HOME/.kube/config
  sudo chown $(id -u):$(id -g) $HOME/.kube/config

Alternatively, if you are the root user, you can run:

  export KUBECONFIG=/etc/kubernetes/admin.conf

You should now deploy a pod network to the cluster.
Run "kubectl apply -f [podnetwork].yaml" with one of the options listed at:
  https://kubernetes.io/docs/concepts/cluster-administration/addons/

Then you can join any number of worker nodes by running the following on each as root:

kubeadm join 192.168.200.101:6443 --token 3ors21.z7moj3nzqtzszezs \
        --discovery-token-ca-cert-hash
sha256:a638d90ab2c983342b57d245ec9036ad458f124cfba78ed6d906421adbfb417f
```

需要记录输出信息中的 kubeadm join 命令，后面节点加入集群时需要用到此命令。

```
kubeadm join 192.168.200.101:6443 --token 3ors21.z7moj3nzqtzszezs \
        --discovery-token-ca-cert-hash
sha256:a638d90ab2c983342b57d245ec9036ad458f124cfba78ed6d906421adbfb417f
```

（8）使用 kubectl 工具配置环境变量，此操作仅需在 k8s-master 节点上执行。

```
# mkdir -p $HOME/.kube
# sudo cp -i /etc/kubernetes/admin.conf $HOME/.kube/config
# sudo chown $(id -u):$(id -g) $HOME/.kube/config
# export KUBECONFIG=/etc/kubernetes/admin.conf
```

在 k8s-master 节点上查看集群状态。

```
# kubectl get nodes
NAME                STATUS        ROLES          AGE       VERSION
k8s-master          NotReady      control-plane  29m       v1.28.2
```

可以看到，STATUS 显示 NotReady（未就绪），原因是网络还未配置。

（9）使用 kubeadm join 命令将 k8s-node01 和 k8s-node02 两个工作节点加入集群。

在 k8s-node01 节点上使用 kubeadm join 命令。

```
[root@k8s-node01 ~]# kubeadm join 192.168.200.101:6443 --token 3ors21.z7moj3nzqtzszezs
--discovery-token-ca-cert-hash
sha256:a638d90ab2c983342b57d245ec9036ad458f124cfba78ed6d906421adbfb417f
--cri-socket=unix:///var/run/cri-dockerd.sock
```

在 k8s-node01 和 k8s-node02 节点上执行命令后，如果看到以下提示，则表明节点成功加入集群。

```
This node has joined the cluster:        //节点成功加入集群
* Certificate signing request was sent to apiserver and a response was received.
* The Kubelet was informed of the new secure connection details.

Run 'kubectl get nodes' on the control-plane to see this node join the cluster.
```

在 k8s-master 节点上查看加入集群的节点状态。

```
# kubectl get nodes
NAME           STATUS      ROLES           AGE       VERSION
k8s-master     NotReady    control-plane   6m11s     v1.28.2
k8s-node01     NotReady    <none>          37s       v1.28.2
k8s-node02     NotReady    <none>          21s       v1.28.2
```

可以看到，k8s-node01 和 k8s-node02 节点已经加入集群，但 STATUS 显示 NotReady。

4. 安装网络插件

本任务选择安装 Flannel 网络插件，本步骤仅需在 k8s-master 节点上操作。

Kubernetes 本身不提供网络功能，其网络功能是由相应的网络插件提供的。本任务通过使用 Flannel 网络插件为集群提供网络功能。

（1）将提前下载的 kube-flannel.yml 文件上传到/root 目录中，使用 ls 命令进行查看后，应用该配置文件。

```
# ls /root/kube-flannel.yml
/root/kube-flannel.yml
# kubectl apply -f kube-flannel.yml        //应用配置文件到 Kubernetes 集群
```

（2）在 k8s-master 节点上查看加入集群的节点状态。

```
# kubectl get nodes
NAME           STATUS     ROLES           AGE       VERSION
k8s-master     Ready      control-plane   140m      v1.28.2
k8s-node01     Ready      <none>          6m45s     v1.28.2
k8s-node02     Ready      <none>          6m40s     v1.28.2
```

说 明 节点加入集群时，最初的状态为 NotReady，等待一段时间后，状态转变为 Ready，再使用 kubectl get cs 命令查看集群的状态。

```
# kubectl get cs
Warning: v1 ComponentStatus is deprecated in v1.19+
NAME                    STATUS      MESSAGE   ERROR
controller-manager      Healthy     ok
scheduler               Healthy     ok
etcd-0                  Healthy     ok
```

（3）使用 kubectl get pod 命令查看 Kubernetes 中 kube-system 命名空间下的 Pod 状态。

```
# kubectl get pod -n kube-system
NAME                                READY   STATUS    RESTARTS   AGE
coredns-66f779496c-cxnxd            1/1     Running   0          37m
coredns-66f779496c-fvfhc            1/1     Running   0          37m
etcd-k8s-master                     1/1     Running   0          37m
kube-apiserver-k8s-master           1/1     Running   0          37m
kube-controller-manager-k8s-master  1/1     Running   0          37m
kube-proxy-4tt85                    1/1     Running   0          36m
kube-proxy-8kkvf                    1/1     Running   0          36m
kube-proxy-jqskq                    1/1     Running   0          37m
kube-scheduler-k8s-master           1/1     Running   0          37m
```

5. 安装 Dashboard 监控界面（仅需在 k8s-master 上操作）

（1）通过 wget 命令下载 Dashboard 所需的 YAML 文件。

```
# wget https://raw.githubusercontent.com/kubernetes/dashboard/v2.7.0/aio/deploy/
recommended.yaml
```

（2）修改下载的 recommended.yaml 文件，配置 Dashboard 访问端口。

```
# vim recommended.yaml
//修改如下内容
spec:
    type: NodePort
    ports:
      - port: 443
        targetPort: 8443
        nodePort: 30000
    selector:
        k8s-app: kubernetes-dashboard
```

文件编辑完成后，保存文件并退出，返回命令行。

（3）部署 Dashboard。

```
# kubectl apply -f recommended.yaml
...
service/dashboard-metrics-scraper created
deployment.apps/dashboard-metrics-scraper created
```

（4）Dashboard 部署完成后，可使用以下命令检查相关服务运行状态。

```
# kubectl get deployment kubernetes-dashboard -n kubernetes-dashboard
NAME                   READY   UP-TO-DATE   AVAILABLE   AGE
kubernetes-dashboard   1/1     1            1           101s

# kubectl get services -n kubernetes-dashboard
NAME                   TYPE    CLUSTER-IP   EXTERNAL-IP PORT(S)     AGE
```

| dashboard-metrics-scraper | ClusterIP 10.103.74.142 | \<none\> | 8000/TCP | 5m9s |
| kubernetes-dashboard | NodePort 10.103.78.59 | \<none\> | 443:30000/TCP 5m9s |

（5）打开浏览器，在其地址栏中输入 Dashboard 的访问地址"https://192.168.200.101:30000"
并按 Enter 键，Dashboard 登录界面如图 6-2 所示。

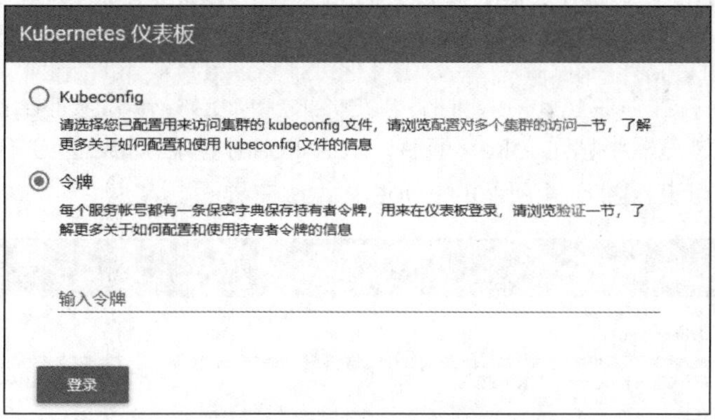

图 6-2　Dashboard 登录界面

查看访问 Dashboard 的令牌。

```
# vi dashboard_admin.yaml
//添加如下内容
apiVersion: v1
kind: ServiceAccount
metadata:
    name: admin-user
    namespace: kubernetes-dashboard
---
apiVersion: rbac.authorization.k8s.io/v1
kind: ClusterRoleBinding
metadata:
    name: admin-user
roleRef:
    apiGroup: rbac.authorization.k8s.io
    kind: ClusterRole
    name: cluster-admin
subjects:
- kind: ServiceAccount
    name: admin-user
    namespace: kubernetes-dashboard
```

文件编辑完成后，保存文件并退出，返回命令行。

```
# kubectl apply -f dashboard_admin.yaml
serviceaccount/admin-user created
clusterrolebinding.rbac.authorization.k8s.io/admin-user created
# kubectl -n kubernetes-dashboard create token admin-user     //查看令牌值
```

eyJhbGciOiJSUzI1NiIsImtpZCI6Ik5wWWWdSallIcXRRvUEtXalZBWmhzbUhppck1VT1pHQUk2ejZD
WGR6ZEtiQ1UifQ.eyJhdWQiOlsiaHR0cHM6Ly9rdWJlcm5ldGVzLmRlZmF1bHQuc3ZjLmNsdXN0ZX
XIubG9jYWwiXSwiZXhwIjoxNzIyOTTMzMDI4LCJpYXQiOjE3MjI5Mjk0MjgsImlzcyI6Imh0dHBzOi8va3
ViZXJuZXRlcy5kZWZhdWx0LnN2Yy5jbHVzdGVyLmxvY2FsIiwia3ViZXJuZXRlcy5pbyI6eyJuYW1lc

BhY2UiOiJrdWJlcm5ldGVzLWRhc2hib2FyZCIsInNlcnZpY2VhY2NvdW50Ijp7Im5hbWUiOiJhZG1pbi11c2VyIiwidWlkIjoiZjJmMWRiMjktMTNiYS00ODM0LTgxMGQtYjc2NzM0OGQ1MGQ0In19LCJuYmYiOjE3MjI5Mjk0MjgsInN1YiI6InN5c3RlbTpzZXJ2aWNlYWNjb3VudDprdWJlcm5ldGVzLWRhc2hib2FyZDphZG1pbi11c2VyIn0.NLio7pEyz7_g0wCjKerWLE9UM26XnY9WJ8HoGnUg2rTZxTx1HQQuBgEqhTAp-BNG3All36oTuyGDimWrCsnEMp8ddgFqvrhSVYMWwM3tF0sk_95ounMGFeuMlGmAi_zNccn7Q6XPmqA-LoDu3palx-ndOgz8J7BvjcWMZpth_J9uzNAeDwY_fgdNxRLA19FgpWHDyP2ZYGEgUJSy2WmiT39ZjEVHs6qr1_x48GTPTvKVJ0Wf7Kl28jFllkwytQgX_4QYlfqDiPycLQGTyOyhuDbz3AnOLu-OpuG03BhcHsCEunR1OmXpNNPlY-2USYPNzRMOO6wmd59MlLg1ngSwzw

复制令牌值，在浏览器中粘贴 token 值后，Dashboard 登录界面如图 6-3 所示。单击"登录"按钮，登录成功后，可进入图 6-4 所示的 Kubernetes 主界面。

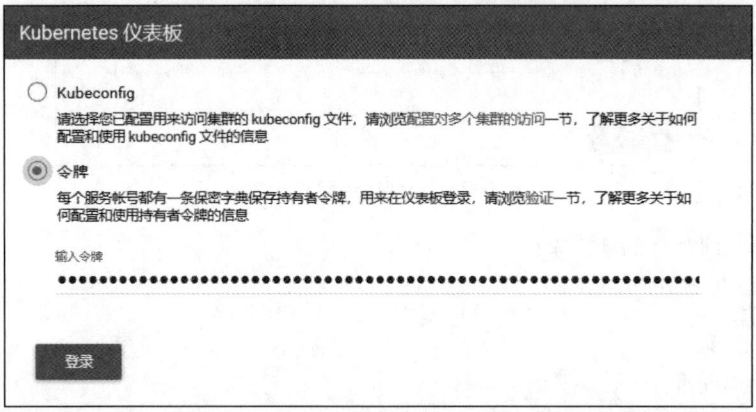

图 6-3　输入令牌后的 Dashboard 登录界面

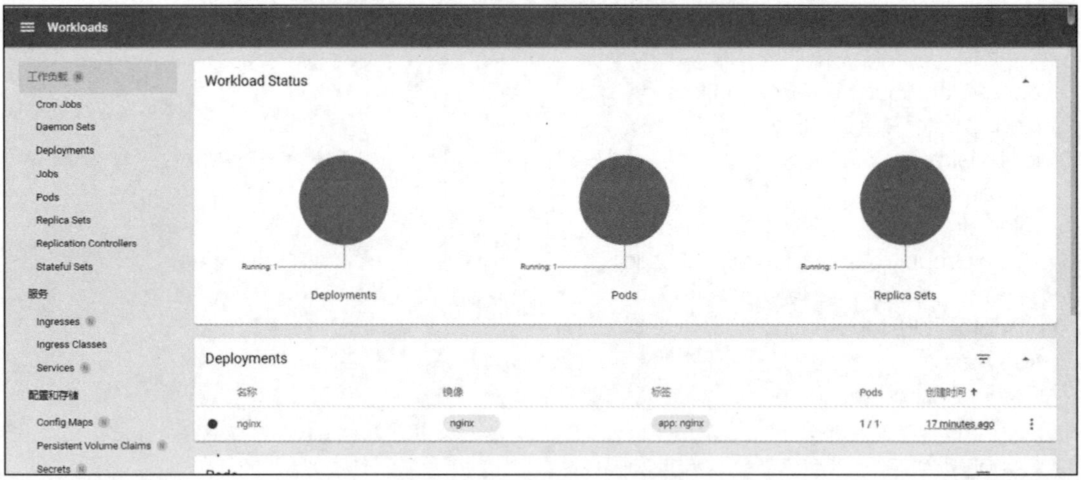

图 6-4　Kubernetes 主界面

【任务实训】利用 Rancher 部署 Kubernetes 集群

【实训目的】

1. 掌握 Rancher 运行环境的搭建方法。
2. 掌握利用 Rancher 部署 Kubernetes 集群的方法。

V6-4　利用 Rancher 部署 Kubernetes 集群

【实训内容】

1. 实训环境准备。

本实训选用 3 台部署在 VMware Workstation pro 16 中的 RHEL 8.1 虚拟机，虚拟机均已预先安装 Docker 运行环境。各虚拟机基本配置信息如表 6-2 所示。

表 6-2　各虚拟机基本配置信息

主机名	IP 地址	虚拟机 CPU/内存	节点角色
k8s-rancher-master	192.168.200.10/24	2vCPU/8GB	管理节点+Rancher
k8s-rancher-node01	192.168.200.20/24	2vCPU/8GB	工作节点 1
rancher	192.168.200.30/24	2vCPU/8GB	工作节点 2

在各主机上，使用下列命令验证初始环境。

```
# docker --version                            //查看已安装 Docker 的版本
Docker version 26.1.3, build b72abbb
# systemctl status firewalld                  //查看防火墙的状态
● firewalld.service - firewalld - dynamic firewall daemon
   Loaded: loaded (/usr/lib/systemd/system/firewalld.service; disabled; vendor preset: enabled)
   Active: inactive (dead)                     //防火墙已关闭
     Docs: man:firewalld(1)
# getenforce                                   //查看 SELinux 的状态
Disabled                                       //SELinux 已关闭
```

2. 安装 Rancher。

（1）下载镜像。

在 k8s-rancher-master 节点上下载 rancher-agent 镜像。

```
# docker pull rancher/rancher-agent:v2.5.7
```

在 rancher 节点上下载 rancher 镜像。

```
# docker pull rancher/rancher:v2.5.7
```

（2）运行容器。

在 rancher 节点（即服务端）上进行操作。

```
# docker run -d --restart=unless-stopped -p 80:80 -p 443:443 --privileged --name rancher
rancher/rancher:v2.5.7
```

参数及选项说明如下。

■　-d：表示在后台运行容器。

■　--restart=unless-stopped：设置容器的重启策略。当 Docker 守护进程重启时，这个容器将被重新启动，除非它之前被用户手动停止了。

■　-p 80:80：用于将容器内部的端口发布到宿主机。这样，容器内的 80 端口映射到了宿主机的 80 端口，允许外部用户访问容器中运行的服务。同样，如果使用 -p 443:443，则表示将容器内部的 443 端口映射到宿主机的 443 端口，常用于处理 HTTPS 流量，从而允许外部用户通过加密的 HTTPS 协议访问容器中的服务。

■　--privileged：给予容器更多的权限，相当于 root 权限，允许容器访问更多的宿主机资源，如设备访问。

■　--name rancher：指定容器的名称。给容器命名可以帮助用户管理和识别特定的容器。

■　rancher/rancher:v2.5.7：这是容器镜像的仓库名和标签，rancher/rancher 是 Rancher

官方提供的 Docker 镜像仓库，v2.5.7 是具体的版本号。

```
# docker ps
CONTAINER ID    IMAGE    COMMAND    CREATED    STATUS    PORTS    NAMES
d3688e7c2c29    rancher/rancher:v2.5.7    "entrypoint.sh"    12 seconds ago    Up 8 seconds
0.0.0.0:80->80/tcp, :::80->80/tcp, 0.0.0.0:443->443/tcp, :::443->443/tcp    rancher
```

从命令的返回信息可知，应用获取名称为 rancher 的容器的状态为 UP。

（3）登录 Rancher 平台。

使用浏览器访问 Rancher 服务端 IP 地址，由于没有 SSL 证书，因此单击"高级"按钮，再单击"继续前往 192.168.200.30（不安全）"链接，即可进入"Welcome to Rancher"界面，如图 6-5 所示。

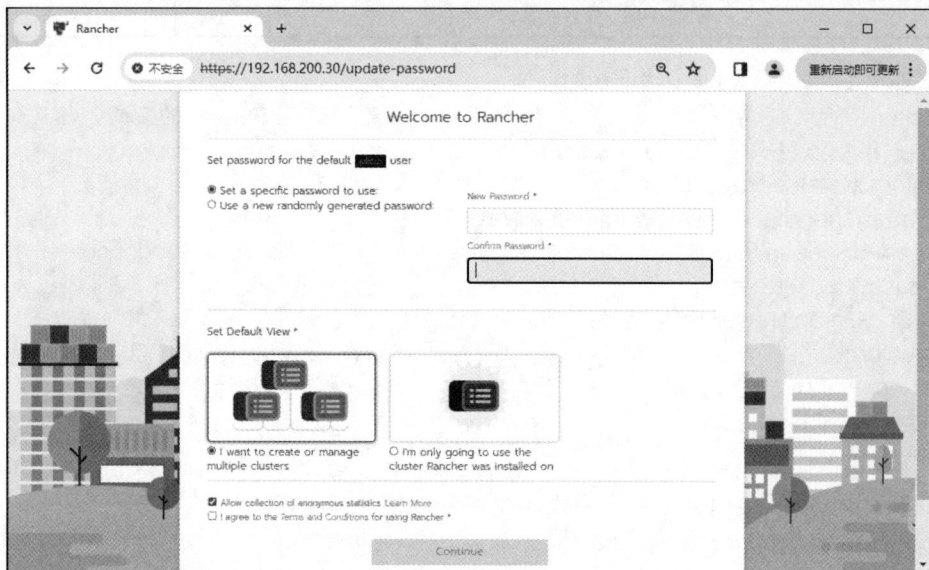

图 6-5 "Welcome to Rancher"界面

在该界面中设置密码后，勾选"I agree to the Terms and Conditions for using Rancher"复选框，单击"Continue"按钮；在进入的"Rancher Server URL"界面中确定 Rancher 服务器的 IP 地址无误后，单击"Save URL"按钮，如图 6-6 所示，即可进入 Rancher 工作主界面。

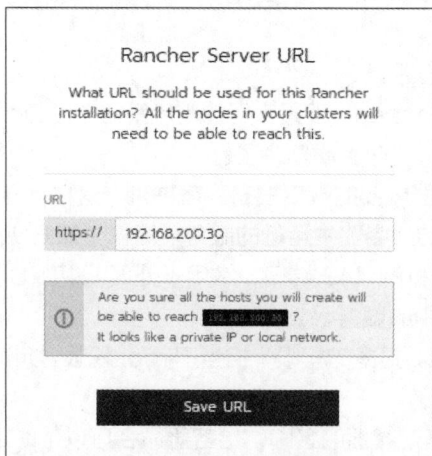

图 6-6 "Rancher Server URL"界面

　　如果进入的 Rancher 工作主界面为英文界面，则在界面右下角设置语言为简体中文，即可切换为中文界面。

　　（4）新建集群。

　　如图 6-7 所示，在 Rancher 工作主界面中单击"添加集群"按钮。

图 6-7　Rancher 工作主界面

　　在打开的界面中单击"自定义"按钮，自定义 Kubernetes 集群，如图 6-8 所示。

图 6-8　自定义 Kubernetes 集群

　　进入设置集群信息界面，输入集群名称，选择版本号和网络等信息，如图 6-9 所示。

　　勾选"Etcd""Control Plane""Worker"复选框后，复制以下命令到 k8s-rancher-master 节点上执行，添加管理节点命令界面如图 6-10 所示。

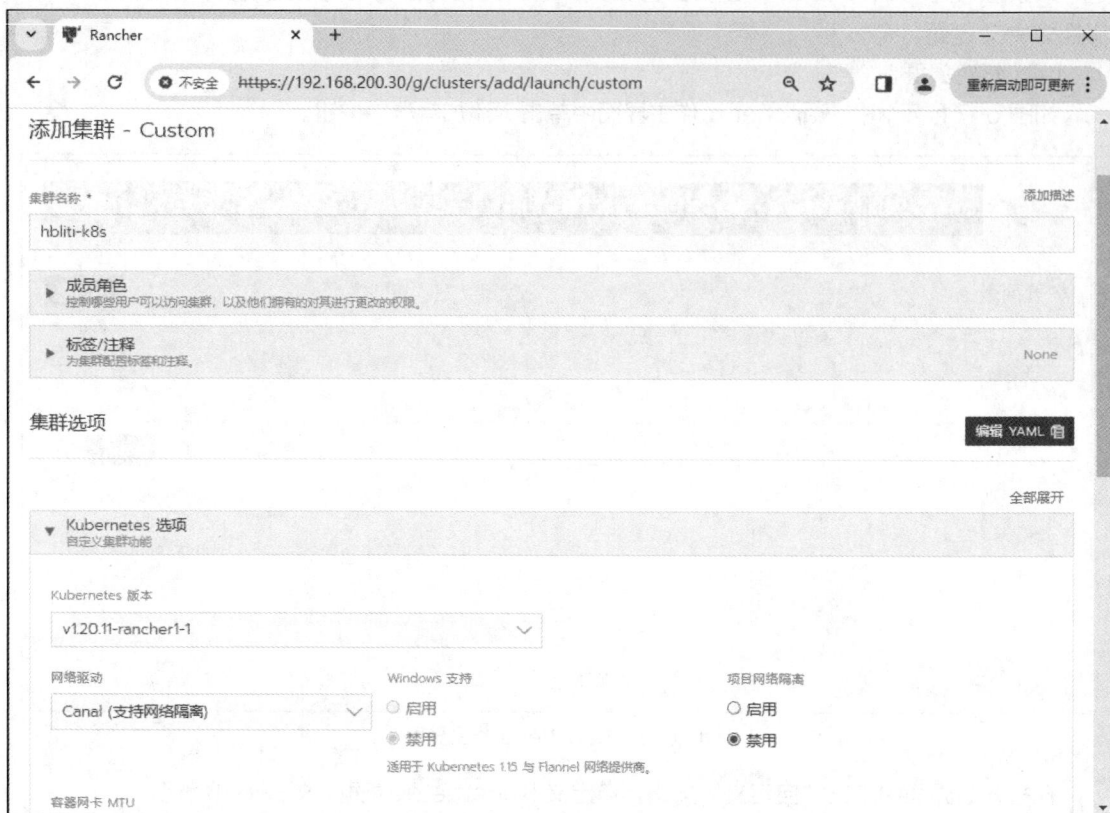

图 6-9　设置集群信息界面

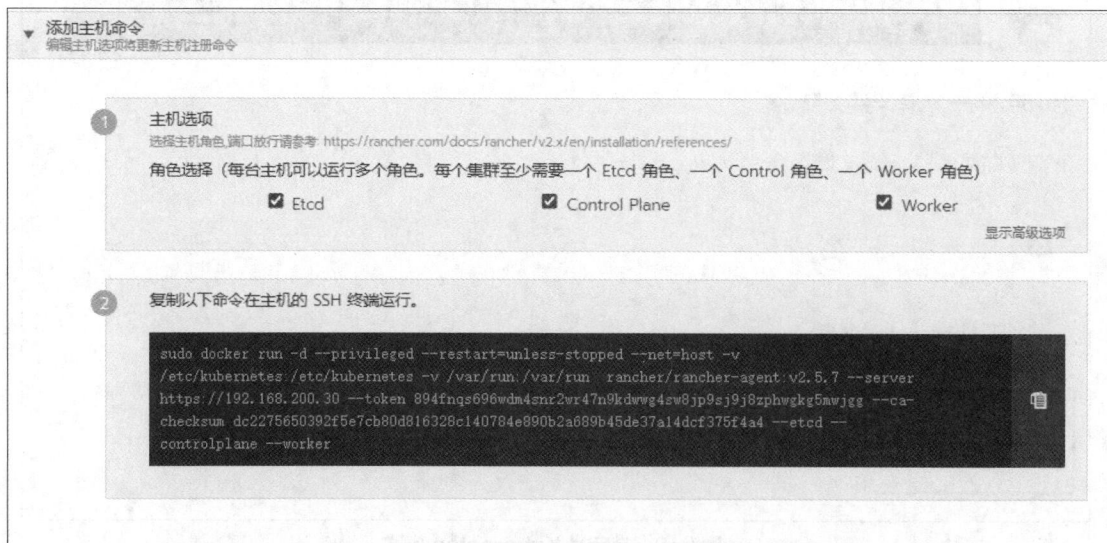

图 6-10　添加管理节点命令界面

在 k8s-rancher-master 节点上执行复制的命令。

```
# sudo docker run -d --privileged --restart=unless-stopped --net=host -v
/etc/kubernetes:/etc/kubernetes -v /var/run:/var/run   rancher/rancher-agent:v2.5.7 --server
```

https://192.168.200.30 --token 894fnqs696wdm4snr2wr47n9kdwwg4sw8jp9sj9j8zphwgkg5mwjgg
--ca-checksum dc2275650392f5e7cb80d816328c140784e890b2a689b45de37a14dcf375f4a4 --etcd
--controlplane --worker

在工作节点上只需勾选"Worker"复选框，复制以下命令到工作节点 1 中执行，添加工作
节点命令界面如图 6-11 所示。

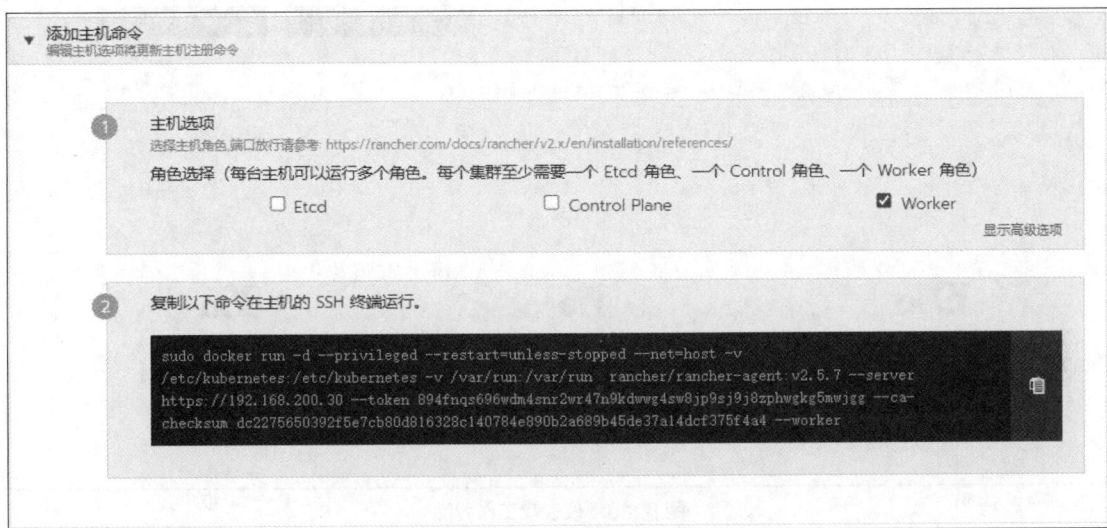

图 6-11　添加工作节点命令界面

在 k8s-rancher-node01 节点上执行复制的命令。

sudo docker run -d --privileged --restart=unless-stopped --net=host -v /etc/kubernetes:
/etc/kubernetes -v /var/run:/var/run　rancher/rancher-agent:v2.5.7 --server https://192.168.200.30
--token 894fnqs696wdm4snr2wr47n9kdwwg4sw8jp9sj9j8zphwgkg5mwjgg --ca-checksum
dc2275650392f5e7cb80d816328c140784e890b2a689b45de37a14dcf375f4a4 --worker
    ec1d361d6ee515d2504e2c31ed5fa2726600201b1fca865e17ee1462b26cac5d

（5）查看集群。

部署需要一段时间，部署完成后，即可查看主机注册情况，主机添加成功界面如图 6-12 所示。

图 6-12　主机添加成功界面

（6）在 Rancher 工作主界面中单击"集群"按钮，在打开的仪表盘工作界面中单击"执行 kubectl
命令行"按钮，如图 6-13 所示。

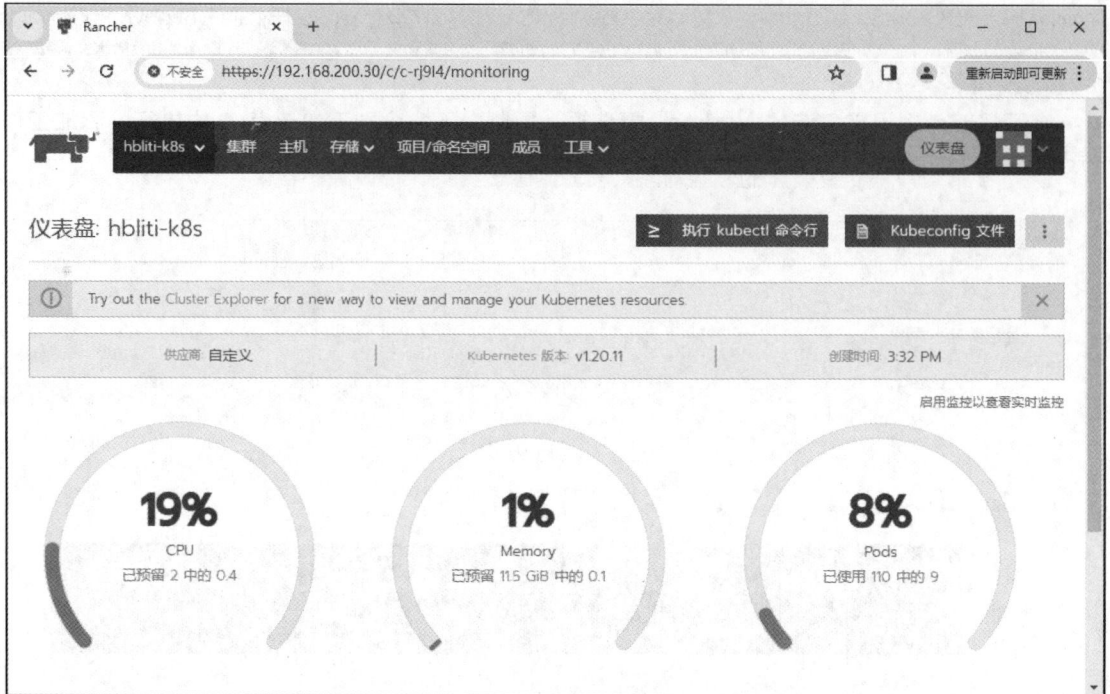

图6-13　仪表盘工作界面

在打开的 kubectl 命令行工作界面中，可输入命令查看节点信息，如图 6-14 所示。

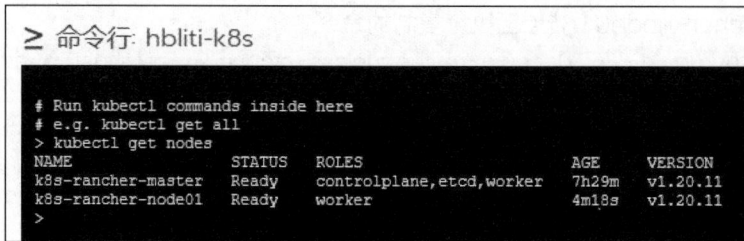

图6-14　kubectl 命令行工作界面

任务 6.2　Kubernetes 的基本操作

【任务要求】

工程师小王编写完 Kubernetes 安装手册后，为利于公司相关技术人员对 Kubernetes 集群管理内容的了解，编写了 kubectl 命令手册，以方便公司相关技术人员学习。

【相关知识】

6.2.1　kubectl 概述

kubectl 是 Kubernetes 集群的命令行工具。使用 kubectl 能够对集群进行管理，并能够在集群上进行容器化应用的安装部署。kubectl 格式如下。

```
kubectl [command] [TYPE] [NAME] [flags]
```

参数说明如下。

（1）command：指定要对资源执行的操作的子命令。

（2）TYPE：指定要操作的资源对象，资源对象区分英文字母大小写。

（3）NAME：指定要操作资源的名称，名称区分英文字母大小写。如果省略名称，则会显示所有的资源。

（4）flags：指定可选的参数，flags 参数的选项及作用如表 6-3 所示。

表 6-3　flags 参数的选项及作用

选项	作用
--alsologtostderr[=false]	同时输出日志到标准错误控制台和文件
--api-version=""	和服务器交互使用的 API 版本
--certificate-authority=""	用于进行认证授权的 CERT 文件路径
--client-certificate=""	TLS（传输层安全协议）使用的客户端证书路径
--client-key=""	TLS 使用的客户端密钥路径
--cluster=""	指定使用的 kubeconfig 配置文件中的集群名
--context=""	指定使用的 kubeconfig 配置文件中的环境名
--insecure-skip-tls-verify[=false]	如果为 true，则将不会检查服务器凭证的有效性，这会导致 HTTPS 链接变得不安全
--kubeconfig=""	命令行请求使用的配置文件路径
--log-backtrace-at=:0	当日志长度超过定义的行数时，忽略堆栈信息
--log-dir=""	如果不为空，则将日志文件写入此目录
--log-flush-frequency=5s	刷新日志的最大时间间隔
--logtostderr[=true]	输出日志到标准错误控制台，不输出到文件
--match-server-version[=false]	要求服务端和客户端版本匹配
--namespace=""	如果不为空，那么命令将使用此命名空间
--password=""	API Server 进行简单认证使用的密码
-s, --server=""	API Server 的地址和端口
--stderrthreshold=2	高于此级别的日志将被输出到标准错误控制台
--user=""	指定使用的 kubeconfig 配置文件中的用户名
--token=""	认证到 API Server 使用的令牌
--username=""	API Server 进行简单认证使用的用户名
--v=0	指定输出日志的级别
--vmodule=	指定输出日志的模块，格式为 pattern=N，使用逗号分隔

kubectl 命令支持命令自动补全功能。在 Linux 操作系统中，可执行以下命令添加 kubectl 命令自动补全功能。

```
# yum -y install bash-completion
# echo "source <(kubectl completion bash)" >> ~/.bashrc
```

6.2.2　Kubernetes 常用命令

1.　kubectl apply 命令

kubectl apply 命令主要利用相关的配置文件对集群对象执行添加、修改操作，其格式如下。

```
kubectl apply –f FILENAME [options]
```

–f 选项后添加 YAML 或 JSON 格式的资源配置文件。如果配置文件中的资源在集群中不存在，则创建这个资源；如果存在，则根据配置对资源字段进行更新。例如，使用 deployment-nginx.yaml 配置文件创建资源的代码如下。

```
# kubectl apply –f deployment-nginx.yaml
```

2.　kubectl create 命令

kubectl create 命令主要根据配置文件或输入的代码创建集群的资源，其格式如下。

```
kubectl create –f FILENAME [flags]
```

例如，创建各类资源的代码如下。

```
# kubectl create –f ./my-manifest.yaml        //创建资源
# kubectl create –f ./my1.yaml –f ./my2.yaml  //使用多个文件创建资源
# kubectl create –f ./dir                     //使用目录中的所有清单文件创建资源
```

也可以直接使用子命令[namespace/secret/configmap/serviceaccount]等创建相应的资源。

```
# kubectl create deployment my-dep --image=busybox    //创建一个 Deployment
```

3.　kubectl delete 命令

kubectl delete 命令用于删除对象，其格式如下。

```
kubectl delete (–f FILENAME \| TYPE [NAME \| /NAME \| –l label \| –all]) [flags]
```

例如，删除各类对象的代码如下。

```
# kubectl delete –f xxx.yaml                    //删除一个配置文件对应的资源对象
# kubectl delete pod,service baz foo            //删除名称为 baz 或 foo 的 Pod 和 Service
# kubectl delete pods,services –l name=myLabel
// –l 选项可以删除包含指定 Label 的资源对象
# kubectl delete pod foo --grace-period=0 --force    //强制删除一个 Pod
```

4.　kubectl replace

kubectl replace 命令用于对已有的资源进行更新、替换操作，其格式如下。

```
kubectl replace –f FILENAME
```

kubectl replace 命令可更新副本数量、修改 Label、更改镜像版本等，但名称不能更新。如果更新 Label，则原有标签的 Pod 将会与更新 Label 后的 RC 断开连接，并会创建指定副本数的新 Pod，但是默认不会删除原有的 Pod。

```
# kubectl replace –f ./pod.json    //使用 pod.json 中的数据替换 Pod
# kubectl replace --force –f ./pod.json
//强制替换、删除原有资源，创建新资源
```

5.　kubectl patch 命令

kubectl patch 命令用于在容器运行时对容器属性进行修改，其格式如下。

```
kubectl patch (–f FILENAME \| TYPE NAME \| TYPE/NAME) –patch PATCH [flags]
```

例如，修改容器属性的代码如下。

```
#kubectl patch node k8s-node-1 -p '{"spec":{"unschedulable":true}}'
//更新节点
#kubectl patch –f node.json -p '{"spec":{"unschedulable":true}}'
//更新 node.json 文件中指定类型和名称的节点
```

```
#kubectl patch pod rc-nginx-2-kpiqt -p '{"metadata":{"labels":{"app":"nginx-3"}}}'
//将 Pod 的 Label app 的值更新为 nginx-3
```

6. kubectl get 命令

kubectl get 命令用于获取并列出一个或多个资源的信息，其格式如下。

```
kubectl get (-f FILENAME \| TYPE [NAME \| /NAME \| -l label]) [–watch]
[–sort-by=FIELD] [[-o \| –output]=OUTPUT_FORMAT] [flags]
```

例如，列出各类资源信息的代码如下。

```
# kubectl get all                        //列出所有资源对象
# kubectl get services                   //列出所有命名空间中的所有服务
# kubectl get rc, services               //列出所有命名空间中的所有 Replication 和 Service 信息
# kubectl get pods --all-namespaces       //列出所有命名空间中的所有 Pod 信息
# kubectl get pods -o wide                //列出所有 Pod 并显示详细信息
# kubectl get deployment my-deployment    //列出指定名称的 Deployment 的信息
# kubectl get -o json pod web-pod-13je7   //以 JSON 格式输出一个 Pod 的信息
# kubectl get -f pod.yaml -o json
// 输出 pod.yaml 配置文件中指定资源对象和名称的 Pod 信息，并以 JSON 格式进行输出
```

7. kubectl describe 命令

kubectl describe 命令用于获取资源的相关信息，其格式如下。

```
kubectl describe (-f FILENAME \| TYPE [NAME_PREFIX \| /NAME \| -l label]) [flags]
```

例如，获取资源相关信息的代码如下。

```
# kubectl describe nodes my-node          //查看节点 my-node 的详细信息
# kubectl describe pods my-pod            //查看 Pod my-pod 的详细信息
```

8. kubectl logs 命令

kubectl logs 命令用于查看日志信息，其格式如下。

```
kubectl logs [-f] [-p] (POD | TYPE/NAME) [-c CONTAINER] [options]
```

例如，输出日志信息的代码如下。

```
# kubectl logs my-pod                     //输出单容器 Pod my-pod 的日志到标准输出控制台上
# kubectl logs nginx-78f5d695bd-czm8z -c nginx
//输出多容器 Pod 中的某个 nginx 容器的日志
# kubectl logs -l app-nginx               //输出所有包含 app-nginx 标签的 Pod 日志
# kubectl logs -f my-pod                  //加上 -f 选项表示跟踪日志，类似于 tail -f
# kubectl logs my-pod   -p
//输出该 Pod 上一个退出容器的实例日志，在 Pod 容器异常退出时很有用
# kubectl logs my-pod   --since-time=2018-11-01T15:00:00Z    //指定时间戳输出日志
```

9. kubectl scale 命令

kubectl scale 命令用于设置副本的数量，其格式如下。

```
kubectl scale (-f FILENAME \| TYPE NAME \| TYPE/NAME) –replicas=COUNT
[–resource-version=version] [–current-replicas=count] [flags]
```

例如，设置资源副本的代码如下。

```
# kubectl scale --replicas=4 rs/foo       //将 foo 中 Pod 副本的数量设置为 4
# kubectl scale --replicas=3 -f foo.yaml
//将由 foo.yaml 配置文件中指定的资源对象和名称标识的 Pod 资源副本数量设置为 3
# kubectl scale --current-replicas=2 --replicas=3 deployment/mysql
//如果当前副本数为 2，则将其扩展至 3
# kubectl scale --replicas=5 rc/foo rc/bar rc/baz
//设置多个 RC 中 Pod 副本的数量
```

10. kubectl rolling-update 命令

kubectl rolling-update 命令用于滚动更新，即在不中断业务的情况下更新 Pod，其格式如下。

```
kubectl rolling-update OLD_CONTROLLER_NAME ([NEW_CONTROLLER_NAME] –image=NEW_
CONTAINER_IMAGE \| –f NEW_CONTROLLER_SPEC) [flags]
```

说 明 对于已经部署并且正在运行的业务，**kubectl rolling-update** 命令提供了不中断业务的更新方式。**kubectl rolling-update** 每次启动一个新的 **Pod**，等新 **Pod** 完全启动后再删除一个旧的 **Pod**，重复此过程，直到替换掉所有旧的 **Pod**。**kubectl rolling-update** 需要确保新的 **Pod** 有不同的名称、版本和标签，否则会报错。

```
# kubectl rolling-update frontend-v1 frontend-v2 --image=image:v2
```

在滚动升级的过程中，如果发生了失败或者配置错误，则可随时执行回滚操作。

```
# kubectl rolling-update frontend-v1 frontend-v2 –rollback
```

11. 其他命令

kubectl exec 命令类似于 Docker 的 exec 命令。

kubectl run 命令类似于 Docker 的 run 命令。

kubectl cp 命令用于 Pod 和外部文件的交换。

kubectl cluster-info 命令用于查看集群信息。

kubectl cordon、kubectl uncordon、kubectl drain 命令用于节点管理。

kubectl 其他命令的使用示例如下。

```
# kubectl exec my-pod -- ls /          //在已存在的容器中执行命令（在 Pod 中只有一个容器的情况下）
# kubectl exec my-pod -c my-container -- ls /
//在已存在的容器中执行命令（在 Pod 中有多个容器的情况下）
# kubectl run -i --tty busybox --image=busybox -- sh
//以交互式 Shell 的方式运行 Pod
#ubectl cp /tmp/foo_dir <some-pod>:/tmp/bar_dir    //复制宿主机本地文件夹到 Pod 中
#kubectl cp <some-namespace>/<some-pod>:/tmp/foo /tmp/bar
//将 Pod 中的文件复制到宿主机本地目录中
##kubectl cordon my-node           //标记 my-node 不可调度
# kubectl drain my-node            //清空 my-node 以待维护
# kubectl uncordon my-node         //标记 my-node 可调度
```

【任务实现】

任务：在 Kubernetes 中部署 nginx 服务

1. 任务环境准备

本任务选用 3 台部署在 VMware Workstation pro 16 中的 RHEL 8.1 虚拟机，虚拟机均已预先安装 Kubernetes 运行环境。各虚拟机基本配置信息如表 6-4 所示。

V6-5
在 Kubernetes 中
部署 nginx 服务

表 6-4　各虚拟机基本配置信息

主机名	IP 地址	虚拟机 CPU/内存	节点角色
k8s-master	192.168.200.101/24	2vCPU/8GB	管理节点
k8s-node01	192.168.200.102/24	2vCPU/8GB	工作节点 1
k8s-node02	192.168.200.103/24	2vCPU/8GB	工作节点 2

可在 k8s-master 节点上执行下列命令，查看 Kubernetes 集群节点状态。

```
# kubectl get nodes
NAME          STATUS      ROLES           AGE      VERSION
k8s-master    Ready       control-plane   120m     v1.28.2
k8s-node01    Ready       <none>          118m     v1.28.2
k8s-node02    Ready       <none>          118m     v1.28.2
```

2. 获取 nginx 镜像

获取 nginx 镜像，3 台主机均需获取。

```
# docker pull nginx:latest
```

3. 在 k8s-master 节点上创建 nginx 服务

```
# kubectl create deployment nginx --image=nginx:latest
deployment.apps/nginx created
```

参数说明如下。

- deployment nginx：表示 Deployment 的名称为 nginx。
- --image=nginx:latest：表示所用镜像的名称为 nginx:latest。

```
# kubectl expose deployment nginx --port=80 --type=NodePort    //暴露端口
service/nginx exposed
# kubectl get deployment                                        //查看 Deployment 的信息
NAME      READY      UP-TO-DATE          AVAILABLE          AGE
nginx     1/1        1                   1                  98s
```

> **说 明** NAME 表示名称；READY 表示已经准备好的副本数与总副本数（1/1 表示总副本数为 1，已经准备好的副本数为 1）；UP-TO-DATE 表示最新创建的 Pod 个数；AVAILABLE 表示可用的 Pod 个数；AGE 表示 Deployment 存活的时间。

```
# kubectl get pod -o wide     //获取 Pod 的详细信息
NAME                    READY    STATUS  RESTARTS   AGE   IP           NODE
nginx-7854ff8877-r7flx  1/1      Running 0          2m    10.244.2.2   k8s-node01
```

> **说 明** NAME 表示 Pod 的名称；REDAY 表示就绪的 Pod 个数/总的 Pod 个数；STATUS 表示目前的状态；RESTARTS 表示重启的时间；AGE 表示 Pod 存活的时间；IP 表示 Pod 的 IP 地址；NODE 表示部署在哪个节点上。

从命令的返回信息来看，nginx 服务部署在 k8s-node01 节点上。

```
# kubectl get svc -o wide
NAME       TYPE      CLUSTER-IP     EXTERNAL-IP   PORT(S)        AGE      SELECTOR
kubernetes ClusterIP 10.96.0.1      <none>        443/TCP        156m     <none>
nginx      NodePort  10.102.198.229 <none>        80:31747/TCP   9m34s    app=nginx
```

从命令的返回信息来看，主机对外暴露的端口号为 31747。

4. 访问 nginx 服务

打开浏览器，在其地址栏中输入"http://192.168.200.102:31747"并按 Enter 键，访问 nginx 服务，效果如图 6-15 所示。

图 6-15　访问 nginx 服务的效果

5. 对 nginx-deployment 进行扩容和缩容操作

（1）扩容操作。

```
# kubectl scale --replicas=5 deployment nginx
deployment.apps/nginx scaled

# kubectl get pod -w
NAME                       READY      STATUS       RESTARTS       AGE
nginx-7854ff8877-8s7vt     1/1        Running      0              22s
nginx-7854ff8877-hlxtq     1/1        Running      0              22s
nginx-7854ff8877-mcl6n     1/1        Running      0              22s
nginx-7854ff8877-r7flx     1/1        Running      0              10m
nginx-7854ff8877-zn57b     1/1        Running      0              22s

# kubectl get deployment
NAME      DESIRED    CURRENT     UP-TO-DATE              AVAILABLE        AGE
nginx     5          5           5                       5                12m
```

（2）缩容操作。

```
# kubectl scale --replicas=3 deployment nginx
deployment.apps/nginx scaled

# kubectl get pod -w
NAME                       READY      STATUS       RESTARTS       AGE
nginx-7854ff8877-hlxtq     1/1        Running      0              4m24s
nginx-7854ff8877-r7flx     1/1        Running      0              14m
nginx-7854ff8877-zn57b     1/1        Running      0              4m24s

# kubectl get deployment
NAME      READY      UP-TO-DATE              AVAILABLE           AGE
nginx     3/3        3                       3                   11m
```

6. 滚动升级

```
# kubectl set image deployment nginx nginx=nginx:1.15-alpine --record
deployment.apps "nginx-deployment" image updated

# kubectl get pod -w
NAME                    READY     STATUS      RESTARTS       AGE
nginx-c68594f4-bp7mc    1/1       Running     0              96s
nginx-c68594f4-hr6fp    1/1       Running     0              105s
```

```
nginx-c68594f4-jjr5z          1/1          Running          0          100s
...

# kubectl describe pod nginx-c68594f4-jjr5z
...
Events:
  Type      Reason      Age    From              Message
  ----      ------      ----   ----              -------
  Normal    Scheduled   116s   default-scheduler Successfully assigned default/nginx-
c68594f4-jjr5z to k8s-node01
  Normal    Pulling     115s   kubelet           Pulling image "nginx:1.15-alpine"
  Normal    Pulled      112s   kubelet           Successfully pulled image "nginx:1.15-alpine"
in 3.035s (3.035s including waiting)
  Normal    Created     112s   kubelet           Created container nginx
  Normal    Started     112s   kubelet           Started container nginx
```
从命令的返回信息可知，滚动升级已经完成。

7. 回滚操作
```
# kubectl rollout undo deployment nginx
deployment.apps/nginx rolled back
# kubectl get pod -w
NAME                      READY   STATUS    RESTARTS   AGE
nginx-7854ff8877-7h94p    1/1     Running   0          45s
nginx-7854ff8877-lp947    1/1     Running   0          36s
nginx-7854ff8877-q9qpp    1/1     Running   0          41s

[root@k8s-master ~]# kubectl describe pod nginx-7854ff8877-q9qpp
...
Events:
  Type      Reason      Age    From              Message
  ----      ------      ----   ----              -------
  Normal    Scheduled   67s    default-scheduler Successfully assigned
default/nginx-7854ff8877-q9qpp to k8s-node01
  Normal    Pulling     66s    kubelet           Pulling image "nginx"
  Normal    Pulled      63s    kubelet           Successfully pulled image "nginx" in 3.157s
(3.157s including waiting)
  Normal    Created     63s    kubelet           Created container nginx
  Normal    Started     63s    kubelet           Started container nginx
```

【任务实训】在 Kubernetes 集群下部署 Tomcat

【实训目的】
1. 掌握在 Kubernetes 集群下部署 Tomcat 的方法。
2. 掌握 kubectl 基本命令的使用。

【实训步骤】
1. 实训环境准备。

本实训选用 3 台部署在 VMware Workstation pro 16 中的 RHEL 8.1 虚拟机，虚拟机均已预先安装 Kubernetes 运行环境。各虚拟机基本配置信息如表 6-5 所示。

V6-6
在 Kubernetes
集群下部署 Tomcat

表6-5　各虚拟机基本配置信息

主机名	IP 地址	虚拟机 CPU/内存	节点角色
k8s-master	192.168.200.101/24	2vCPU/8GB	管理节点
k8s-node01	192.168.200.102/24	2vCPU/8GB	工作节点 1
k8s-node02	192.168.200.103/24	2vCPU/8GB	工作节点 2

可在 k8s-master 节点上执行下列命令，查看 Kubernetes 集群节点状态。

```
# kubectl get nodes
NAME          STATUS    ROLES           AGE      VERSION
k8s-master    Ready     control-plane   120m     v1.28.2
k8s-node01    Ready     <none>          118m     v1.28.2
k8s-node02    Ready     <none>          118m     v1.28.2
```

2. 在 3 台主机上获取 Tomcat 镜像。

```
# docker pull tomcat:8.5.38-jre8
```

3. 在 k8s-master 节点上建立名称为 tomcat8 的 Deployment。

```
# kubectl create deployment tomcat8 --image=tomcat:8.5.38-jre8
deployment.apps/tomcat8 created
```

4. 查看详细信息。

```
# kubectl get all
NAME                             READY   STATUS             RESTARTS   AGE
pod/tomcat8-867c584fb7-gs8bt     0/1     ContainerCreating  0          10s

NAME                 TYPE        CLUSTER-IP   EXTERNAL-IP   PORT(S)    AGE
service/kubernetes   ClusterIP   10.96.0.1    <none>        443/TCP    61m

NAME                          READY   UP-TO-DATE   AVAILABLE   AGE
deployment.apps/tomcat8       0/1     1            0           10s

NAME                                    DESIRED   CURRENT   READY   AGE
replicaset.apps/tomcat8-867c584fb7      1         1         0       10s
```

5. 查看 Tomcat 部署在哪个节点上。

```
# kubectl get pods -o wide
NAME                        READY   STATUS    RESTARTS   AGE     IP             NODE
NOMINATED NODE    READINESS GATES
tomcat8-867c584fb7-gs8bt    1/1     Running   0          8m4s    10.224.58.194
k8s-node02   <none>              <none>
```

从显示结果看，Tomcat 部署在 k8s-node02 节点上。

6. 暴露端口，实现 Tomcat 访问。

```
# kubectl expose deployment tomcat8 --port=80 --target-port=8080 --type=NodePort
service/tomcat8 exposed
```

参数说明如下。

- --port=80：指定 Pod 端口。
- --target-port=8080：指定 Pod 容器暴露的端口。

■ --type=NodePort：指定以什么形式暴露端口。

```
# kubectl get svc
NAME          TYPE        CLUSTER-IP    EXTERNAL-IP PORT(S)          AGE
kubernetes    ClusterIP   10.96.0.1     <none>      443/TCP          71m
tomcat8       NodePort    10.103.97.30  <none>      80:31108/TCP     7m22s
```

从显示信息可以看到，Tomcat 服务暴露的端口号为 31108。打开浏览器，在其地址栏中输入
http://IP 地址:31108 并按 Enter 键，分别利用集群 3 台主机的 IP 地址进行验证，验证效果如
图 6-16、图 6-17 和图 6-18 所示。

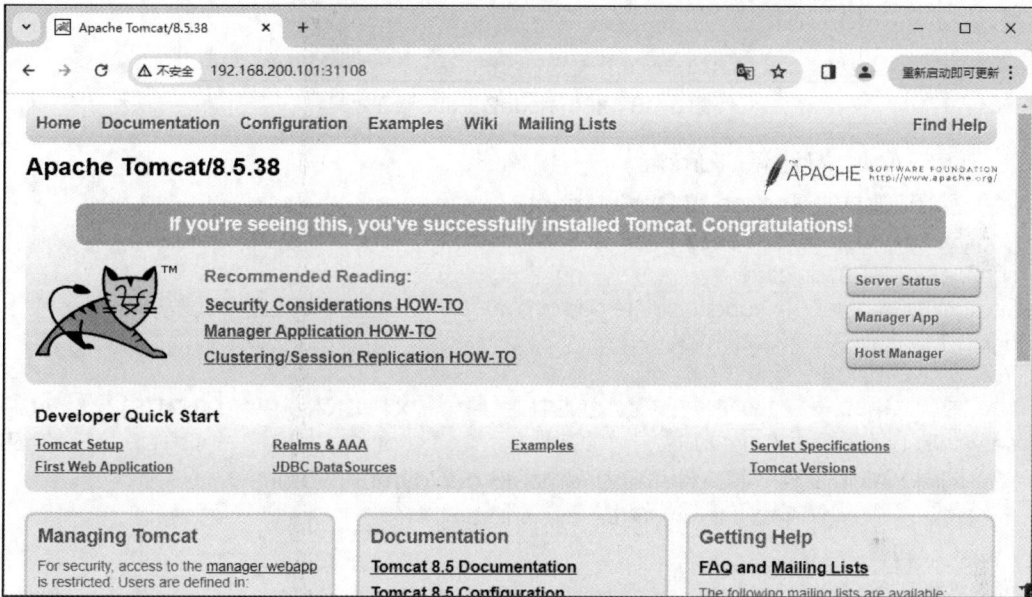

图 6-16　k8s-master 主机的验证效果

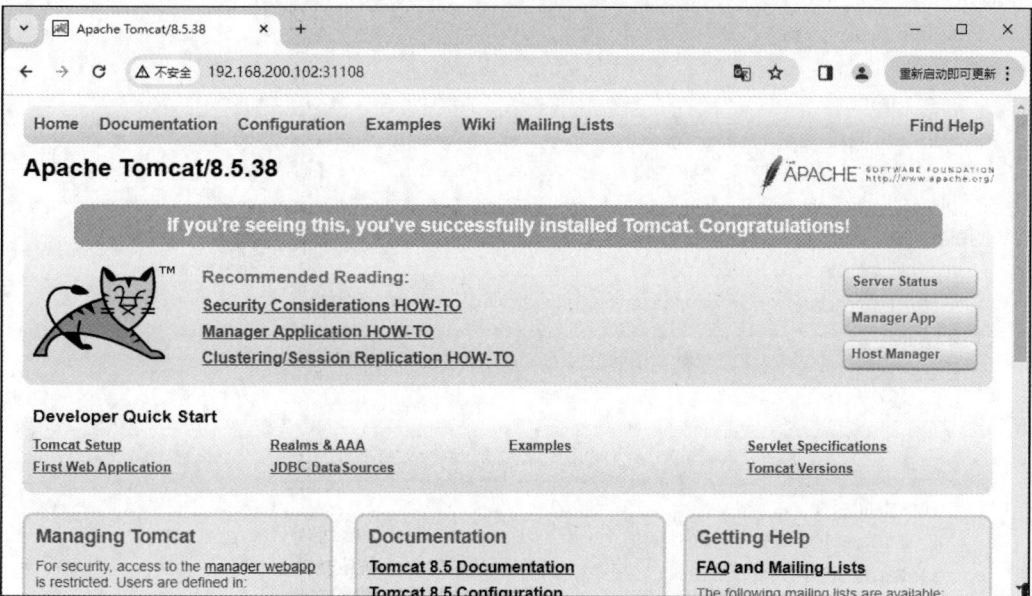

图 6-17　k8s-node1 主机的验证效果

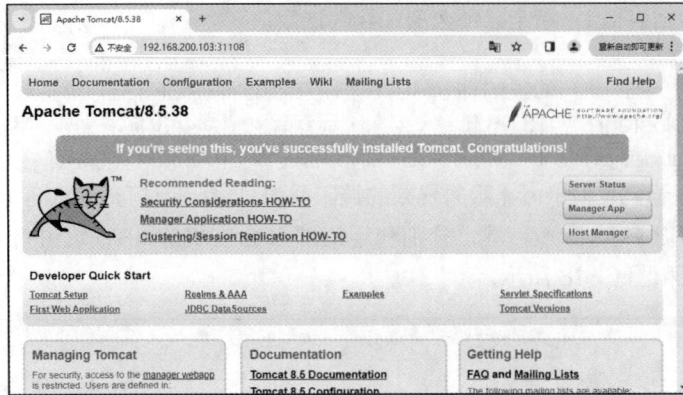

图6-18　k8s-node2主机的验证效果

7. 利用 YAML 文件部署 Tomcat。

（1）删除已建立的 Service 和 Deployment。

```
[root@k8s-master ~]# kubectl delete service/tomcat8        //删除已建立的 Service
service "tomcat8" deleted
[root@k8s-master ~]# kubectl delete deploy/tomcat8        //删除已建立的 Deployment
deployment.apps "tomcat8" deleted
[root@k8s-master ~]# kubectl get all
NAME                    TYPE         CLUSTER-IP      EXTERNAL-IP      PORT(S)      AGE
service/kubernetes    ClusterIP     10.96.0.1       <none>           443/TCP      3h39m
```

（2）编辑 YAML 文件，将文件命名为 tomcat8.deployment.yaml。

```
[root@k8s-master ~]# cat tomcat8.deployment.yaml
//输入以下内容
apiVersion: apps/v1
kind: Deployment
metadata:
  creationTimestamp: null
  labels:
    app: tomcat8
  name: tomcat8
spec:
  replicas: 3
  selector:
    matchLabels:
      app: tomcat8
  template:
    metadata:
      labels:
        app: tomcat8
    spec:
      containers:
      - image: tomcat:8.5.38-jre8
        name: tomcat
---
apiVersion: v1
```

```
kind: Service
metadata:
  labels:
    app: tomcat8
  name: tomcat8
spec:
  ports:
  – port: 80
    protocol: TCP
    targetPort: 8080
  selector:
    app: tomcat8
  type: NodePort
```

文件编辑完成后，保存文件并退出，返回命令行，使用 kubectl apply 命令部署应用文件。

```
# kubectl apply –f tomcat8.deployment.yaml
# kubectl get all
NAME                                    READY        STATUS       RESTARTS     AGE
pod/tomcat8-867c584fb7-8ctjt            1/1          Running      0            5m1s
pod/tomcat8-867c584fb7-c4mtz            1/1          Running      0            5m1s
pod/tomcat8-867c584fb7-f7jq2            1/1          Running      0            5m1s
NAME                 TYPE        CLUSTER-IP      EXTERNAL-IP     PORT(S)       AGE
service/kubernetes   ClusterIP   10.96.0.1       <none>          443/TCP       3h47m
service/tomcat8      NodePort    10.103.97.30    <none>          80:31379/TCP  5m1s

NAME                        READY        UP-TO-DATE    AVAILABLE     AGE
deployment.apps/tomcat8     3/3          3             3             5m1s

NAME                                    DESIRED      CURRENT      READY        AGE
replicaset.apps/tomcat8-867c584fb7      3            3            3            5m1s
```

从显示信息可以看到，Tomcat 服务暴露的端口号为 31379。打开浏览器，在其地址栏中输入
"http://192.168.200.102:31379" 并按 Enter 键，验证效果如图 6-19 所示。

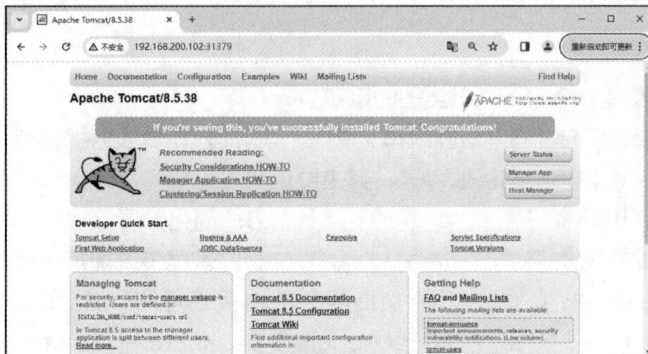

图 6-19　验证效果

8. 使用命令进行扩容和缩容操作。

（1）扩容操作。

```
# kubectl get pods –o wide
NAME                                    READY        STATUS       RESTARTS     AGE
```

tomcat8-867c584fb7-8ctjt	1/1	Running	0	2d
tomcat8-867c584fb7-c4mtz	1/1	Running	0	2d
tomcat8-867c584fb7-f7jq2	1/1	Running	0	2d

```
# kubectl scale --replicas=5 deployment tomcat8
deployment.apps/tomcat8 scaled
```

```
# kubectl get deployment
```

NAME	READY	UP-TO-DATE	AVAILABLE	AGE
tomcat8	3/5	5	3	2d

```
# kubectl get pods -o wide
```

NAME	READY	STATUS	RESTARTS	AGE
tomcat8-867c584fb7-8ctjt	1/1	Running	0	2d
tomcat8-867c584fb7-c4mtz	1/1	Running	0	2d
tomcat8-867c584fb7-f7jq2	1/1	Running	0	2d
tomcat8-867c584fb7-m2hlc	0/1	ContainerCreating	0	11s
tomcat8-867c584fb7-w9mgk	0/1	ContainerCreating	0	11s

（2）缩容操作。

```
# kubectl scale --replicas=1 deployment tomcat8
deployment.apps/tomcat8 scaled
```

```
# kubectl get pods -o wide
```

NAME	READY	STATUS	RESTARTS	AGE
tomcat8-867c584fb7-8ctjt	1/1	Running	0	2d
tomcat8-867c584fb7-c4mtz	0/1	Terminating	0	2d
tomcat8-867c584fb7-f7jq2	0/1	Terminating	0	2d
tomcat8-867c584fb7-m2hlc	0/1	Terminating	0	5m8s
tomcat8-867c584fb7-w9mgk	0/1	Terminating	0	5m8s

【项目练习题】

1. 单选题

（1）Kubernetes 是一个（　　　）类型的系统。

    A. 虚拟机管理平台　　B. 容器编排工具　　　C. 云计算服务提供商　D. 数据库管理系统

（2）Kubernetes 相较于手动管理容器，其主要优势不包括（　　　）。

    A. 提高资源利用率　　　　　　　　　　B. 简化部署流程

    C. 降低运维成本　　　　　　　　　　　D. 替代传统虚拟化技术

（3）在 Kubernetes 中，（　　　）组件负责调度 Pod 到合适的节点上运行。

    A. kubelet　　　　　B. kube-scheduler　C. kube-apiserver　D. etcd

（4）如需排查一个运行中的 Pod 的问题，需要查看该 Pod 的日志，（　　　）命令可以正确查看名为 my-pod 的 Pod 的日志。

    A. kubectl logs -f my-pod

    B. kubectl describe pod my-pod

    C. kubectl get logs my-pod

D. kubectl exec my-pod -- tail -f /var/log/my-app.log

（5）（　　）命令可以排查 Pod 副本数量低于预设值的问题。

A. kubectl get events --sort-by=.metadata.creationTimestamp

B. kubectl describe deployment <deployment-name>

C. kubectl get pods -o wide

D. 以上所有命令

（6）在 Kubernetes 中，（　　）命令用于列出当前命名空间下的所有 Pod。

A. kubectl run   B. kubectl get pods

C. kubectl describe pod   D. kubectl logs

（7）要查看 Pod 的详细信息，包括状态、事件、环境变量等，应使用（　　）命令。

A. kubectl get pods   B. kubectl create pod

C. kubectl describe pod <pod-name>   D. kubectl logs <pod-name>

（8）在 Kubernetes 中，若要通过 YAML 文件创建一个新的 Deployment，则应使用（　　）命令。

A. kubectl run

B. kubectl apply -f <filename>.yaml

C. kubectl edit deployment <deployment-name>

D. kubectl scale deployment <deployment-name> --replicas=5

（9）在 Kubernetes 中，若要实现滚动更新 Deployment，则应（　　）。

A. 修改 Deployment 的 YAML 文件并直接应用

B. 使用 kubectl sets image 命令更新容器镜像

C. 删除旧的 Deployment 并创建新的 Deployment

D. 手动停止并启动 Pod

（10）要查看 Pod 的实时日志输出，应使用（　　）命令。

A. kubectl describe pod <pod-name>   B. kubectl logs <pod-name> --follow

C. kubectl exec <pod-name> -- ls   D. kubectl top pod <pod-name>

2. 判断题

（1）Kubernetes 是一个开源的容器编排引擎。（　　）

（2）Kubernetes 中的 Pod 是运行容器（如 Docker 容器）的最小部署单元。（　　）

（3）Kubernetes 的 Deployment 用于管理无状态应用。（　　）

（4）Kubernetes 使用 etcd 作为其内部存储系统，以保存集群的状态。（　　）

（5）在 Kubernetes 中，Pod 可以跨多个节点运行以实现高可用性。（　　）

（6）kubectl get pods 命令只能显示当前命名空间下的 Pod。（　　）

（7）要编辑 Kubernetes 资源（如 Deployment），必须使用 YAML 文件并使用 kubectl apply 命令。（　　）

（8）kubectl logs 命令用于获取 Pod 的日志，但无法实时查看日志流。（　　）

（9）kubectl delete 命令默认会删除指定的资源及其所有依赖项。（　　）

（10）kubectl exec 命令用于在 Pod 的容器内执行命令。（　　）

3. 简答题

（1）Kubernetes 的核心组件有哪些？各有什么作用？

（2）简述 Kubernetes 的扩容和缩容操作过程。

项目7
Kubernetes网络管理
和数据卷管理

07

在使用Kubernetes进行应用程序的管理和运行时，持久化存储和数据管理是一个至关重要的问题。本项目通过两个任务介绍Kubernetes的网络管理和数据卷管理。

【知识目标】

- 了解Kubernetes网络管理。
- 了解Kubernetes数据卷管理。

【能力目标】

- 掌握Kubernetes网络管理的使用。
- 掌握Kubernetes数据卷管理的使用。

【素质目标】

- 树立爱岗敬业观念。
- 培养服务社会的意识和责任感。
- 坚定科技强国信念，激发爱国情怀。

任务7.1 Kubernetes 网络管理

【任务要求】

公司员工通过工程师小王编写的 Kubernetes 基本操作手册，对 Kubernetes 的搭建和基本操作有了初步了解，公司为让员工对 Kubernetes 的应用场景有进一步了解，安排小王编写 Kubernetes 中网络应用技术操作手册。

【相关知识】

7.1.1 Kubernetes 网络基础

Kubernetes 网络主要用于确保集群内部各个组件之间以及集群与外部之间高效、安全地通信。

1. 核心概念

Kubernetes 网络管理的核心概念主要包括 Pod、Service、ClusterIP、NodePort 等。

（1）Pod：Kubernetes 中的最小部署单元，由一个或多个容器组成，共享相同的网络命名空间、存储资源以及 IPC。

（2）Service：Kubernetes 中的一种抽象资源，定义了一组 Pod 的逻辑集合和访问这些 Pod 的策略。Service 通过 Label Selector 找到对应的 Pod，并对外提供一个稳定的访问入口。

（3）ClusterIP：Kubernetes 为 Service 分配的一个虚拟 IP 地址，仅在集群内部可见，用于集群内部 Pod 之间的通信。

（4）NodePort：一种将 Service 端口映射到集群中每个节点上静态端口的方式，使得外部流量可以通过访问任意节点的该端口来访问 Service。

2. Kubernetes 网络核心组件

Kubernetes 网络的核心组件主要涉及网络代理（Kube-proxy）和容器网络接口（Container Network Interface，CNI）插件等方面。

（1）Kube-proxy

Kube-proxy 是 Kubernetes 集群中负责网络服务的一个重要组件，负责为 Kubernetes Service 提供网络代理功能，实现 Service 的负载均衡和 Pod 之间的通信。

Kube-proxy 负责监听 Service 和 End Point 对象的变化，相应地更新节点上的 iptables 或 ipvs 规则，以实现请求的转发和负载。

（2）CNI 插件

Kubernetes 网络不是集群内部实现的，而是依赖于第三方 CNI 插件，如 Flannel、Calico 等。这些插件遵循 CNI 标准，负责在集群中创建和管理网络。通过配置网络接口、分配 IP 地址等方式，将 Pod 连接到集群网络中，确保 Pod 之间能够跨节点通信。

7.1.2 Kubernetes 网络通信机制

在实际的业务应用场景中，由于业务组件之间关系的复杂性，特别是随着微服务的不断发展与成熟，应用部署的粒度也更加细小和灵活。为了支持应用组件之间的通信，Kubernetes 网络常用通信主要分为以下几种。

1. Pod 内部通信

在同一个 Pod 内的容器共享同一个网络命名空间，包括 IP 地址、网络设备、配置等。因此，同一个 Pod 内的容器可以像在同一台机器上进行通信一样，甚至可以使用本地地址访问彼此的端口。

2. Pod 之间的通信

Pod 之间的通信分为同一个节点内 Pod 之间的通信和不同节点上 Pod 之间的通信。

（1）同一个节点内 Pod 之间的通信

每个 Pod 都会分配一个真实的全局 IP 地址，相互之间可以直接使用对方 Pod 的 IP 地址进行通信，不需要采用其他发现机制，因为它们都连接到同一个网桥（如 docker0）上。

（2）不同节点上 Pod 之间的通信

由于不同节点之间的通信需要通过宿主机的物理网卡进行，因此不同节点上 Pod 之间的通信依赖于 CNI 插件提供的网络路由或隧道技术（如 IPIP、VXLAN 等）来实现。这些技术允许 Pod 的 IP 数据包在不同的节点之间传输，从而实现跨节点的 Pod 通信。

3. Pod 与 Service 的通信

Service 是 Kubernetes 中的一个抽象实体，定义了一组 Pod 的访问入口。用户可以通过访问 Service 的 IP 地址和端口来访问其背后的 Pod。对于 Service 而言，Kubernetes 在创建 Service 时，会为其分配一个虚拟 IP 地址。用户在访问时，由于 Service 是一个虚拟的概念，真正完成转发的是运行在节点上的 Kube-proxy。

当请求到达节点时，Kube-proxy 会根据规则将请求转发到相应的 Pod 上。

4. 集群外部与内部组件之间的通信

在 Kubernetes 中，可通过 NodePort 或 LoadBalancer 等方式将 Service 暴露给外部流量，以实现集群外部与内部组件之间的通信。其中，NodePort 可通过在每个节点上分配一个静态端口来实现，而 LoadBalancer 则需要云服务提供商的支持。

7.1.3　Kubernetes 网络插件

Kubernetes 网络的实现主要依赖于第三方网络插件，如 CNI 插件，负责为 Pod 分配 IP 地址、创建网络命名空间以及管理 Pod 之间的网络通信。常用的网络插件如下。

1. Flannel

Flannel 是 Kubernetes 中最常用的网络插件之一，提供 IP 地址自动分配和简单的网络配置管理功能，通过创建一个扁平的网络，为集群中的每个 Pod 分配一个子网，可使用覆盖网络来实现跨节点的 Pod 通信。

Flannel 支持多种后端技术，如 UDP、VXLAN 和 Host-GW，其中 VXLAN 是默认选项，因为它提供了较好的性能和灵活性。

2. Calico

Calico 是一种基于边界网关协议（Border Gateway Protocol，BGP）的开源容器网络解决方案，专为 Kubernetes 和其他容器化平台提供高性能、高可靠性的网络。使用路由表来路由容器之间的流量，支持多种网络拓扑结构，且可以与现有的网络设施无缝集成。

Calico 不仅负责主机和 Pod 之间的网络连接，还可通过访问控制列表（Access Control List，ACL）、流量控制和加密等功能，提供强大的网络安全和管理能力。

3. Canal

Canal 是一种组合了 Flannel 和 Calico 的网络插件，它通过 Flannel 来提供容器之间的通信，并使用 Calico 来处理网络策略和安全性需求。

4. Weave Net

Weave Net 是一种轻量级的网络插件，使用虚拟网络技术为容器提供 IP 地址，并支持多种网络后端，如 VXLAN、UDP 和 TCP/IP。

Weave Net 提供了网络策略、网络可视化和监控功能，允许用户定义哪些 Pod 可以相互通信，以及帮助用户更好地理解和诊断网络问题。

5. Cilium

Cilium 是一种基于 eBPF（扩展伯克利包过滤器）技术的网络插件，它利用 Linux 内核的动态插件来提供网络功能，如路由、负载均衡、安全性和网络策略等。

Cilium 提供了高性能的网络通信和灵活的安全策略实施能力，同时支持 IPv4 和 IPv6。

在实际应用中，当选择网络插件时，需要根据集群的具体需求和场景进行综合考虑。例如，对于需要高性能和高可靠性的场景，可以选择 Calico 或 Cilium 插件；对于需要简单配置和管理的场景，可以选择 Flannel 插件；而对于需要同时考虑网络策略和安全性的场景，可以选择 Canal 插件。

【任务实现】

任务：在 Kubernetes 下在线部署 Calico 集群网络

1. 任务环境准备

本任务选用 3 台部署在 VMware Workstation pro 16 中的 RHEL 8.1 虚拟机，虚拟机均已预先安装好 Docker-CE 26.1.3，并与外部网络互通，且关闭防火墙和 SELinux。各虚拟机基本配置信息如表 7-1 所示。

V7-1
在 Kubernetes 下在线部署 Calico 集群网络（1）

V7-2
在 Kubernetes 下在线部署 Calico 集群网络（2）

表 7-1　各虚拟机基本配置信息

主机名	IP 地址	虚拟机 CPU/内存	节点角色
k8s-master	192.168.200.10/24	2vCPU/8GB	管理节点
k8s-node01	192.168.200.20/24	2vCPU/8GB	工作节点 1
k8s-node02	192.168.200.30/24	2vCPU/8GB	工作节点 2

在各主机上，利用下列命令验证初始环境。

```
# docker --version                              //查看已安装 Docker 的版本
Docker version 26.1.3, build b72abbb
# systemctl status firewalld                    //查看防火墙的状态
● firewalld.service – firewalld – dynamic firewall daemon
  Loaded: loaded (/usr/lib/systemd/system/firewalld.service; disabled; vendor preset: enabled)
  Active: inactive (dead)                        //防火墙已关闭
    Docs: man:firewalld(1)
# getenforce                                     //查看 SELinux 的状态
Disabled                                         //SELinux 已关闭
```

2. 配置 Kubernetes 的 yum 源并安装必备软件包

```
# vi /etc/yum.repos.d/kubernetes.rep
//添加如下参数信息
[kubernetes]
name=Kubernetes
baseurl=https://mirrors.aliyun.com/kubernetes/yum/repos/kubernetes-el7-x86_64/
enabled=1
gpgcheck=0
repo_gpgcheck=0
gpgkey=https://mirrors.aliyun.com/kubernetes/yum/doc/yum-key.gpg
https://mirrors.aliyun.com/kubernetes/yum/doc/rpm-package-key.gpg
```

文件编辑完成后，保存文件并退出，返回命令行，使用 yum 命令将软件包信息缓存到本地。

```
# yum clean all
# yum makecache
```

3. 安装所需服务

安装 kubectl、kubelet 和 kubeadm 服务，版本选用 1.28.2。

```
# yum –y install kubectl-1.28.2 kubelet-1.28.2 kubeadm-1.28.2 --disableexcludes=kubernetes
# systemctl start kubelet
# systemctl enable kubelet
```

4. 初始化 Kubernetes 集群

初始化 Kubernetes 集群，此操作仅需在 k8s-master 节点上执行。

```
# kubeadm init --kubernetes-version=1.28.2 \
--apiserver-advertise-address=192.168.200.10 \
--image-repository registry.aliyuncs.com/google_containers \
--service-cidr=10.96.0.0/12 \
--pod-network-cidr=10.244.0.0/16 \
--ignore-preflight-errors=Swap \
--cri-socket=unix:///var/run/cri-dockerd.sock
```

初始化集群后，使用下列命令配置环境变量。

```
# mkdir –p $HOME/.kube
# sudo cp –i /etc/kubernetes/admin.conf $HOME/.kube/config
# sudo chown $(id –u):$(id –g) $HOME/.kube/config
# export KUBECONFIG=/etc/kubernetes/admin.conf
```

5. 将节点加入集群

在 k8s-node01 和 k8s-node02 节点上使用 kubeadm join 命令将节点加入集群。

```
# kubeadm join 192.168.200.10:6443 --token cdua1m.fgygj3xh1msalvly
--discovery-token-ca-cert-hash
sha256:074f36b739032bbba1fc06c041497b431262a43e4532a5484fd83b6bca2b8f40
--cri-socket=unix:///var/run/cri-dockerd.sock
```

命令执行完成后，如果在显示信息中看到"This node has joined the cluster"提示信息，则表示节点已成功加入集群。

```
# kubectl get nodes
NAME           STATUS      ROLES           AGE VERSION
k8s-master     NotReady    control-plane   17m     v1.28.2
k8s-node01     NotReady    <none>          4m3s    v1.28.2
k8s-node02     NotReady    <none>          4m      v1.28.2
```

由于没有安装网络插件，此时可以看到各节点的状态为 NotReady。

6. 下载并应用配置文件

下载 Calico 网络插件的 YAML 配置文件，并将配置文件应用到 Kubernetes 集群中。此操作仅需在 k8s-master 节点上执行。

```
# wget https://projectcalico.docs.tigera.io/archive/v3.25/manifests/calico.yaml
# kubectl apply –f calico.yaml
```

命令执行完成后，可能会出现"ImagePullBackOff""ContainerCreating""Init:ErrImagePull"等几种状态，此时可以使用 kubectl describe 命令查看具体 Pod 的状态信息，查看是哪个镜像由于获取不到而出现错误。例如，查看 calico-kube-controllers-658d97c59c-rj9xq 的命令如下。

```
# kubectl describe pod calico-kube-controllers-658d97c59c-rj9xq -n kube-system
...
...    Error: ImagePullBackOff
...    Pulling image "docker.io/calico/kube-controllers:v3.25.0"
```

如果看到上述信息，则表明是由于 kube-controllers:v3.25.0 镜像获取不到而出现错误，此时可从其他镜像站点手动获取，再使用 docker tag 命令对其重命名。

7. 查看节点状态

再次执行 kubectl get nodes 命令，查看各节点状态。

```
# kubectl get nodes
NAME            STATUS      ROLES            AGE        VERSION
k8s-master      Ready       control-plane    57m        v1.28.2
k8s-node01      Ready       <none>           43m        v1.28.2
k8s-node02      Ready       <none>           43m        v1.28.2
```

8. 获取 nginx 镜像并在 Kubernetes 下部署 nginx 服务

（1）获取 nginx 镜像，使用 docker images 命令查看获取的 nginx 镜像。

```
# docker pull nginx:latest
# docker images | grep nginx
```

（2）创建 nginx 服务。

```
# kubectl create deployment my-nginx --image=nginx
# kubectl expose deployment my-nginx --port=80 --type=NodePort
# kubectl get svc -o wide
NAME          TYPE         CLUSTER-IP     EXTERNAL-IP   PORT(S)        AGE     SELECTOR
kubernetes    ClusterIP    10.96.0.1      <none>        443/TCP        83m     <none>
my-nginx      NodePort     10.99.102.21   <none>        80:31596/TCP   9m9s    app=...
```

从命令返回的结果可知对外提供服务的端口号为 31596。

（3）打开浏览器，在其地址栏中输入"http://IP 地址:端口号"格式的内容并按 Enter 键，利用 k8s-master、k8s-node01 和 k8s-node02 节点的 IP 地址进行测试，端口号使用 31596，效果分别如图 7-1、图 7-2 和图 7-3 所示。

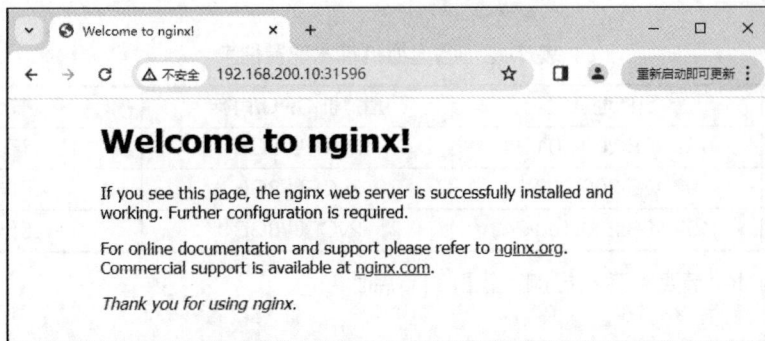

图 7-1　访问 k8s-master 节点的效果

图 7-2　访问 k8s-node01 节点的效果

177

图 7-3　访问 k8s-node02 节点的效果

【任务实训】在 Kubernetes 下离线部署 Calico 集群网络

【实训目的】

1. 掌握 Kubernetes 集群下 Calico 的配置。

2. 了解 Calico 网络插件的工作原理。

【实训步骤】

1. 实训环境准备。

本实训选用 3 台部署在 VMware Workstation pro 16 中的 RHEL 8.1 虚拟机，虚拟机均已预先安装 Docker 运行环境。各虚拟机基本配置信息如表 7-2 所示。

V7-3
在 Kubernetes 下
离线部署 Calico
集群网络

表 7-2　各虚拟机基本配置信息

主机名	IP 地址	虚拟机 CPU/内存	节点角色
k8s-master	192.168.200.101/24	2vCPU/8GB	管理节点
k8s-node01	192.168.200.102/24	2vCPU/8GB	工作节点 1
k8s-node02	192.168.200.103/24	2vCPU/8GB	工作节点 2

在 k8s-master 节点上查看已加入集群的节点状态。

```
# kubectl get nodes
NAME          STATUS      ROLES           AGE        VERSION
k8s-master    NotReady    control-plane   29m        v1.30.0
k8s-node01    NotReady    <none>          6m41s      v1.30.0
k8s-node02    NotReady    <none>          6m34s      v1.30.0
```

2. 将 Calico 离线镜像压缩包上传到各节点上，并使用 ls 命令进行查看。这里仅以 k8s-master 节点为例进行介绍。

```
# ls
apiserver-v3.28.0.tar      kube-controllers-v3.28.0.tar      operator-v1.34.0.tar
cni-v3.28.0.tar            node-driver-registrar-v3.28.0.tar pod2daemon-flexvol-v3.28.0.tar
csi-v3.28.0.tar            node-v3.28.0.tar                  typha-v3.28.0.tar
```

3. 导入 Calico 镜像，3 个节点均需导入。

```
# ctr -n k8s.io image import apiserver-v3.28.0.tar
# ctr -n k8s.io image import cni-v3.28.0.tar csi-v3.28.0.tar
```

```
# ctr -n k8s.io image import csi-v3.28.0.tar
# ctr -n k8s.io image import kube-controllers-v3.28.0.tar
# ctr -n k8s.io image import node-driver-registrar-v3.28.0.tar
# ctr -n k8s.io image import node-v3.28.0.tar
# ctr -n k8s.io image import operator-v1.34.0.tar
# ctr -n k8s.io image import pod2daemon-flexvol-v3.28.0.tar
# ctr -n k8s.io image import typha-v3.28.0.tar
```

4. 使用 crictl images 命令查看镜像，3 个节点均可查看，注意不要缺失镜像。

```
# crictl images
```

5. 部署 Calico，仅需在 k8s-master 节点上操作。

```
# ls *.yaml          //查看所需的 YAML 文件
custom-resources-v3.28.0.yaml    tigera-operator-v3.28.0.yaml


# kubectl create -f tigera-operator-v3.28.0.yaml          //应用 tigera-operator-v3.28.0.yaml
...
clusterrolebinding.rbac.authorization.k8s.io/tigera-operator created
deployment.apps/tigera-operator created


# kubectl create -f custom-resources-v3.28.0.yaml          //应用 custom-resources-v3.28.0.yaml
installation.operator.tigera.io/default created
apiserver.operator.tigera.io/default created
```

6. 稍等一段时间，在 k8s-master 节点上再次查看加入集群的节点状态。

```
# kubectl get nodes
NAME             STATUS        ROLES            AGE        VERSION
k8s-master       Ready         control-plane    53m        v1.30.0
k8s-node01       Ready         <none>           30m        v1.30.0
k8s-node02       Ready         <none>           30m        v1.30.0
```

从命令的返回信息可知，各节点状态转变为 Ready，集群网络已配置完成。

任务 7.2　Kubernetes 数据卷管理

【任务要求】

公司员工通过参考操作手册进行实际操作的过程中，容易出现容器间数据无法共享、数据无法持久化存储以及应用状态管理等问题。因此，公司员工希望有针对 Kubernetes 存储技术的参考手册。工程师小王决定通过查阅相关资料，编写关于 Kubernetes 数据卷的操作手册。

【相关知识】

容器内的文件在磁盘上是临时存储的，导致在容器升级、崩溃或重启时，可能出现容器内文件丢失的问题。为了解决这个问题，Kubernetes 引入了 Volume 的概念，通过引入 Volume 来实现容器之间的数据共享，方便容器间的协作和通信。

Volume 是 Pod 中能够被多个容器访问的共享目录，它被定义在 Pod 上。在同一个 Pod 中，多个容器可以挂载某个具体的文件目录，以实现容器之间的数据共享以及数据的持久化存储。

Volume 的生命周期不与 Pod 中单个容器的生命周期相关。当容器终止或者重启时，Volume 中的数据也不会丢失，从而增强数据的安全性。

Kubernetes 支持多种类型的 Volume，比较常见的有简单存储（EmptyDir、HostPath、NFS）、高级存储（PV、PVC），以及配置存储（ConfigMap、Secret）。

7.2.1　简单存储

Kubernetes 的简单存储主要包括 EmptyDir、HostPath、NFS 几种类型。

1. EmptyDir

EmptyDir 是一种在 Pod 中创建的空目录，用于在容器之间共享文件。其数据存储在 Pod 所在节点的本地磁盘上，初始内容为空，使用时无须指定节点上对应的目录，Kubernetes 自动分配目录，当 Pod 被删除时，EmptyDir 卷中的数据也会被删除。其主要用途如下。

（1）作为应用程序运行时的临时文件存储区，如缓存数据。

（2）在 Pod 内部的不同容器之间共享数据。

（3）作为耗时较长计算任务的检查点或恢复点。

2. HostPath

HostPath 可将节点中某个具体的文件系统路径挂载到 Pod 中，以供容器使用。除非宿主机上的数据被删除，否则其数据不会随着 Pod 的删除而丢失；使用时存在一定的安全风险，不建议在生产环境中使用。其主要应用场景如下。

（1）特定的应用场景，如日志收集、数据库存储等。

（2）Pod 需要访问节点上的特定文件或目录的场景，如配置文件、密钥文件等。

3. NFS

NFS 可将网络文件系统（Network File System，NFS）挂载到容器中，可以跨多个 Pod 和节点共享数据。数据存储在 NFS 服务器上，这样就保证了当某个节点出现故障时，部署在该节点上的 Pod 无论转移到哪个节点，其存储的数据都不会丢失，实现了数据的持久化和共享。其主要应用场景如下。

（1）分布式系统中需要共享数据的场景。

（2）需要持久化存储数据的场景，但希望数据能够在多个节点间共享。

7.2.2　高级存储

Kubernetes 的高级存储主要涉及 Persistent Volume（PV）和 Persistent Volume Claim（PVC）两种资源，旨在为容器化应用提供一种灵活、可扩展且易于管理的存储解决方案，以提高存储的灵活性和可管理性。

1. PV

PV 是由 Kubernetes 配置的存储资源，是集群中存储的抽象，表示具体的存储卷。PV 的生命周期独立于使用它的 Pod，可以通过静态创建和动态创建的方式使用。

（1）静态创建：可以直接在集群中定义 PV 对象，并等待用户通过 PVC 请求。

（2）动态创建：结合 StorageClass，可以实现存储卷的自动创建和分配。

PV 支持多种后端存储，如 NFS、Ceph、AWS EBS 等。其主要用途如下。

（1）为 Pod 提供持久化存储，确保数据在 Pod 重启或迁移时不会丢失。

（2）允许用户抽象地请求存储资源，通过 PVC 声明存储需求，而无须关心底层存储的具体实现。

2. PVC

PVC 是用户请求的存储资源，代表了对存储资源的需求和约束。PVC 允许用户抽象地声明其需要的存储资源和访问模式，而不必关心具体的存储卷是如何创建和管理的，可以通过声明式和动态绑定进行配置。

（1）声明式配置：用户通过 PVC 声明所需的存储资源和访问模式。

（2）动态绑定配置：PVC 可以动态地绑定到合适的 PV 上，实现存储资源的自动分配。

PVC 支持多种访问模式，如 ReadWriteOnce（单个读写）、ReadOnlyMany（多个只读）和 ReadWriteMany（多个读写）。其主要用途如下。

（1）作为 Pod 的存储请求接口。

（2）实现存储资源的按需分配和动态绑定。

7.2.3 配置存储

ConfigMap 和 Secret 主要用于将配置文件和密钥挂载到容器中。其中，ConfigMap 用于存储非敏感的配置数据；Secret 用于存储敏感的数据，如密码、密钥等。Kubernetes 的配置存储提供了更高的安全性和访问控制机制。其主要用途如下。

（1）配置 Pod 中的应用程序。

（2）存储敏感数据，如数据库密码等。

7.2.4 Kubernetes 数据卷的管理流程

在 Kubernetes 环境中，Volume 的管理是确保应用持久化存储和数据一致性的关键部分。Kubernetes 数据卷的管理流程如下。

1. 定义卷类型

根据应用的需求和集群的存储资源，可以在 Pod 的 YAML 配置文件中定义所需的数据卷类型和配置。

2. 配置卷信息

对于需要手动配置的卷（如 PV），需要在 YAML 配置文件中定义卷的详细信息，包括容量、访问模式（如 ReadWriteOnce、ReadOnlyMany、ReadWriteMany）、存储类型（如 NFS、AWS EBS），以及存储后端的具体参数（如 NFS 的路径和服务器地址）。下面是一个简单的 PV 配置示例。

```
apiVersion: v1
kind: PersistentVolume
metadata:
  name: my-pv
spec:
  capacity:
    storage: 10Gi
  accessModes:
    - ReadWriteOnce
  nfs:
    path: /exports
    server: nfs.example.com
  persistentVolumeReclaimPolicy: Retain
```

3. 创建 PV/PVC

对于 PV，可以使用 kubectl apply –f pv.yaml 命令将 PV 定义文件应用到集群中。对于 PVC，可以根据需求进行定义，Kubernetes 会尝试根据 PVC 的规范自动绑定到合适的 PV；如果启用了动态存储卷，则会根据 StorageClass 动态创建 PV。下面是一个简单的 PVC 配置示例。

```
apiVersion: v1
kind: PersistentVolumeClaim
metadata:
   name: my-pvc
spec:
   accessModes:
     – ReadWriteOnce
   resources:
     requests:
       storage: 5Gi
   storageClassName: manual                    //PVC 绑定到名为 manual 的存储类
```

4. 挂载数据卷

在 Pod 的定义中，可以通过 volumes 和 volumeMounts 标签将 PVC（或其他卷）挂载到容器的指定路径。下面是一个简单的挂载数据卷配置示例。

```
apiVersion: v1
kind: Pod
metadata:
   name: my-pod
spec:
   containers:
     – name: my-container
       image: nginx
       volumeMounts:
         – name: my-volume
           mountPath: /usr/share/nginx/html
   volumes:
     – name: my-volume
       persistentVolumeClaim:
         claimName: my-pvc
```

5. 数据访问与管理

容器内的应用程序可以通过挂载路径访问数据卷中的数据。管理数据通常涉及更新、删除或修改文件等操作，这些操作都在容器内通过标准的文件操作进行。

【任务实现】

任务：在 Kubernetes 下持久化部署

V7-4
在 Kubernetes 下
持久化部署

1. 任务环境准备

本任务选用两台部署在 VMware Workstation pro 16 中的 RHEL 8.1 虚拟机，虚拟机均已预先安装 Kubernetes 运行环境。各虚拟机基本配置信息如表 7-3 所示。

表 7-3　各虚拟机基本配置信息

主机名	IP 地址	节点角色
k8s-master	192.168.200.10/24	管理节点
k8s-node01	192.168.200.20/24	工作节点 1
k8s-node02	192.168.200.30/24	工作节点 2
k8s-nfs	192.168.200.40/24	网络存储节点

在 k8s-master 节点上查看已加入集群的节点状态。

```
# kubectl get nodes
NAME          STATUS    ROLES           AGE       VERSION
k8s-master    Ready     control-plane   29m       v1.30.0
k8s-node01    Ready     <none>          6m41s     v1.30.0
k8s-node02    Ready     <none>          6m34s     v1.30.0
```

2. 配置 NFS 服务器

（1）修改需配置为网络存储主机的主机名，并安装 NFS 软件包，关闭防火墙和 SELinux。

```
# hostnamectl set-hostname k8s-nfs
# yum -y install nfs-utils
# systemctl stop firewalld.service
# systemctl disable firewalld.service
# setenforce 0
# sed -i "s/^SELINUX=enforcing/SELINUX=disabled/g" /etc/selinux/config
```

（2）在 k8s-nfs 节点上创建共享目录/data/nfs-k8s。

```
# mkdir -p /data/nfs-k8s
```

（3）修改 NFS 文件，给集群节点指定共享目录。

```
# vim /etc/exports
//添加如下内容
/data/nfs-k8s *(rw,no_root_squash)
```

文件编辑完成后，保存文件并退出，返回命令行。

（4）重启 NFS 服务并设置为开机自启动。

```
# systemctl restart rpcbind.service
# systemctl restart nfs-server.service
# systemctl restart nfs-mountd.service
# systemctl enable nfs-server.service
```

3. 配置 NFS 客户端

（1）在 k8s-master 节点、k8s-node01 节点、k8s-node02 节点上安装 NFS 软件包，不需要启动服务。

```
# yum -y install nfs-utils
```

（2）查看 NFS 服务端共享资源，3 个节点均可查看。

```
# showmount -e 192.168.200.40
Export list for 192.168.200.40:
/data/nfs-k8s *
```

4. 在 k8s-master 节点上创建 Pod

（1）编辑 YAML 文件。

```
[root@k8s-master ~]# vim nfs.yaml
//添加如下内容
```

```
apiVersion: v1
kind: Pod
metadata:
    name: test-nfs-volume
spec:
    containers:
    - name: test-nfs
      image: nginx
      imagePullPolicy: IfNotPresent
      ports:
      - containerPort: 80
        protocol: TCP
      volumeMounts:
      - name: nfs-volumes
        mountPath: /usr/share/nginx/html
    volumes:
    - name: nfs-volumes
      nfs:
        path: /data/nfs-k8s
        server: 192.168.200.40
```

文件编辑完成后，保存文件并退出，返回命令行。

（2）创建 Pod。

```
# kubectl   apply -f nfs.yaml
```

5. 创建首页测试文件

```
[root@nfs-server ~]# cd /data/nfs-k8s/                          //切换到/data/nfs-k8s/目录
[root@nfs-server nfs-k8s]# echo "hello nfs-server" > index.htm   //新增测试页面
[root@nfs-server nfs-k8s]# chmod 644 index.html                 //添加权限
```

6. 访问测试

（1）查看 Pod。

```
[root@k8s-master ~]# kubectl get pods -o wide
NAME                    READY   STATUS    RESTARTS   AGE    IP             NODE
NOMINATED NODE    READINESS GATES
    test-nfs-volume     1/1     Running   0          75s    10.224.85.193  k8s-node01
<none>            <none>
```

（2）访问测试页面。

```
[root@k8s-master ~]# curl 10.224.85.193
hello nfs-server
```

从命令的返回信息可以看到刚刚创建的测试文件的内容，表明 Kubernetes 调用 NFS 进行持久化存储成功。

【任务实训】Kubernetes 中 MySQL 数据持久化存储的实现

【实训目的】

1. 掌握创建 PV 和 PVC 的方法。
2. 掌握 Kubernetes 中数据持久化存储的方法。

V7-5 Kubernetes 中 MySQL 数据持久化存储的实现

【实训步骤】

1. 创建 PV 和 PVC。

（1）编辑创建 PV 的 YML 文件，文件名为 mysql-pv.yml。

```
# vi mysql-pv.yml
//添加如下内容
apiVersion: v1
kind: PersistentVolume
metadata:
    name: mysql-pv
    labels:
        pv: pv-test
spec:
    accessModes:
        - ReadWriteOnce
    capacity:
        storage: 1Gi
    persistentVolumeReclaimPolicy: Retain
    storageClassName: nfs
    nfs:
        path: /home/data/app
        server: 192.168.200.40
```

文件编辑完成后，保存文件并退出，返回命令行。

（2）编辑创建 PVC 的 YML 文件，文件名为 mysql-pvc.yml。

```
# vi mysql-pvc.yml
//添加如下内容
apiVersion: v1
kind: PersistentVolumeClaim
metadata:
    name: mysql-pvc
spec:
    accessModes:
        - ReadWriteOnce
    resources:
        requests:
            storage: 1Gi
    storageClassName: nfs
    selector:
        matchLabels:
            pv: pv-test
```

文件编辑完成后，保存文件并退出，返回命令行。

（3）创建并查看 PV 和 PVC 资源。

```
# kubectl apply -f mysql-pv.yml
# kubectl apply -f mysql-pvc.yml
# kubectl get pv,pvc
NAME                    CAPACITY    ACCESS MODES    RECLAIM POLICY    STATUS
CLAIM                STORAGECLASS    REASON    AGE
```

persistentvolume/mysql-pv	1Gi	RWO	Retain	Bound
default/mysql-pvc nfs	22s			

NAME	STATUS	VOLUME	CAPACITY	ACCESS
MODES STORAGECLASS AGE				
persistentvolumeclaim/mysql-pvc	Bound	mysql-pv 1Gi	RWO nfs	13s

2. 部署 MySQL 服务。

（1）创建部署 MySQL 服务的 YML 文件，文件名为 mysql.yml。

```
# cat mysql.yml
apiVersion: v1
kind: Service
metadata:
  name: mysql
spec:
  selector:
    app: mysql
  ports:
    - protocol: TCP
      port: 3306
      targetPort: 3306
      nodePort: 31306
  type: NodePort
---
apiVersion: apps/v1
kind: Deployment
metadata:
  name: mysql
  labels:
    app: mysql-test
spec:
  replicas: 1
  selector:
    matchLabels:
      app: mysql
  template:
    metadata:
      labels:
        app: mysql
    spec:
      containers:
      - name: mysql-test
        image: mysql:5.7
        env:
        - name: MYSQL_ROOT_PASSWORD
          value: Zhurs@123
        ports:
        - containerPort: 3306
```

```
            volumeMounts:
            - mountPath: "/var/lib/mysql"
              name: mysql-data
         volumes:
         - name: mysql-data
           persistentVolumeClaim:
             claimName: mysql-pvc
```

（2）部署 MySQL 服务。

```
# kubectl apply -f mysql.yml
```

（3）查看 Pod、Service 资源是否正常运行。

```
# kubectl get pod,svc
NAME                              READY        STATUS        RESTARTS      AGE
pod/mysql-845fd9fbdb-4g4mr        1/1          Running       0             8s
pod/test-nfs-volume               1/1          Running       0             7h4m

NAME                  TYPE          CLUSTER-IP    EXTERNAL-IP    PORT(S)         AGE
service/kubernetes    ClusterIP     10.96.0.1     <none>         443/TCP         7h24m
service/mysql         NodePort      10.99.199.233 <none>         3306:31306/TCP  8s
```

从命令的返回信息可知，MySQL 服务已经部署成功，Pod 名称为 mysql-845fd9fbdb-4g4mr。

3. 生成测试数据。

（1）进入 MySQL 数据库。

```
[root@k8s-master ~]# kubectl exec -it mysql-845fd9fbdb-4g4mr  -- mysql -uroot
-pZhurs@123
mysql: [Warning] Using a password on the command line interface can be insecure.
Welcome to the MySQL monitor.   Commands end with ; or \g.
mysql>
```

（2）创建测试数据库 testdb。

```
mysql> create database testdb;
Query OK, 1 row affected (0.00 sec)
```

（3）进入测试数据库 testdb。

```
mysql> use testdb;
Database changed
```

（4）创建测试数据表 t1，并输入测试数据。

```
mysql> create table t1(id int);
mysql> insert into t1 values(12);
```

（5）查看测试数据表 t1 的信息。

```
mysql> select * from t1;
+------+
| id   |
+------+
|  12  |
+------+
1 row in set (0.00 sec)
mysql> exit
```

4. 模拟节点宕机。

（1）查看 MySQL 服务运行在哪个节点上。

```
# kubectl get pod -o wide
NAME                          READY    STATUS    RESTARTS    AGE     IP
NODE           NOMINATED NODE    READINESS GATES
    mysql-845fd9fbdb-4g4mr    1/1      Running   0           116s    10.224.85.194
k8s-node01     <none>            <none>
    test-nfs-volume           1/1      Running   0           7h5m    10.224.85.193
k8s-node01     <none>            <none>
```

说 明 从命令的返回信息可知，**MySQL 服务运行在 k8s-node01 节点上。**

（2）在 k8s-node01 节点上模拟宕机。

```
# init 0
```

（3）等待一段时间后，查看节点的状态。

```
[root@k8s-master ~]# kubectl get nodes
NAME          STATUS      ROLES            AGE       VERSION
k8s-master    Ready       control-plane    7h38m     v1.28.2
k8s-node01    NotReady    <none>           7h30m     v1.28.2
k8s-node02    Ready       <none>           7h30m     v1.28.2
```

从命令的返回信息可知，k8s-node01 节点已经从集群中移除，再次查看 MySQL 服务运行在哪个节点上。

```
# kubectl get pod -o wide
NAME                          READY    STATUS       RESTARTS    AGE      IP
NODE           NOMINATED NODE    READINESS GATES
    mysql-845fd9fbdb-4g4mr    1/1      Terminating  0           14m      10.224.85.194
k8s-node01     <none>            <none>
    mysql-845fd9fbdb-rhxkc    1/1      Running      0           7m8s     10.224.58.193
k8s-node02     <none>            <none>
    test-nfs-volume           1/1      Terminating  0           7h18m    10.224.85.193
k8s-node01     <none>            <none>
```

说 明 从命令的返回信息可知，**MySQL 服务成功迁移至 k8s-node02 节点。**

5. 数据一致性验证。

（1）进入 MySQL 数据库。

```
# kubectl exec -it mysql-845fd9fbdb-rhxkc -- mysql -uroot -pZhurs@123
```

（2）使用测试数据库 testdb，并查看测试数据表 t1 的信息。

```
mysql> use testdb;
mysql> select * from t1;
+------+
| id   |
+------+
|  12  |
+------+
1 row in set (0.00 sec)
```

从命令的返回信息可以看到测试数据表 t1 的记录信息，表明迁移后的 MySQL 数据是完整的。

【项目练习题】

1. 单选题

（1）Kubernetes 中，Pod 之间的网络默认是（　　）隔离的。

    A. 使用 Docker 容器网络   B. 通过 Linux 网络命名空间

    C. 使用 CNI 插件硬编码   D. 依赖宿主机防火墙规则

（2）下列（　　）不是 Kubernetes 常用的 CNI 插件。

    A. Flannel   B. Calico   C. kubeadm   D. Cilium

（3）在 Kubernetes 中，Service 的 ClusterIP 默认是（　　）类型的 IP 地址。

    A. 公网 IP   B. 虚拟的仅在集群内部可路由的 IP

    C. 节点 IP   D. Pod 的 IP

（4）Kubernetes 中，有关 Pod 的 IP 地址自动分配的描述正确的是（　　）。

    A. 由操作系统随机分配

    B. 由 kubelet 根据宿主机的 IP 地址范围决定

    C. 由 CNI 插件在 Pod 创建时从集群网络中分配

    D. 由用户手动指定

（5）当需要查看 Pod 的网络命名空间和接口信息时，常用的 Kubernetes 命令是（　　）。

    A. kubectl get pods   B. kubectl exec <pod-name> -- ip addr

    C. kubectl describe pod <pod-name> D. kubectl logs <pod-name>

（6）当 Pod 被删除时，存储在 EmptyDir 中的数据会（　　）。

    A. 永久保留在 Node 上   B. 自动复制到其他 Pod 上

    C. 自动删除   D. 转移到 etcd 中

（7）在 Kubernetes 中，用于将存储设备或文件系统挂载到 Pod 中的对象被称为（　　）。

    A. Pod 卷   B. 容器卷   C. 存储卷   D. 持久卷

（8）在 Kubernetes 中，用于描述持久化存储资源的对象是（　　）。

    A. PV   B. PVC   C. Volume   D. StorageClass

（9）如果想在 Pod 中直接使用宿主机上的某个目录作为存储，则应该使用（　　）类型的卷。

    A. EmptyDir   B. HostPath   C. NFS   D. CephFS

（10）NFS 和 Ceph 都是 Kubernetes 支持的网络存储类型，其中（　　）主要用于分布式存储系统，提供高可用性和可扩展性。

    A. NFS   B. Ceph   C. Local Volume   D. HostPath

2. 判断题

（1）Kubernetes 中的 Pod 网络模型默认使用桥接模式连接 Pod 与宿主机网络。（　　）

（2）Pod 之间的通信默认是通过 Kubernetes 网络插件实现的，不需要任何额外配置。（　　）

（3）Flannel 是 Kubernetes 官方提供的唯一网络插件，所有集群必须使用 Flannel 来实现 Pod 间的通信。（　　）

（4）当 Pod 之间的通信出现问题时，可以直接通过宿主机上的网络工具进行故障排查。（　　）

（5）Kubernetes 中的 Pod 默认使用宿主机的网络命名空间进行通信。（　　）

（6）Kubernetes 自身提供持久化存储功能。（　　）

（7）持久卷是集群级别的资源，用于提供存储资源给 PVC 使用。（　　）

（8）EmptyDir 是 Kubernetes 中的一种非持久化存储类型。（　　）

（9）NFS 和 GlusterFS 都是 Kubernetes 支持的网络存储系统。（　　）

（10）Kubernetes 的持久化存储适用于需要长期保存数据的应用场景，如数据库和文件服务器。（　　）

3. 简答题

（1）简述 Kubernetes 网络架构。

（2）简述 Kubernetes 网络通信机制。

（3）简述 Kubernetes 数据卷包括的类型。

项目8
自动化部署

08

自动化部署是一个复杂但高效的过程，涵盖从环境准备、组件安装到应用部署等多个环节。本项目通过两个任务介绍持续集成及自动化部署工具Jenkins的使用，以及利用Docker构建持续集成平台。

【知识目标】

- 了解持续集成的概念、特点以及持续集成系统的组成。
- 了解Jenkins持续集成工具。

【能力目标】

- 掌握Jenkins持续集成工具的使用。
- 掌握持续集成的流程。

【素质目标】

- 培养无私奉献精神。
- 树立高尚道德情操。
- 激发创新意识与提高实践能力。

任务8.1 持续集成及 Jenkins 介绍

【任务要求】

随着公司开发业务的扩展，在传统的开发模式下引发的问题愈发明显，为提高应用从开发到部署的工作效率，通过调研发现，在目前软件开发流程中，持续集成作为开发流程中主要的组成部分，可以实现产品的快速迭代，同时能保证产品的质量。其中，Jenkins 是一种应用较为广泛的持续集成工具。于是，公司安排工程师小王编写 Jenkins 持续集成工具使用手册。

【相关知识】

自动化部署是指通过自动化工具和流程，自动完成软件系统的部署和配置。这一过程可以大大缩短软件部署的时间，提高软件部署的速度和可靠性，降低人工干预的风险，同时提升系统的可用性和稳定性。自动化部署是持续集成/持续部署（Continuous Integration/Continuous Deployment，CI/CD）流程中的重要环节，有助于缩短软件交付周期，提高软件质量。

8.1.1　持续集成概述

近年来，软件开发复杂度不断提高，传统的瀑布式开发流程存在着明显的不足。首先，用户的需求可能会随时间而变化，但开发者仍会努力在设计前完成需求分析，在编写代码前完成设计，这个流程中有大量工作被浪费。其次，将测试和集成延迟到项目开发结束时才执行，这会导致问题往往发现得太晚，如果要解决问题，则有可能错过最后的交付期限。该流程既无法控制业务需求的变更，又抑制了反馈的周期阈值，随之而来的是不可避免的延期和失败。因此，开发团队成员间如何更好地协同工作以确保软件开发的质量已经逐渐成为开发过程中不可回避的问题，而如何在不断变化的需求中快速适应和保证软件的质量显得尤为重要。

持续集成正是针对这类问题的一种软件开发实践。持续集成指在开发阶段对项目进行持续性自动化编译、测试，以控制代码质量。它倡导开发团队成员必须经常集成其工作，甚至每天都可能发生多次集成。而每次的集成都通过自动化构建来验证，包括自动编译、发布和测试，从而尽快地发现集成错误，让团队能够更快地开发内聚的软件。

8.1.2　持续集成的特点

持续集成是指软件开发流程中一系列的最佳实践，其对单元测试较为依赖，测试覆盖率越高，单元测试越准确，越能体现持续集成的效果，因此，持续集成能提升交付效率和交付软件的质量。其主要特点如下。

（1）将重复性的手动流程自动化，工程师可更多地关注设计、需求分析、风险预防等方面的问题。

（2）持续集成可通过多种方式自动触发构建过程，包括编译、测试、静态分析等。

（3）如果构建失败或测试不通过，则能够快速给开发者提供反馈，并及时修复存在的问题，提高整体集成效率。

8.1.3　持续集成系统的组成

一个完整的持续集成系统主要由以下几部分组成。

（1）自动构建过程应涵盖自动编译、分发、部署和测试等环节。例如，可以使用 ANT 或 Maven 等工具来实现这一流程。

（2）代码存储库不仅需要版本控制软件来确保代码的可维护性，同时也充当构建过程的素材库。可以使用 Git、CVS 等工具来满足这些需求。

（3）持续集成服务器是整个流程中的核心组件，用于自动化执行构建和测试过程。例如，可以使用 Jenkins、Cruise Control 等工具来搭建持续集成环境。

8.1.4　持续集成常用工具

持续集成的常用工具有很多，以下是几种广泛应用的工具。

1. Jenkins

Jenkins 是最流行的开源自动化服务器之一，广泛用于 CI/CD 流程，具有以下特点。

（1）强大的插件生态系统，支持几乎任何 DevOps 需求。

（2）易于安装和配置，支持跨平台（Windows、macOS、Linux 等）。

（3）友好的用户界面，提供丰富的可视化界面和报告，方便监控和管理。

（4）支持分布式构建，可以在多台机器上并行执行任务，提高项目构建和测试速度。

2. GitLab CI/CD

GitLab CI/CD 是 GitLab 平台内置的 CI/CD 工具，具有以下特点。

（1）与 GitLab 代码仓库紧密集成，实现无缝的代码管理和 CI/CD 流程。

（2）灵活的配置选项，支持自定义构建、测试和部署流程。

（3）提供丰富的安全性扫描和监控功能，确保代码质量和应用安全。

（4）易于与其他工具如 Docker、Kubernetes 等集成。

3. Travis CI

Travis CI 基于云端，支持多种编程语言和构建环境，具有以下特点。

（1）简单、易用，通过简单的.travis.yml 配置文件即可构建和测试项目。

（2）支持免费的开源项目，并提供灵活的付费计划以满足不同需求。

（3）与 GitHub 紧密集成，自动触发构建和测试流程。

4. Circle CI

Circle CI 是一个流行的云端持续集成平台，提供高效、可扩展的构建和测试服务，具有以下特点。

（1）高度可配置的工作流，支持自定义的 CI/CD 流程。

（2）强大的缓存和并行构建功能，提高了项目构建效率。

（3）与多种代码仓库（如 GitHub、Bitbucket）集成，支持多种编程语言和环境。

5. Bamboo

Bamboo 是由 Atlassian 开发的 CI/CD 工具，支持在本地和云端部署，具有以下特点。

（1）提供丰富的可视化界面和报告，方便监控和管理构建过程。

（2）支持多种编程语言和构建工具，如 Maven、Gradle 等。

（3）强大的插件和扩展机制，满足复杂的构建需求。

可以根据项目的实际需求、所需使用的技术栈以及预算等因素选择合适的持续集成工具。

8.1.5 Jenkins 简介

Jenkins 是一个开源的自动化服务器，主要用于 CI/CD 流程。Jenkins 允许软件开发团队自动执行各种构建、测试和部署任务，从而大大缩短软件交付周期，提高软件质量，并促进团队协作。

1. Jenkins 的主要功能

（1）自动化构建：Jenkins 可以监视源代码仓库（如 GitHub、GitLab 等）的变化，并在代码提交后自动执行项目构建过程，包括编译、测试和打包等。

（2）易于集成：Jenkins 能够与多种版本控制系统（如 GitHub、GitLab 等）及构建工具（如 Maven、Gradle）无缝集成，方便用户进行项目构建和管理。

（3）可视化界面：Jenkins 提供了一个基于 Web 的用户界面，用户可以通过这个界面轻松地配置项目、管理构建任务和查看构建结果。

（4）插件生态系统：Jenkins 拥有一个庞大的插件生态系统，用户可以根据需要安装不同的插件来扩展 Jenkins 的功能，满足特定的需求。

（5）持续部署：除了持续集成外，Jenkins 还支持持续部署，可以帮助开发者将构建好的应用程序自动部署到测试环境或生产环境中。

2. Jenkins 的核心组件

Jenkins 的核心组件构成了其强大的自动化构建、测试和部署功能的基础。Jenkins 的核心组件如下。

（1）Master：Master 是 Jenkins 系统的中心控制节点，负责调度任务、管理工作流、与 Slave 节点（也称为 Agent 或 Executor）通信以及存储配置信息和构建历史等。Master 节点接收来自用户的构建请求，并根据配置和规则将这些请求分配给适当的 Slave 节点执行。如果采用单节点部署方式，即没有 Slave 节点，则 Master 节点会执行实际的构建任务。

（2）Slave：Slave 节点是执行实际构建任务的机器，可以根据 Master 节点的调度执行编译、测试、打包等构建步骤。Slave 节点可以运行在与 Master 节点相同的物理机或虚拟机上，也可以部署在远程服务器上，从而支持分布式构建。分布式构建可以显著提高构建效率，尤其是在处理大型项目或资源密集型任务时。

（3）Web 界面：Jenkins 提供了一个基于 Web 的用户界面，允许用户通过浏览器访问和管理 Jenkins 系统。Web 界面提供了丰富的功能和视图，包括项目配置、构建历史、测试结果、日志输出等，使得用户能够轻松地监控和管理构建过程。

（4）Plugin System：Plugin System 即插件系统。Jenkins 的插件系统是其可扩展的关键。插件是第三方开发的扩展模块，可以为 Jenkins 添加新的功能或集成其他工具和服务。Jenkins 社区提供了大量的插件，覆盖构建、测试、部署、监控等各个方面，满足不同项目和团队的需求。

（5）CLI：除了 Web 界面外，Jenkins 还提供了命令行界面（Command Line Interface，CLI），允许用户通过命令行工具与 Jenkins 系统进行交互。CLI 提供了一套丰富的命令，用于管理项目、触发构建、查询状态等，非常适合自动化脚本和 CI/CD 流程中的集成。

（6）Build Pipeline：允许用户将多个构建任务组织成一个连续的流程，从而实现更复杂的自动化流程。通过构建流水线，用户可以定义一系列的构建、测试和部署步骤，并按照特定的顺序和条件执行它们。

3. Jenkins 的应用场景

Jenkins 的应用场景非常广泛，主要包括以下几种。

（1）持续集成和持续交付：自动执行构建、测试和部署任务，实现持续集成和持续交付，帮助开发团队快速交付高质量的软件。

（2）自动化测试：与各种测试框架和工具集成，自动执行测试用例，生成测试报告，并及时反馈测试结果。

（3）自动化部署：与各种部署工具和云平台集成，实现自动化部署和发布，提高交付效率。

（4）任务调度和定时执行：提供灵活的任务调度功能，可以定时执行各种任务，如定时构建、备份数据、定时清理等。

（5）构建和发布管理：管理和跟踪不同版本的构建及发布，提供版本控制、构建历史、构建参数等功能。

【任务实现】

任务：利用 Docker 部署 Jenkins 持续集成工具

V8-1 利用
Docker 部署
Jenkins 持续集成
工具

1. 任务环境准备

本任务选用一台部署在 VMware Workstation pro 16 中的 RHEL 8.1 虚拟机，虚拟机所用 IP 地址为 192.168.200.10，子网掩码为 255.255.255.0；虚拟机现已预先安装好 Docker-CE 26.1.3，可与外部网络互通，并关闭防火墙和 SELinux。可使用下列命令验证初始环境。

```
# docker --version                              //查看已安装 Docker 的版本
Docker version 26.1.3, build b72abbb
# systemctl status firewalld                    //查看防火墙的状态
● firewalld.service – firewalld – dynamic firewall daemon
   Loaded: loaded (/usr/lib/systemd/system/firewalld.service; disabled; vendor preset: enabled)
   Active: inactive (dead)                       //防火墙已关闭
     Docs: man:firewalld(1)
# getenforce                                     //查看 SELinux 的状态
Disabled                                         //SELinux 已关闭
```

2. 部署 Jenkins 环境

（1）获取 jenkins:2.426.2-lts 镜像。

```
# docker pull jenkins/jenkins:2.426.2-lts
# docker images jenkins/jenkins:2.426.2-lts
```

REPOSITORY	TAG	IMAGE ID	CREATED	SIZE
jenkins/jenkins	2.426.2-lts	41e27c2a574b	8 months ago	486MB

（2）创建 Jenkins 容器。

① 在 usr/local 目录下创建 jenkins_data 目录。

```
# mkdir -p /usr/local/jenkins_data
```

② 创建并启动 Jenkins 容器。

```
# docker run -d -p 8081:8080 -p 50000:50000 -v /usr/local/jenkins_data:/var/jenkins_home
-v /etc/localtime:/etc/localtime -v /usr/bin/docker:/usr/bin/docker      -v /var/run/docker.sock:/
var/run/docker.sock  -v /etc/docker/daemon.json:/etc/docker/daemon.json   --restart=on-failure
-u 0 --name myjenkins jenkins/jenkins:2.426.2-lts
```

参数及选项说明如下。

- -d：以守护进程模式运行容器。
- -p 8081:8080 -p 50000:50000：将容器的 8080 端口映射到主机的 8081 端口，将容器的 50000 端口映射到主机的 50000 端口。
- -v /usr/local/jenkins_data:/var/jenkins_home：将主机的/usr/local/jenkins_data 目录挂载到容器的/var/jenkins_home 目录中。
- -v /etc/localtime:/etc/localtime：将主机的/etc/localtime 文件挂载到容器的/etc/localtime 文件中。
- -v /usr/bin/docker:/usr/bin/docker：将主机的 /usr/bin/docker 目录挂载到容器的 /usr/bin/docker 目录中。

■ –v /var/run/docker.sock:/var/run/docker.sock：将主机的/var/run/docker.sock 文件挂载到容器的/var/run/docker.sock 文件中。

■ --restart=on-failure：在容器失败时自动重启。

■ –u 0：设置容器的用户为根用户。

■ --name myjenkins：将容器命名为 myjenkins。

利用 docker ps –a 命令查看容器的状态。

```
# docker ps -a
CONTAINER ID    IMAGE                          COMMAND                CREATED
STATUS          PORTS                                                  NAMES
578fb65a958f    jenkins/jenkins:2.426.2-lts    "/usr/bin/tini -- /u..."  14 seconds ago    Up 12
seconds    0.0.0.0:50000->50000/tcp, :::50000->50000/tcp,
0.0.0.0:8081->8080/tcp, :::8081->8080/tcp    myjenkins
```

从显示结果可以看到容器名为 myjenkins，状态为 UP，容器已经启用。

（3）配置 Jenkins。

打开浏览器，在其地址栏中输入"http://192.168.200.10:8080/jenkins"并按 Enter 键，进入 Jenkins 登录界面，如图 8-1 所示。

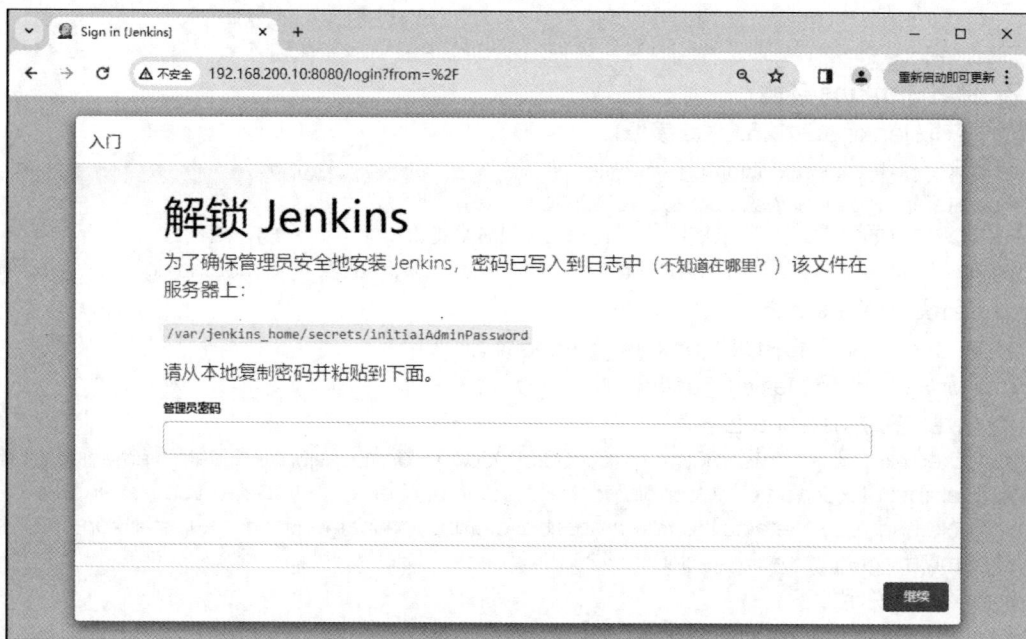

图 8-1　Jenkins 登录界面

第一次访问该界面时会在主目录中生成一个密码，打开指定的文件查看密码，并在"管理员密码"文本框中输入密码，单击"继续"按钮。

```
# docker exec -it myjenkins /bin/bash
root@82a28737905e:/# cat /var/jenkins_home/secrets/initialAdminPassword
707dbf74b0864a4887c33f764dacb478
```

进入插件安装界面，可以安装 Jenkins 社区推荐的插件或进行自定义安装，此处选择"安装推荐的插件"选项，如图 8-2 所示。

插件成功安装后，进入创建管理员用户界面，如图 8-3 所示。

图 8-2　插件安装界面

图 8-3　创建管理员用户界面

设置好用户信息后，单击"保存并完成"按钮，进入实例配置界面，如图 8-4 所示。

图 8-4　实例配置界面

根据实际需要进行实例配置，此处保留默认值，单击"保存并完成"按钮，进入 Jenkins 配置完成界面，如图 8-5 所示。

图 8-5　Jenkins 配置完成界面

单击"开始使用 Jenkins"按钮，进入 Jenkins 工作主界面，如图 8-6 所示。

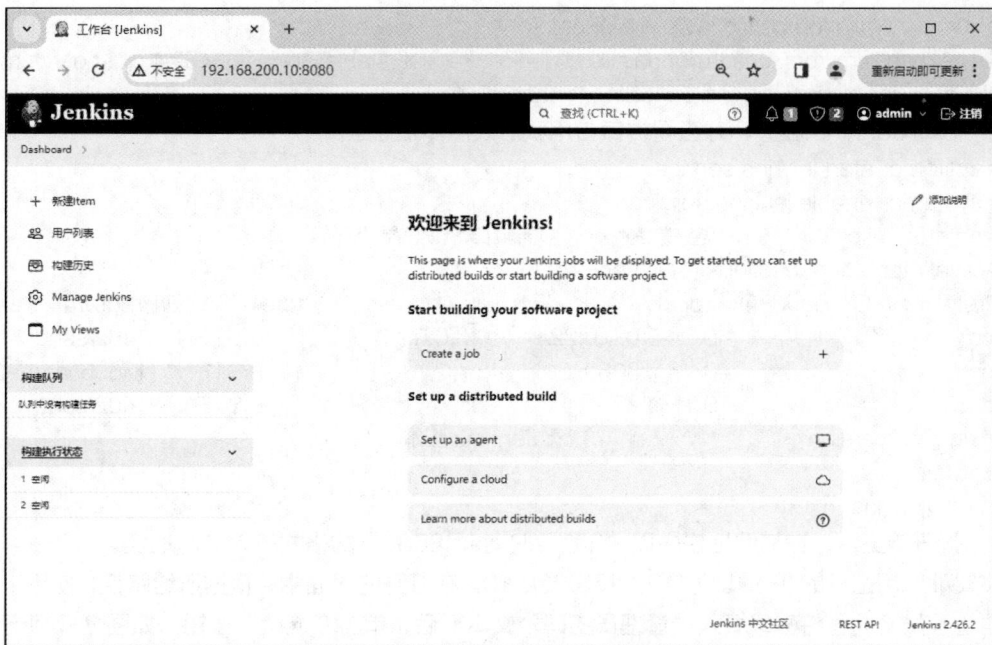

图 8-6　Jenkins 工作主界面

【任务实训】部署 Jenkins 持续集成工具

【实训目的】

1. 掌握持续集成的设计思路和实现方法。
2. 掌握 Jenkins 的部署方法。

【实训步骤】

1. 实训环境准备。

本实训选用一台部署在 VMware Workstation pro 16 中的 RHEL 8.1 虚拟机，虚拟机所用 IP 地址为 192.168.200.10，子网掩码为 255.255.255.0；虚拟机现已预先安装好 Docker-CE 26.1.3，可与外部网络互通，并关闭防火墙和 SELinux。可使用下列命令验证初始环境。

```
# docker --version                          //查看已安装 Docker 的版本
Docker version 26.1.3, build b72abbb
# systemctl status firewalld                //查看防火墙的状态
● firewalld.service - firewalld - dynamic firewall daemon
    Loaded: loaded (/usr/lib/systemd/system/firewalld.service; disabled; vendor preset: enabled)
    Active: inactive (dead)                  //防火墙已关闭
      Docs: man:firewalld(1)
# getenforce                                //查看 SELinux 的状态
Disabled                                    //SELinux 已关闭
```

2. 安装 Jenkins 软件包。

Jenkins 依赖 Java 环境，需要提前安装 JDK 环境。

```
# hostnamectl set-hostname jenkins
# bash
```

V8-2　部署
Jenkins 持续
集成工具

```
# yum -y install fontconfig java-11-openjdk
# wget https://mirrors.tuna.tsinghua.edu.cn/jenkins/redhat-stable/jenkins-2.452.4-1.1.noarch.rpm
# yum -y localinstall jenkins-2.452.4-1.1.noarch.rpm
```

3. 启动 Jenkins 服务，并查看端口占用状态及版本信息。

```
# systemctl start jenkins.service
# systemctl enable jenkins.service
# netstat -ntlp                    //查看 Jenkins 服务端口 8080 是否开启
Active Internet connections (only servers)
ProtoRecv-Q  Send-Q  Local Address  Foreign Address   State     PID/Program  name
tcp     0        0      0.0.0.0:22     0.0.0.0:*         LISTEN    1402/sshd
tcp6    0        0      :::8080        :::*              LISTEN    17696/java
tcp6    0        0      :::22          :::*              LISTEN    1402/sshd
# jenkins -version                 //查看 Jenkins 版本
2.452.4
[root@jenkins ~]#
```

4. 打开浏览器，在其地址栏中以"http://IP 地址:8080"的格式输入访问地址。

本实训所用主机的 IP 地址为 192.168.200.10。在打开的界面中，根据所给路径，使用下列命令查看管理员密码，将密码填入"管理员密码"文本框后，单击"继续"按钮，如图 8-7 所示。

```
# cat /var/lib/jenkins/secrets/initialAdminPassword
fcc7172807924c23b04a301e332663c3
```

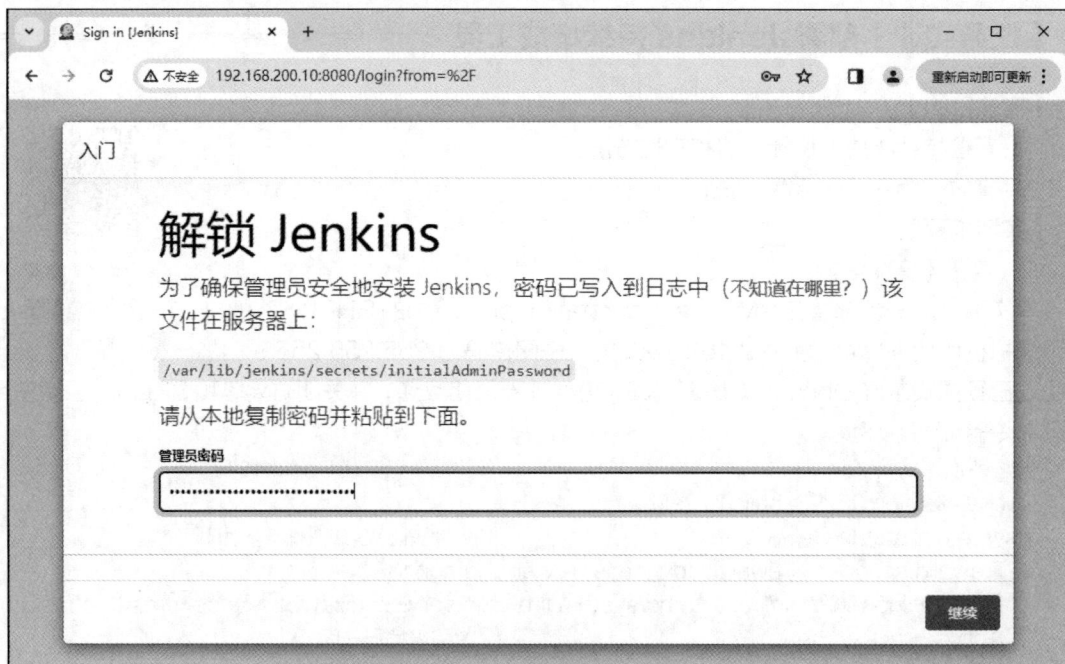

图 8-7　登录 Jenkins

5. 在插件安装界面中，单击"安装推荐的插件"选项。安装 Jenkins 社区推荐的插件时需要等待一段时间。插件安装完成后，即可进入创建管理员用户界面。

6. 根据需要输入管理员相关信息后，单击"保存并完成"按钮，依次在打开的界面中选择默认值并继续，即可进入 Jenkins 工作主界面。

7. 与 Docker 运行环境的整合。

（1）在 Jenkins 工作主界面中，在左侧导航栏中选择"Manage Jenkins"选项，打开"Manage Jenkins"界面。

（2）在"Manage Jenkins"界面中单击"Plugins"按钮，在打开的界面中选择"Available plugins"选项，在搜索栏中输入"Docker"。

（3）选定插件"docker-build-stop"，单击该界面右上角的"安装"按钮进行插件安装，如图 8-8 所示。插件安装成功后，返回 Jenkins 工作主界面。

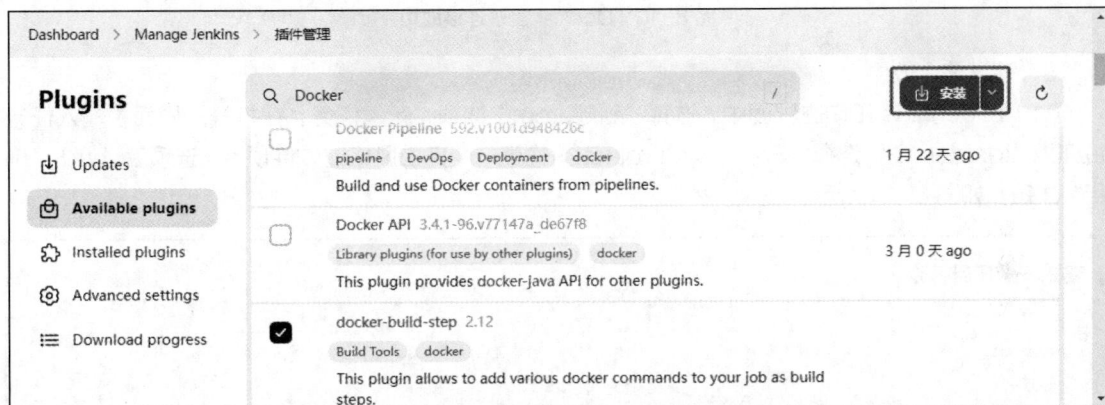

图 8-8 插件"docker-build-stop"安装界面

（4）在左侧导航栏中选择"Manage Jenkins"选项，在打开的"Manage Jenkins"界面中单击"System"按钮。

（5）在打开的界面中修改"Docker Builder"下的"Docker URL"的内容，输入内容为"unix:///var/run/docker.sock"，输入完成后可单击"Test Connection"按钮进行测试。

（6）如果出现图 8-9 所示的错误信息，表示当前用户没有权限访问/var/run/docker.sock，则需修改访问权限。

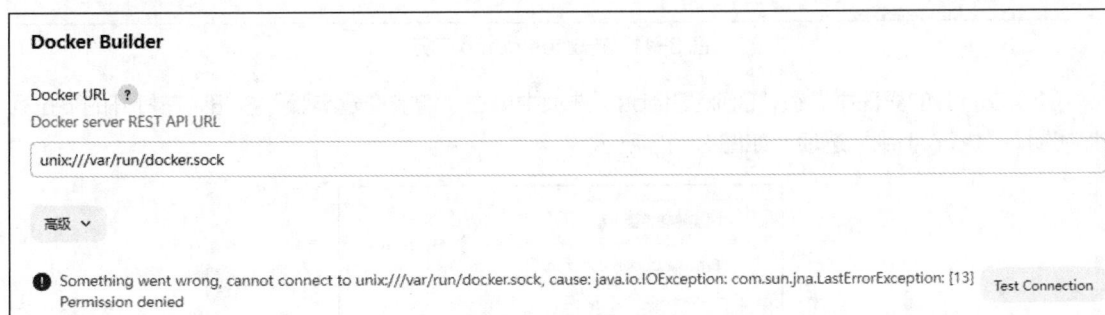

图 8-9 错误信息

修改/var/run/docker.sock 访问权限的代码如下。

```
# chmod 777 /var/run/docker.sock
```

（7）再次单击"Test Connection"按钮进行测试，测试成功，出现图 8-10 所示的界面。单击"保存"按钮，返回 Jenkins 工作主界面。

图 8-10　Docker 测试连接成功

8. 验证整合效果。

（1）在 Jenkins 工作主界面中，选择"新建 Item"选项，新建任务，在打开的界面中输入任务名称为"testdemo"，选择"Freestyle project"（构建一个自由风格的软件项目）选项后，单击"确定"按钮，如图 8-11 所示。

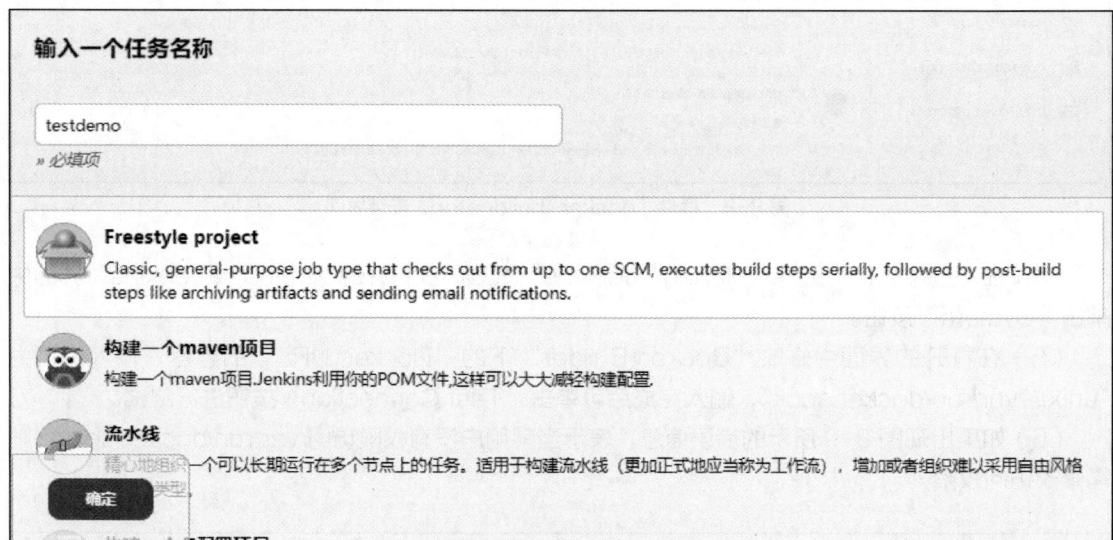

图 8-11　新建 testdemo 任务

（2）在打开的界面中，在"Build Steps"选项中单击"增加构建步骤"按钮，在打开的下拉列表中选择"执行 shell"选项，如图 8-12 所示。

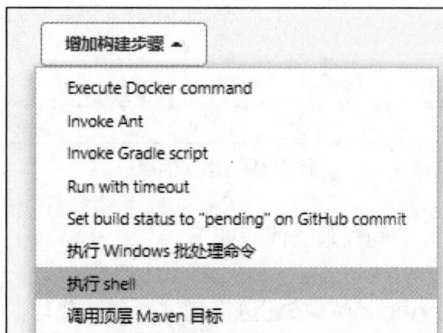

图 8-12　选择"执行 shell"选项

（3）在"命令"文本框中输入如下命令，如图 8-13 所示。命令输入完成后，单击界面下方的"保存"按钮。

```
docker rm -f nginx01
docker run -dit --name nginx01 -p 8030:80 nginx:latest
```

Build Steps

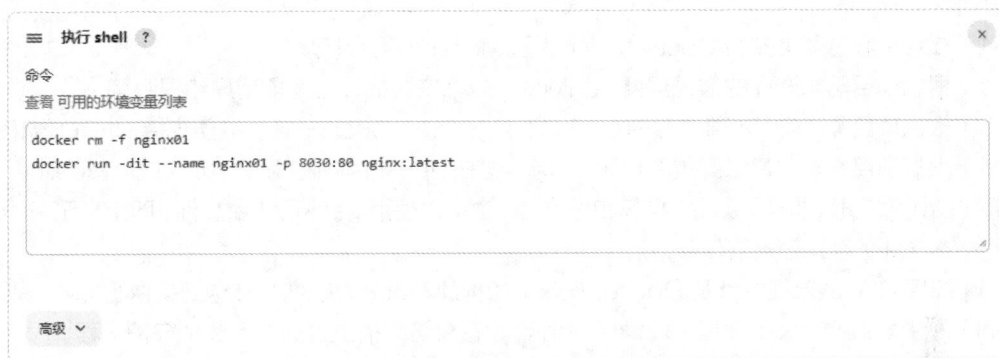

图 8-13　输入命令

（4）选择容器左侧导航栏中的"立即构建"选项，开始构建。构建成功后，打开浏览器，在其地址栏中输入"http://192.168.200.10:8030"并按 Enter 键，即可打开图 8-14 所示的 nginx 欢迎界面。

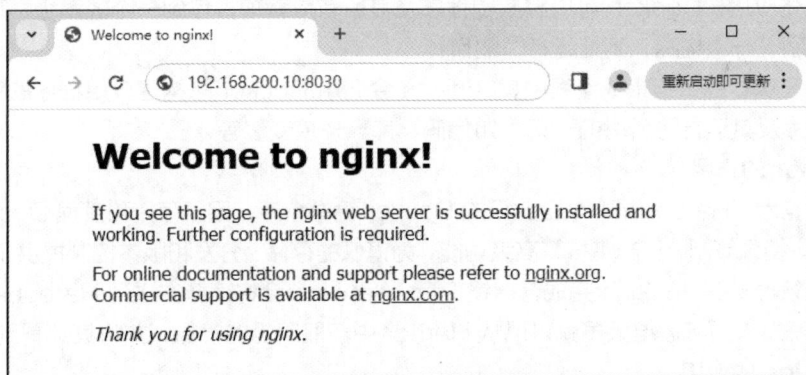

图 8-14　nginx 欢迎界面

任务 8.2　利用 Docker 构建持续集成平台

【任务要求】

公司员工利用工程师小王编写的 Jenkins 持续集成工具使用手册，掌握了 RHEL 8.1 环境中 Jenkins 的安装方式。为了进一步了解 Jenkins 工具的使用和持续集成的应用，公司安排小王编写构建持续集成平台和应用操作手册，供公司相关技术人员学习，以提高应用从开发到部署的工作效率。

【相关知识】

8.2.1　利用 Docker 构建持续集成平台的步骤

利用 Docker 构建持续集成平台是一个强大且灵活的方法，因为它可以提供一个轻量级、可移植且易于管理的环境。Jenkins 通常是与 Docker 结合的、用于 CI/CD 的首选工具之一。其基本操作步骤如下。

（1）在目标服务器上安装 Docker，并配置 Docker 的运行环境。

（2）根据项目需求选择的方式部署 Jenkins，包括安装插件、配置用户和权限等。

（3）根据项目需求安装必要的插件，如 Git、Maven、Docker 等，以便支持 CI/CD 流程。

（4）根据项目需求创建和配置 CI/CD 任务，这在 Jenkins 中称为"作业"或"Pipeline"，这些任务包括代码获取、构建、测试、打包和部署等。也可以使用 Jenkinsfile 文件（即定义了 Pipeline 结构的文本文件）来管理这些任务。

（5）如果 CI/CD 流程中涉及 Docker 操作，如构建 Docker 镜像并推送到镜像仓库中，则需要在 Jenkins 中配置 Docker 环境，以确保 Jenkins 有权访问宿主机的 Docker 守护进程。

8.2.2　Docker+Harbor+Jenkins 工作原理

Docker、Harbor 与 Jenkins 的结合使用，为软件开发流程中的 CI/CD 提供了一个强大的解决方案。

1．Docker 的作用

（1）容器化应用：Docker 可以将应用程序及其所有依赖项打包到一个轻量级、可移植的容器中，从而实现了"一次构建，到处运行"的目标。

（2）构建镜像：在持续集成流程中，Jenkins 会调用 Docker 来构建应用程序的镜像。这个镜像包含应用程序及其运行时所需的一切，如代码、库、环境变量等。

2．Harbor 的作用

（1）镜像仓库：Harbor 是一个企业级的 Docker 镜像仓库，用于存储和管理 Docker 镜像。它支持权限管理、镜像复制、日志审核等高级功能，为镜像的存储、分发和版本控制提供了有力的支持。

（2）镜像管理：在 Jenkins 完成容器镜像后，Jenkins 会将镜像推送到 Harbor 中进行存储和管理。这样，开发人员和运维人员就可以从 Harbor 中获取所需的镜像，并将其部署到目标环境中。

3．Jenkins 的作用

（1）持续集成工具：Jenkins 是一个开源的自动化服务器，用于自动化构建、测试和部署软件项目。它支持多种编程语言、构建工具和版本控制系统，如 Git、Maven、Gradle 等。

（2）自动化流程：Jenkins 通过配置一系列的任务（Job）或流水线（Pipeline），实现了从代码提交到测试、打包、部署等一系列自动化流程。在这个过程中，Jenkins 会调用 Docker 来构建镜像，并将镜像推送到 Harbor 中。

（3）触发机制：Jenkins 支持多种触发机制，如代码提交、定时任务等。一旦触发条件满足，Jenkins 就会执行相应的任务，从而实现自动化的构建和部署流程。

4．工作流程

（1）代码提交：开发者将代码提交到版本控制系统（如 Git）中。

（2）触发构建任务：Jenkins 通过配置的触发器检测到代码提交后，自动触发构建任务。

（3）构建镜像：在构建任务中，Jenkins 调用 Docker 来构建应用程序的镜像。

（4）推送镜像：构建完成后，Jenkins 将镜像推送到 Harbor 中进行存储和管理。

（5）部署应用：根据需要，Jenkins 从 Harbor 中获取最新的镜像，并将其部署到目标环境（如测试环境、生产环境等）中。

（6）测试与验证：部署完成后，Jenkins 可以执行自动化测试流程，验证应用程序在目标环境中的运行情况。

Docker、Harbor 与 Jenkins 共同实现了从代码提交到应用部署的全自动化流程，大大提高了软件交付的效率和质量。

【任务实现】

任务：使用 Jenkins 实现制作镜像并推送到 Harbor

V8-3 使用 Jenkins
实现制作镜像并
推送到 Harbor

1. 任务环境准备

本任务选用一台部署在 VMware Workstation pro 16 中的 RHEL 8.1 虚拟机，虚拟机所用 IP 地址为 192.168.200.101，子网掩码为 255.255.255.0；虚拟机现已预先安装好 Docker、Jenkins 和 Harbor 运行环境，并与外部网络互通，且关闭防火墙和 SELinux。可利用下列步骤验证初始环境。

（1）验证 Docker、防火墙和 SELinux 环境。

```
# docker --version                          //查看已安装 Docker 的版本
Docker version 26.1.3, build b72abbb
# systemctl status firewalld                //查看防火墙的状态
● firewalld.service – firewalld – dynamic firewall daemon
   Loaded: loaded (/usr/lib/systemd/system/firewalld.service; disabled; vendor preset: enabled)
   Active: inactive (dead)                   //防火墙已关闭
     Docs: man:firewalld(1)
# getenforce                                 //查看 SELinux 的状态
Disabled                                     //SELinux 已关闭
```

（2）验证 Jenkins 运行环境。

打开浏览器，在其地址栏中输入"http://192.168.200.101:8080"并按 Enter 键，访问 Jenkins 工作主界面，如图 8-15 所示。

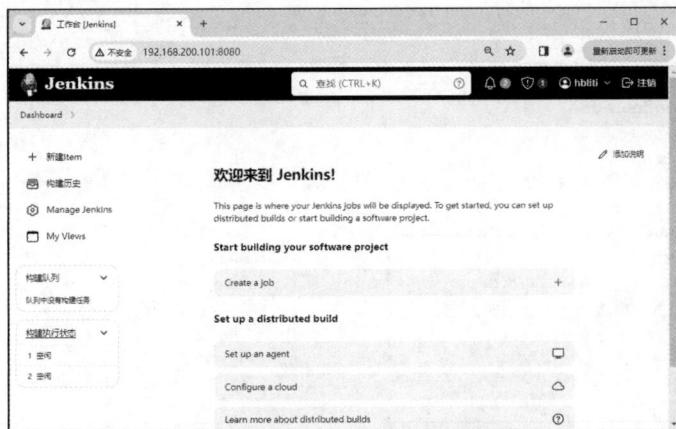

图 8-15 访问 Jenkins 工作主界面

（3）验证 Harbor 运行环境。

在浏览器地址栏中输入"http://192.168.200.101"并按 Enter 键，访问且登录 Harbor 工作主界面，如图 8-16 所示，当前 Harbor 私有仓库中已有项目 test。

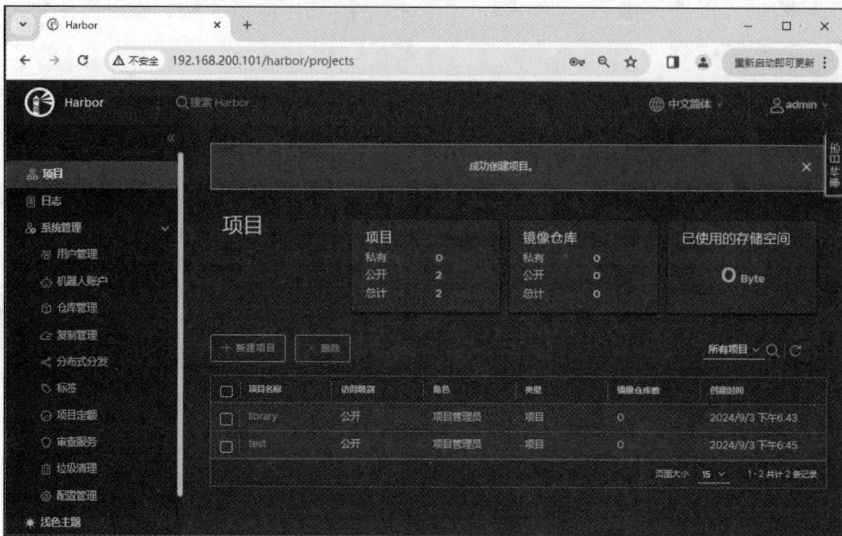

图 8-16　Harbor 工作主界面

2. 配置 Jenkins

（1）选择"系统管理"选项，并选择"Manage Jenkins"选项，如图 8-17 所示。

图 8-17　选择"Manage Jenkins"选项

（2）在打开的"Manage Jenkins"界面中，单击"Plugins"按钮，如图 8-18 所示。

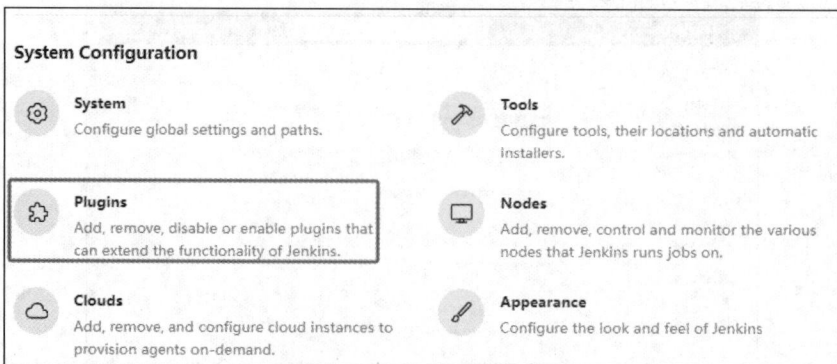

图 8-18　单击"Plugins"按钮

在打开的界面中选择"Available plugins"选项，如图 8-19 所示。在打开界面的搜索栏中输入"docker-build-step"并勾选该复选框，单击"安装"按钮，如图 8-20 所示。

图 8-19　选择"Available plugins"选项

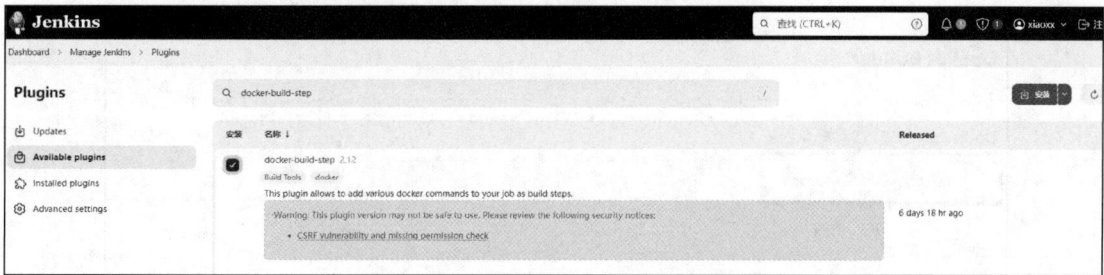

图 8-20　安装 docker-build-step

插件安装成功后，利用同样的操作步骤继续安装 Deploy to container 插件。Deploy to container 插件安装成功后，单击"返回首页"按钮，返回首页。

（3）在"Manage Jenkins"界面中单击"System"按钮，如图 8-21 所示。

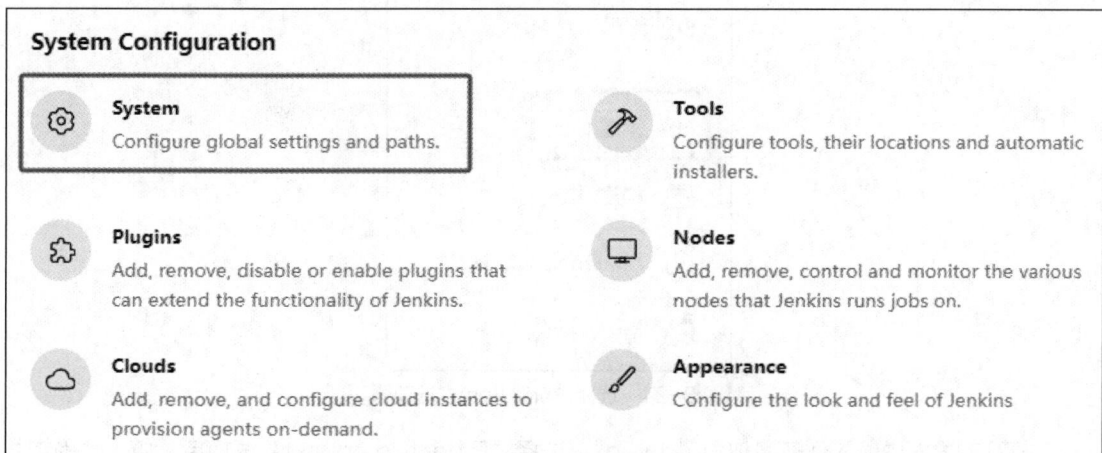

图 8-21　单击"System"按钮

在打开的系统配置界面中，修改"Jenkins URL"，此处输入 Jenkins 的访问地址，如图 8-22 所示。

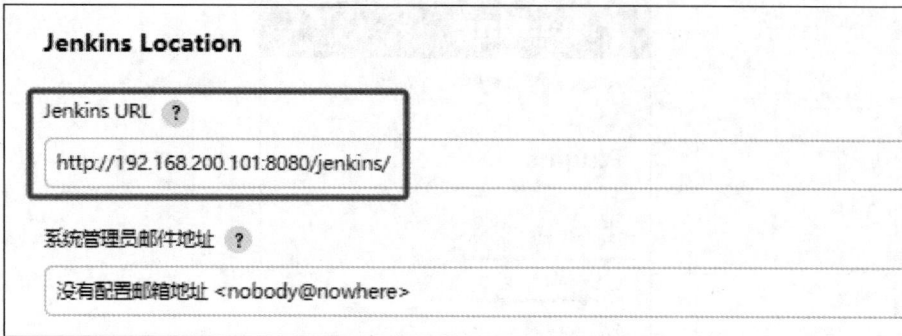

图 8-22　修改"Jenkins URL"

修改"Docker URL"，输入内容为"unix:///var/run/docker.sock"，如图 8-23 所示，输入完成后可单击"Test Connection"按钮进行测试。修改完成后，单击"保存"按钮，返回 JenKins 工作主界面。

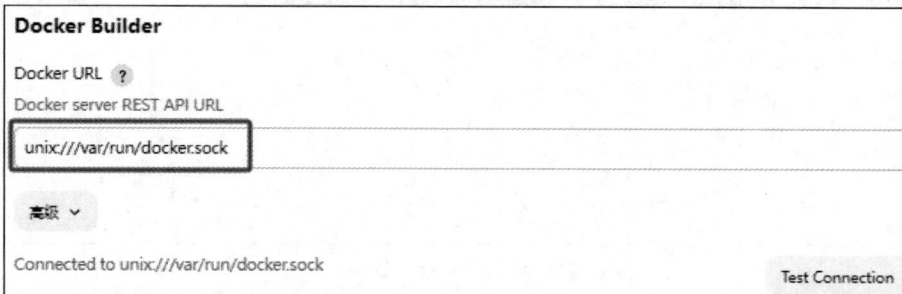

图 8-23　修改"Docker URL"

（4）在 Jenkins 工作主界面中，选择左侧导航栏中的"新建 Item"选项，如图 8-24 所示。

图 8-24　选择"新建 Item"选项

在打开的界面中输入任务名称为"demo"，选择"Freestyle project"选项后，单击"确定"按钮，如图 8-25 所示。

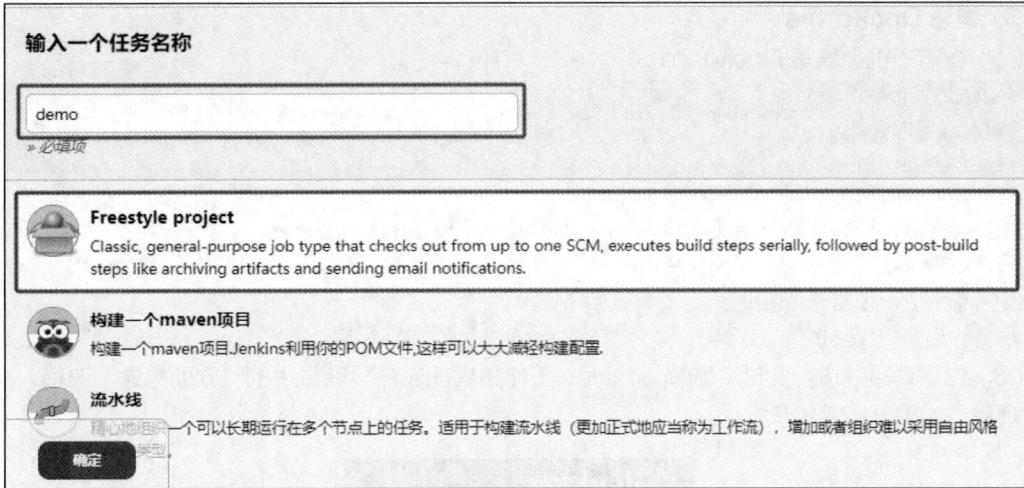

图 8-25　新建 demo 任务

（5）在打开的界面中，勾选"General"选项中下方的"丢弃旧的构建"复选框。

（6）勾选"构建环境"选项中的"Delete workspace before build starts"复选框。

（7）在"Build Steps"选项中单击"增加构建步骤"按钮，在打开的下拉列表中选择"执行 shell"选项，如图 8-26 所示。

图 8-26　选择"执行 shell"选项

（8）在"命令"文本框中输入如下命令后，单击界面下方的"确定"按钮，保存 Jenkins 配置。

```
cd /root/
docker build -t nginx:v3.0 .
docker login -u admin -p 12345 http://192.168.200.101
docker tag nginx:v3.0 192.168.200.101/test/nginx:v3.0
docker push 192.168.200.101/test/nginx:v3.0
docker rmi nginx:v3.0 192.168.200.101/test/nginx:v3.0
docker pull 192.168.200.101/test/nginx:v3.0
docker run -dit --name test_nginx_new -p 8082:80 192.168.200.101/test/nginx:v3.0
```

3. 编写 Dockerfile

（1）在宿主机上编写 Dockerfile。

```
# vi /root/Dockerfile
//输入以下内容
FROM nginx:latest
MAINTAINER hbliti
RUN echo '<h1>Hello, Hitibi!</h1>' > /usr/share/nginx/html/index.html
EXPOSE 80
```

（2）设置/root 目录的权限。

```
# chmod 777 /root/
```

（3）构建项目并进行测试。选择 Jenkins 工作主界面左侧导航栏中的"立即构建"选项，开始构建项目，如图 8-27 所示。

图 8-27　选择"立即构建"选项

（4）项目构建成功后，可在"控制台输出"界面中查看构建过程，控制台输出信息如图 8-28 所示。

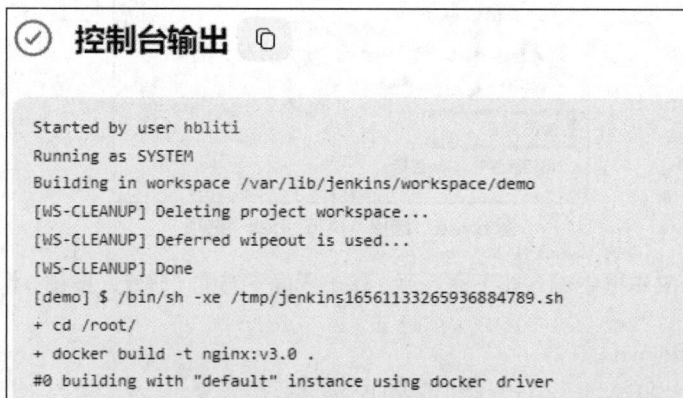

图 8-28　控制台输出信息

4. 测试效果

（1）项目构建成功后，打开浏览器，在其地址栏中输入"http://192.168.200.101:8082"并按 Enter 键，nginx 服务验证效果如图 8-29 所示。

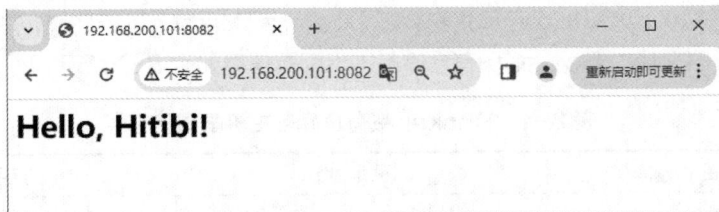

图 8-29　nginx 服务验证效果

（2）在浏览器地址栏中输入"https://192.168.200.101"并按 Enter 键，进入 Harbor 登录界面，Harbor 仓库验证效果如图 8-30 所示。单击"名称"栏下的"test/nginx"链接，可以看到上传镜像 nginx:v3.0 的详细信息，如图 8-31 所示。

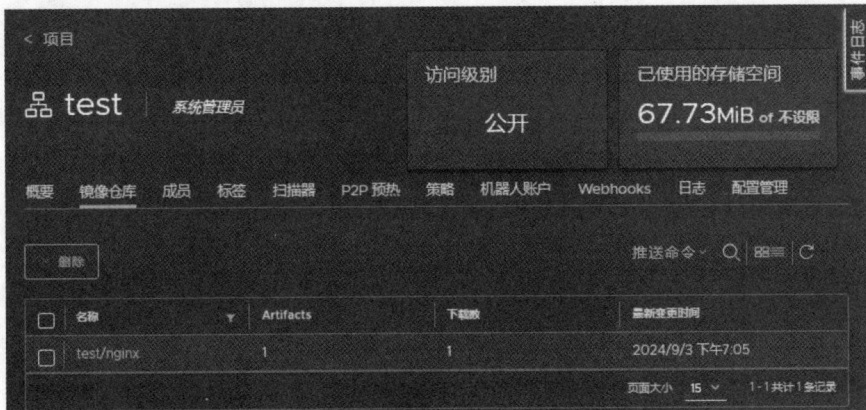

图 8-30　Harbor 仓库验证效果

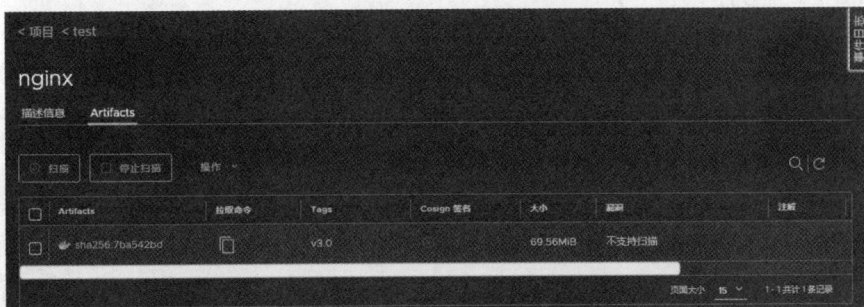

图 8-31　镜像 nginx:v3.0 的详细信息

【任务实训】使用 Git+Jenkins+Docker+Harbor 实现持续集成

【实训目的】
1. 掌握持续集成的工作原理。
2. 掌握 Git 服务的基本配置与管理。
3. 掌握持续集成的工作流程。

【实训内容】
1. 实训环境准备。

本实训选用两台部署在 VMware Workstation pro 16

V8-4　使用 Git+
Jenkins+Docker+
Harbor 实现持续
集成（1）

V8-5　使用 Git+
Jenkins+Docker+
Harbor 实现持续
集成（2）

中的 RHEL 8.1 虚拟机，虚拟机现已预先安装好 Docker 和 Harbor 运行环境，并与外部网络互通，且关闭防火墙和 SELinux。Docker 私有仓库各主机配置信息如表 8-1 所示。

表 8-1　Docker 私有仓库各主机配置信息

主机名	IP 地址	节点角色
jenkins	192.168.200.101/24	Jenkins 服务器
harbor	192.168.200.102/24	Harbor 服务器

2．Jenkins 的配置。

（1）安装 Jenkins 软件包，并关闭防火墙和 SELinux。Jenkins 依赖 Java 环境，因此需要提前安装 JDK 环境。

```
# hostnamectl set-hostname master
# yum -y install fontconfig java-11-openjdk
# wget https://mirrors.tuna.tsinghua.edu.cn/jenkins/redhat-stable/jenkins-2.452.4-1.1.noarch.rpm
# yum -y localinstall jenkins-2.452.4-1.1.noarch.rpm
```

（2）启动 Jenkins 服务，并设置服务开机自启动。

```
# systemctl  start  jenkins.service
# systemctl  enable  jenkins.service
```

（3）查看管理员密码。

```
# cat /var/lib/jenkins/secrets/initialAdminPassword
64069c47b3ac4cd0b0cefe946fe4ad48
```

（4）打开浏览器，访问 Jenkins 服务，端口号为 8080，根据需要进行相应配置后进入 Jenkins 工作主界面。

3．Harbor 的配置。

（1）打开浏览器，在其地址栏中输入"http://192.168.200.102"并按 Enter 键。在 Harbor 登录界面中输入用户名和密码，进入 Harbor 工作主界面。

（2）新建 images 项目，访问级别设置为公开，如图 8-32 所示。

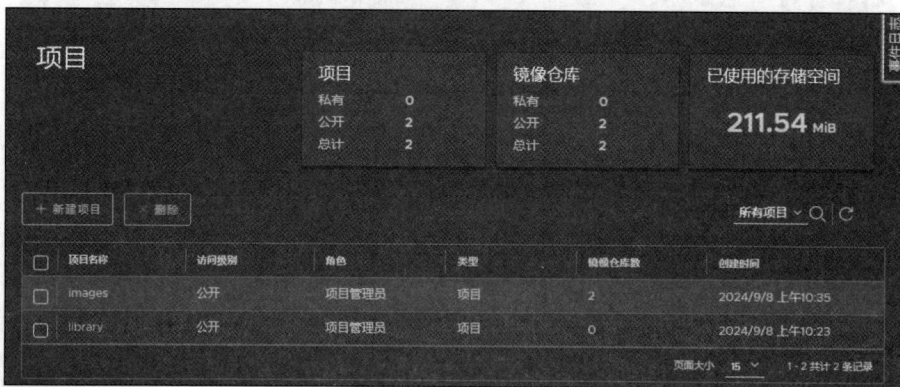

图 8-32　新建 images 项目

4．配置 Gogs。

（1）获取 Gogs 和 MySQL 镜像。

```
# docker pull gogs/gogs:latest
# docker pull mysql:5.7
```

（2）利用获取的镜像建立容器。

利用 gogs/gogs:latest 镜像建立名为 mygogs 的容器。

```
# docker run –dit –p 3000:3000 ––name mygogs gogs/gogs:latest
```

利用 mysql:5.7 镜像建立名为 mygogs-mysql 的容器。容器建立完成后，创建 gogs 数据库。

```
# docker run –d –p 13306:3306 –e MYSQL_ROOT_PASSWORD=000000 ––name
mygogs-mysql mysql:5.7
# docker exec –it mygogs-mysql /bin/bash
bash-4.2# mysql –uroot –p000000
...
mysql> create database gogs;
Query OK, 1 row affected (0.00 sec)

mysql> show databases;
+--------------------+
| Database           |
+--------------------+
| gogs               |
| information_schema |
| mysql              |
| performance_schema |
| sys                |
+--------------------+
5 rows in set (0.01 sec)

mysql> exit
Bye
bash-4.2# exit
```

（3）配置 Gogs 服务。

打开浏览器，在其地址栏中输入"http://192.168.200.101:3000"并按 Enter 键，进行首次运行安装程序设置，数据库设置和应用基本设置如图 8-33 和图 8-34 所示。

图 8-33　数据库设置

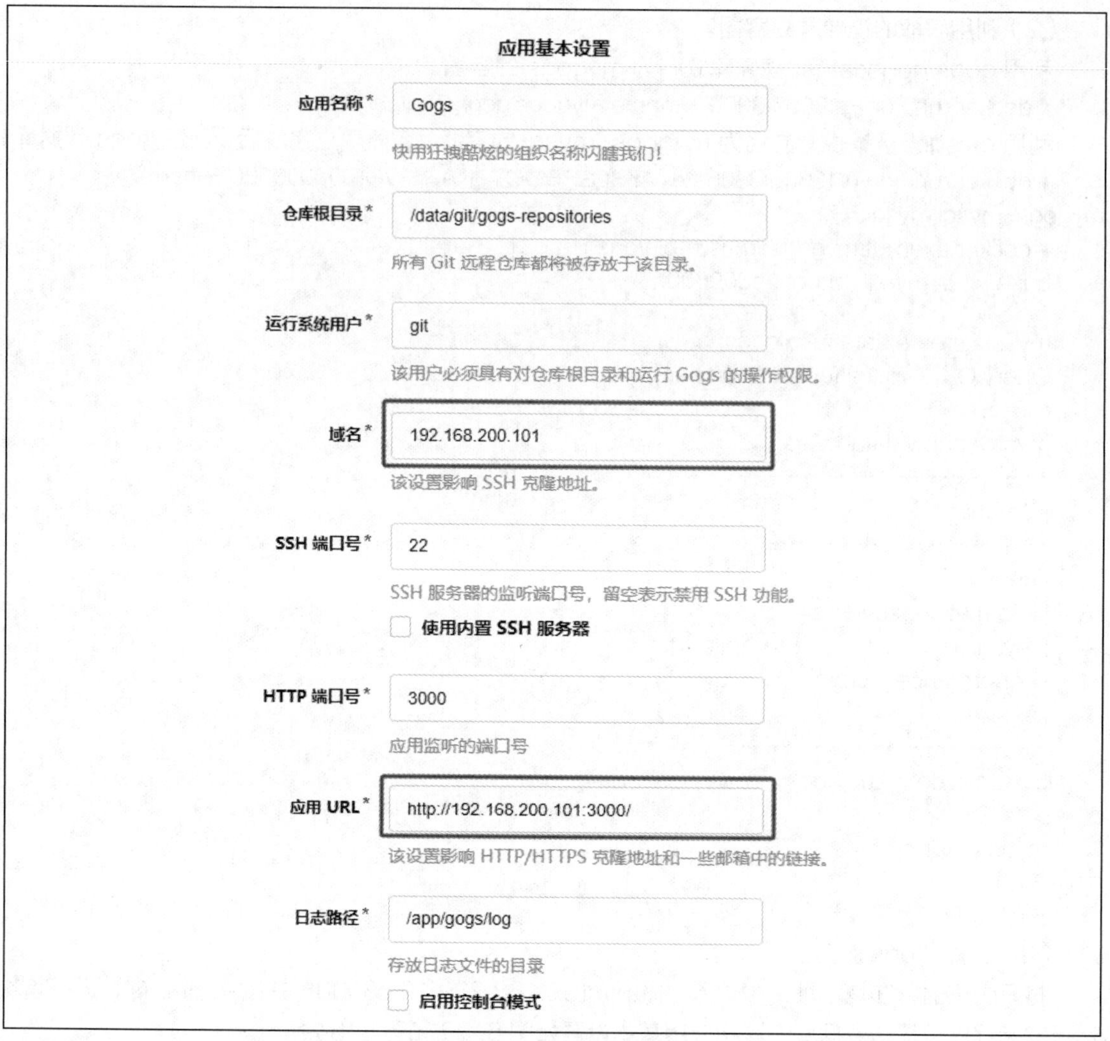

图 8-34　应用基本设置

在"可选设置"部分中勾选"禁止用户自主注册"复选框，如图 8-35 所示。

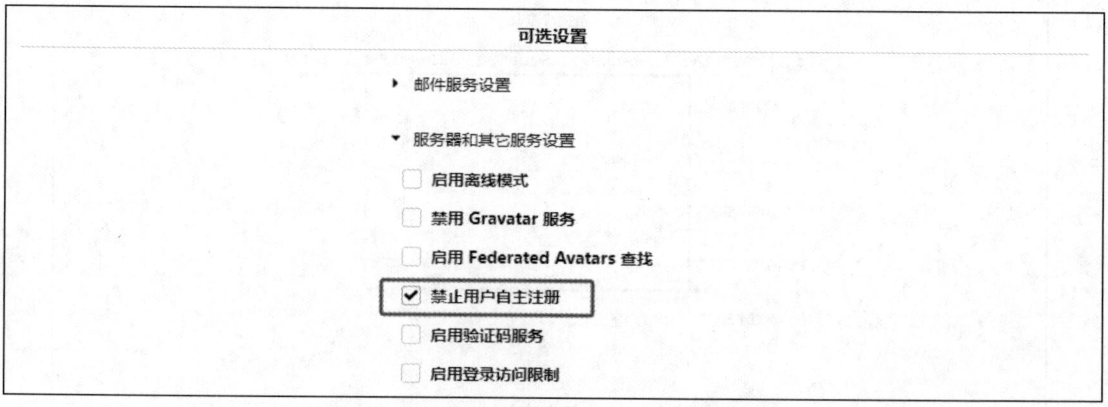

图 8-35　勾选"禁止用户自主注册"复选框

根据需求输入管理员相关信息，如图 8-36 所示。

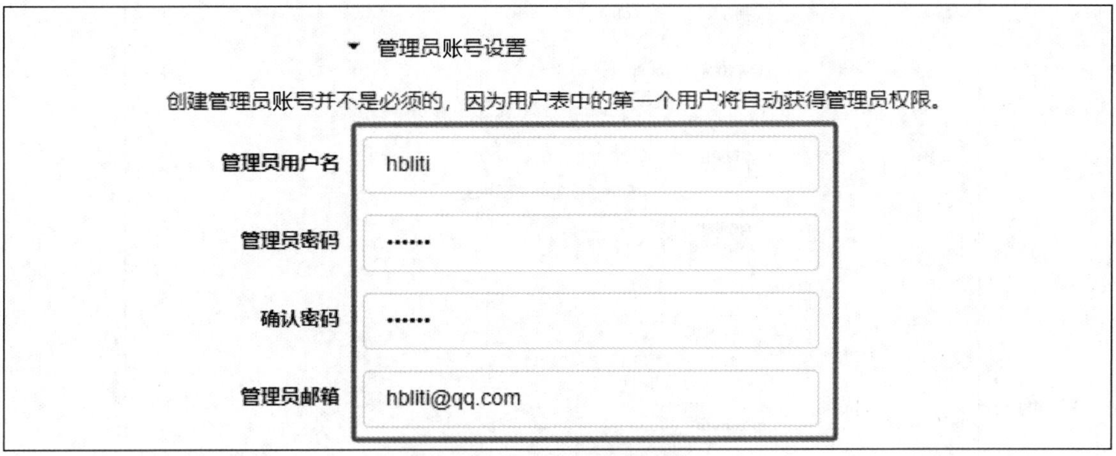

图 8-36　输入管理员相关信息

单击界面下方的"立即安装"按钮提交设置。设置完成后，可进入 Gogs 工作主界面，如图 8-37 所示。

图 8-37　Gogs 工作主界面

单击"我的仓库"右侧的"+"按钮，可以进行新增仓库操作，在打开的界面中设置仓库名称为"hbliti"，如图 8-38 所示。

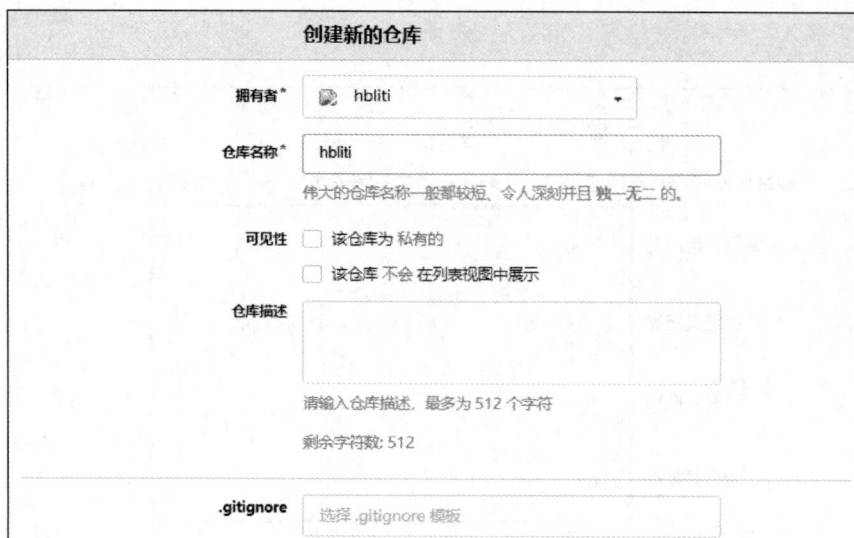

图8-38 "创建新的仓库"界面

单击"创建仓库"按钮，完成新增仓库操作，可以进入图8-39所示的仓库操作帮助界面。

图8-39 仓库操作帮助界面

（4）设置GitHub。

```
# yum -y install git
# git clone http://192.168.200.101:3000/hbliti/hbliti.git
Cloning into 'hbliti'...
warning: You appear to have cloned an empty repository.
```

5. 创建 Java Web 项目所需文件。

（1）切换到/opt/mytomcat 目录。

```
# cd /opt/mytomcat/
```

（2）创建 Dockerfile。

```
# vi Dockerfile
//添加如下内容
FROM tomcat:9-jdk11
COPY index.jsp /usr/local/tomcat/webapps/ROOT/index.jsp
```

文件编辑完成后，保存文件并退出，返回命令行。

（3）创建 docker-compose.yml 文件。

```
# vi docker-compose.yml
//添加如下内容
version: '3'
services:
  tomcat:
    image: my-tomcat:v1.0
    container_name: tomcat01
    privileged: true
    restart: always
    environment:
      - TZ="Asia/Shanghar"
    ports:
      - 8090:8080
```

文件编辑完成后，保存文件并退出，返回命令行。

（4）创建测试网页文件 index.jsp。

```
# vi index.jsp
//添加如下内容
<!DOCTYPE html>
<html>
<head>
    <title>welcome</title>
</head>
<body>
    <h1>welcome use tomcat1</h1>
</body>
</html>
```

文件编辑完成后，保存文件并退出，返回命令行。

6. 构建和发布项目。

（1）在 Jenkins 工作主界面中选择"创建 Item"选项，在打开的界面中输入任务名称为"test-tomcat"，选择"Freestyle project"选项，单击"确定"按钮，如图 8-40 所示。

（2）在"源码管理"选项卡中，修改 Git 源，在"Repository URL"文本框中输入"http://192.168.200.101:3000/hbliti/hbliti.git"，并设置访问凭据，如图 8-41 所示。

（3）在"构建触发器"选项卡中，勾选"Build whenever a SNAPSHOT dependency is built""轮询 SCM"复选框，并在"轮询 SCM"下的"日程表"文本框中输入"H/1 * * * *"，如图 8-42 所示。

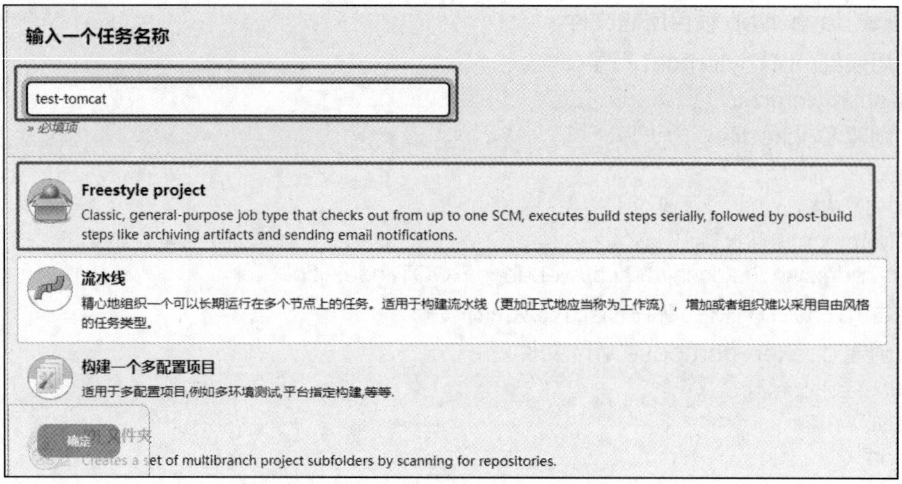

输入一个任务名称

test-tomcat

» 必填项

Freestyle project
Classic, general-purpose job type that checks out from up to one SCM, executes build steps serially, followed by post-build steps like archiving artifacts and sending email notifications.

流水线
精心地组织一个可以长期运行在多个节点上的任务。适用于构建流水线（更加正式地应当称为工作流），增加或者组织难以采用自由风格的任务类型。

构建一个多配置项目
适用于多配置项目，例如多环境测试,平台指定构建,等等.

确定 件夹
Creates a set of multibranch project subfolders by scanning for repositories.

图 8-40 新增 test-tomcat 任务

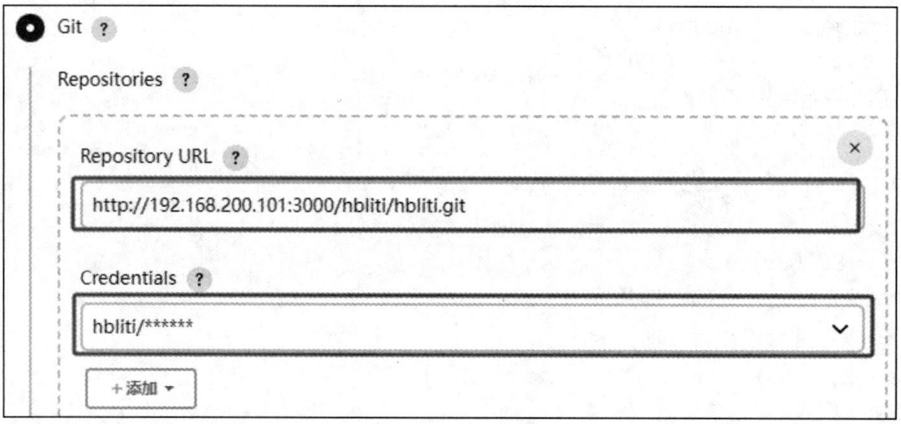

Git ?

Repositories ?

Repository URL ?

http://192.168.200.101:3000/hbliti/hbliti.git

Credentials ?

hbliti/****** ∨

+ 添加 ▾

图 8-41 源码管理

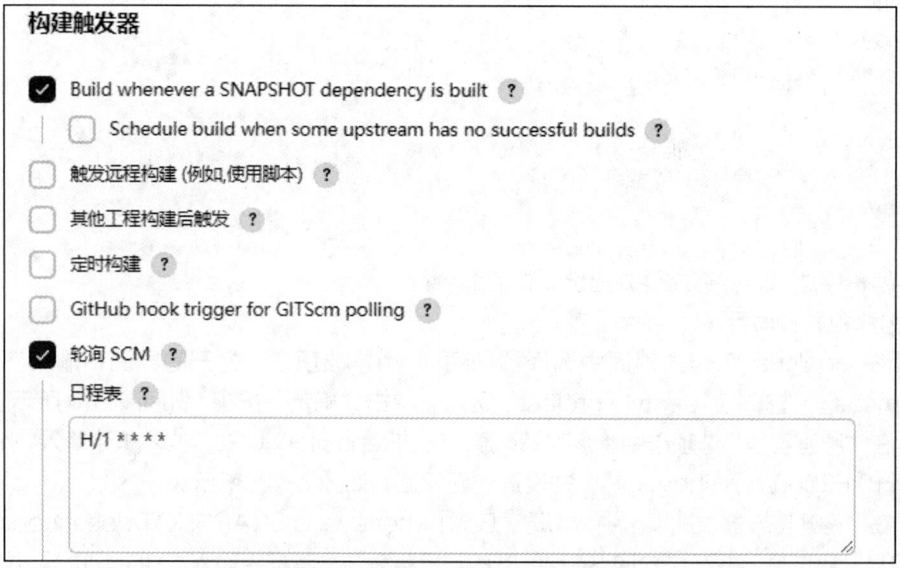

构建触发器

☑ Build whenever a SNAPSHOT dependency is built ?

☐ Schedule build when some upstream has no successful builds ?

☐ 触发远程构建 (例如,使用脚本) ?

☐ 其他工程构建后触发 ?

☐ 定时构建 ?

☐ GitHub hook trigger for GITScm polling ?

☑ 轮询 SCM ?

日程表 ?

H/1 * * * *

图 8-42 勾选"轮询 SCM"复选框

（4）在"Build Steps"选项中单击"增加构建步骤"按钮，在打开的下拉列表中选择"执行 shell"选项，如图 8-43 所示。

Build Steps

增加构建步骤 ∧

∇ Filter

Invoke Ant

Invoke Gradle script

Run with timeout

Set build status to "pending" on GitHub commit

执行 Windows 批处理命令

执行 shell

调用顶层 Maven 目标

图 8-43　选择"执行 shell"选项

在打开的"执行 shell"选项框的"命令"文本框中输入如下命令。

```
docker rm -f tomcat01
docker rmi -f my-tomcat:v1.0
docker build -t my-tomcat:v1.0 .
docker tag my-tomcat:v1.0 192.168.200.102/images/mytomcat:v1.0
docker login -u admin -p Harbor12345 192.168.200.102
docker push 192.168.200.102/images/mytomcat:v1.0
docker-compose up -d
```

（5）将测试文件上传到 hbliti 仓库中。

```
# cd /opt/mytomcat/
# git init
Initialized empty Git repository in /root/.git/
# git add .
# git config --global user.email "hbliti@qq.com"
# git config --global user.name "hbliti"
# git commit -m "first hbliti commit"
# git remote add origin http://192.168.200.101:3000/hbliti/hbliti.git
# git push -u origin master
Enumerating objects: 5, done.
Counting objects: 100% (5/5), done.
Delta compression using up to 2 threads.
Compressing objects: 100% (5/5), done.
Writing objects: 100% (5/5), 586 bytes | 586.00 KiB/s, done.
Total 5 (delta 0), reused 0 (delta 0)
Username for 'http://192.168.200.101:3000': hbliti          //输入用户名
Password for 'hbliti@192.168.200.101:3000':                 //输入密码
To http://192.168.200.101:3000/hbliti/hbliti.git
 * [new branch]        master -> master
Branch 'master' set up to track remote branch 'master' from 'origin'.
```

将测试文件上传到 hbliti 仓库后，可在 Gogs 中查看上传的内容，如图 8-44 所示。

图 8-44　在 Gogs 中查看上传的内容

（6）返回 Jenkins 工作主界面，进入"test-tomcat"项目，单击左侧导航栏中的"立即构建"按钮，完成项目构建。

（7）打开浏览器，在其地址栏中输入"http://192.168.200.101:8090"并按 Enter 键，可进入图 8-45 所示的项目测试界面。

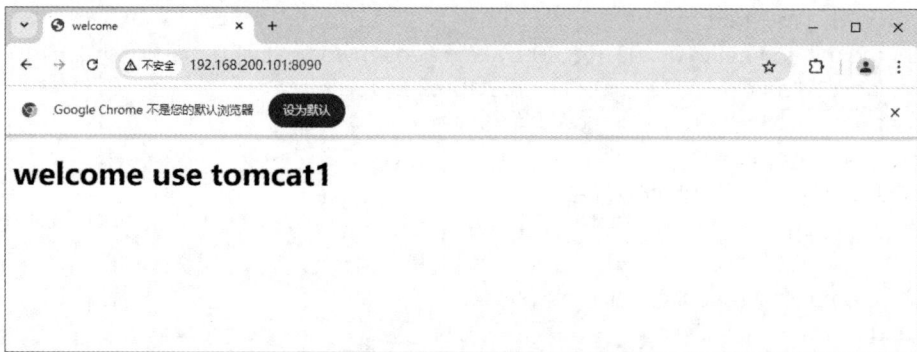

图 8-45　项目测试界面

（8）在浏览器的地址栏中输入"http://192.168.200.102"并按 Enter 键，在打开的 Harbor 工作主界面中单击 images 项目，可看到自定义镜像上传成功，如图 8-46 所示。

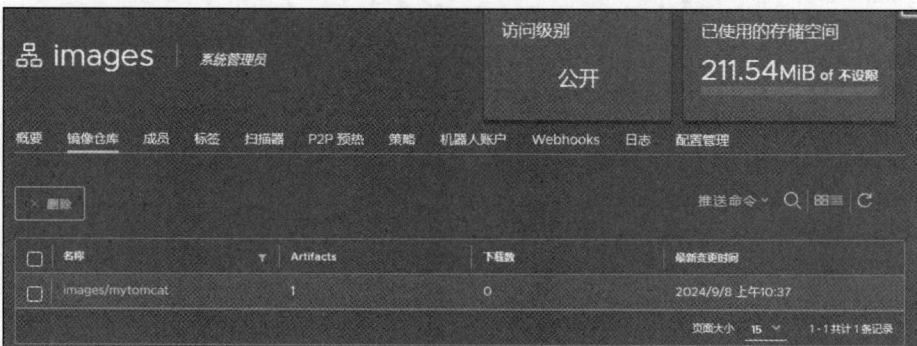

图 8-46　自定义镜像上传成功

【项目练习题】

1. 单选题

（1）持续集成是指（　　　）。

　　A. 频繁地将代码更改合并到共享的主分支上，并自动化地验证更改以确保不会破坏构建流程

　　B. 只在项目即将发布时才将所有开发者的代码合并，并进行一次性的集成测试

　　C. 使用单个开发者的代码分支进行所有开发工作，并在需要时手动合并到主分支上

　　D. 只在项目进入特定阶段（如 Beta 测试）时，才进行代码集成和测试

（2）持续集成的核心流程不包括（　　　）。

　　A. 提交代码更改　　　　　　　　　　　　B. 自动化构建

　　C. 手动部署到生产环境　　　　　　　　　D. 自动化测试

（3）以下（　　　）工具或平台是持续集成中常用的自动化构建工具。

　　A. Jenkins　　　　　　B. MySQL　　　　　　C. Docker　　　　　　D. Slack

（4）持续集成带来的主要好处不包括（　　　）。

　　A. 缩短软件开发周期　　　　　　　　　　B. 提高软件质量

　　C. 增加团队沟通成本　　　　　　　　　　D. 早期发现并解决集成问题

（5）近年来，持续集成领域的（　　　）趋势最为显著。

　　A. 逐步转向手动测试以确保测试的全面性

　　B. 越来越多的企业开始将持续集成与持续部署结合使用

　　C. 自动化构建工具逐渐被传统的手动构建过程取代

　　D. 持续集成工具主要被大型企业所采用，中小型企业鲜有涉足

（6）Jenkins 是一款（　　　）。

　　A. 实时数据库管理系统　　　　　　　　　B. 版本控制系统

　　C. 持续集成与持续部署平台　　　　　　　D. 网络安全监控工具

（7）Jenkins 的默认端口号是（　　　）。

　　A. 80　　　　　　　　B. 8080　　　　　　C. 8443　　　　　　　D. 9090

（8）Jenkins 插件管理界面允许用户（　　　）。

　　A. 查找并安装新插件　　　　　　　　　　B. 更新已安装的插件

　　C. 卸载不再需要的插件　　　　　　　　　D. 以上均可

（9）在 Jenkins 中创建一个新的项目时，首先需要选择（　　　）类型。

　　A. Freestyle project　　　　　　　　　　B. Maven project

　　C. Pipeline　　　　　　　　　　　　　　D. 以上均可，根据具体需求选择

（10）可以通过（　　　）方式触发 Jenkins 中的项目构建。

　　A. 定时触发（如 Cron 表达式）　　　　　B. Git 仓库的 push 操作

　　C. 完成上一个构建步骤后自动触发　　　　D. 以上均可

2. 判断题

（1）持续集成是一种软件开发实践，其核心是在频繁的代码提交过程中自动进行构建和测试，以确保集成过程中的问题能够被及时发现和修正。（　　　）

（2）持续集成中，必须先完成完整的软件开发，再进行代码的合并与测试。（　　　）

（3）在持续集成中，代码提交后，紧接着的环节通常是自动化构建。（   ）

（4）Jenkins 是唯一能够用于持续集成的工具。（   ）

（5）容器技术（如 Docker）可以提高持续集成过程的效率和可移植性。（   ）

（6）持续集成不需要特别关注代码安全性和潜在的安全漏洞。（   ）

（7）使用自动化测试可以减少软件中的安全漏洞。（   ）

（8）所有项目都可以轻松地实施持续集成。（   ）

（9）持续集成需要团队成员的高度协作并理解自动化流程。（   ）

（10）一旦实现了持续集成，就不需要再进行任何改进了。（   ）

3. 简答题

（1）简述持续集成系统的组成部分。

（2）什么是 Jenkins？其主要功能有哪些？

（3）简述利用 Docker 构建持续集成平台的操作步骤。